Schuh/Schnellbächer/Triplat/Weise

PROFIT AB DER QUELLE

PROFIT AB DER QUELLE

WIE SIE IHR UNTERNEHMEN UMGESTALTEN, INDEM SIE DIE LIEFERANTEN IN DEN MITTELPUNKT STELLEN

Christian Schuh
Wolfgang Schnellbächer
Alenka Triplat
Daniel Weise

Verlag Franz Vahlen München

ISBN Print 978 3 8006 7179 3
ISBN eBook (ePDF) 978 3 8006 7180 9
ISBN eBook (ePub) 978 3 8006 7181 6

Die Originalausgabe erschien 2022 unter dem Titel „Profit from the Source" bei Harvard Business Review Press

Das Buch wurde übersetzt von Jana Fritz und Britta Radonic.

Wilhelmstr. 9, 80801 München
Satz: Fotosatz Buck
Zweikirchener Str. 7, 84036 Kumhausen
Druck und Bindung: Beltz Grafische Betriebe GmbH
Am Fliegerhorst 8, 99947 Bad Langensalza
Umschlaggestaltung: Ralph Zimmermann – Bureau Parapluie
nach der Originalausgabe

CO_2 neutral
vahlen.de/nachhaltig

Gedruckt auf säurefreiem, alterungsbeständigem Papier
(hergestellt aus chlorfrei gebleichtem Zellstoff)

Widmung

Unternehmen spielen eine wichtige Rolle in der Gesellschaft. In der Vergangenheit bewegten sich ihre Rolle und ihr Erfolg innerhalb eines engen finanziellen Rahmens, und der Wohlstand, den sie schufen, war einigen wenigen vorbehalten. Unternehmen betrachteten ihre Lieferanten als Quelle für Kosteneinsparungen und ihren Einkauf als Instrument zur Erzielung dieser Einsparungen. In Zukunft müssen sie jedoch zum breiteren Wohl der Gesellschaft beitragen – zum *gemeinsamen Wohlstand*. Sie müssen allen Menschen dienen, nicht nur einigen wenigen.

Wie wir in *Profit from the Source* zeigen, ermutigen einige CEOs ihre Einkaufsteams bereits dazu, neue Beziehungen zu Lieferanten aufzubauen, um größtmöglich von diesen zu profitieren. Ja, sie sollen Kosten einsparen, doch gleichzeitig Produkte und Dienstleistungen hervorbringen, die zu einer besseren Gesellschaft beitragen; Produkte und Dienstleistungen, die innovativer, hochwertiger, schneller am Markt, weniger riskant und vor allem nachhaltiger sind. Bei all diesen Aspekten außer dem letzten besteht das Maß des Erfolgs darin, besser zu sein als die Konkurrenz. Wollen Unternehmen jedoch wirklich nachhaltig sein, dürfen sie nicht messen, wie gut sie im Vergleich zu ihren Mitbewerbern abschneiden oder wie gut sie ökologische, soziale und die Unternehmensführung betreffende Mindestanforderungen erfüllen. Nachhaltigkeit ist ein Absolutum: Ein Unternehmen ist entweder nachhaltig oder nicht.

Wir wissen, dass Nachhaltigkeit keine einfache Aufgabe ist. Tatsächlich ist es die schwierigste, wichtigste und drängendste Aufgabe, vor der Unternehmen heute stehen. Deshalb möchten wir unser Buch jenen Menschen und Unternehmen widmen, die uns anderen den Weg in eine bessere, nachhaltigere Zukunft weisen können.

Inhalt

Teil 2

Wie sich Ihr Unternehmen verändern muss

Einführung

Von Lieferanten und Einkäufern

Wie Sie Ihr Unternehmen zukunftsfähig machen

Im August 2011 trat ein wenig bekannter ehemaliger Einkaufschef die Nachfolge des berühmtesten CEOs der Welt an. Bis dahin hatte Tim Cook seine Karriere in den Hinterzimmern diverser Tech-Unternehmen verbracht, weitab von den Augen der Öffentlichkeit. Er war Director of Fulfillment bei IBM und für kurze Zeit Chief Procurement Officer (CPO) bei Compaq Computers, danach kam er als Senior Vice President of Worldwide Operations zu Apple, wo er die Leitung des Einkaufs übernahm. Nun sollte er den kreativen Kopf ersetzen, der Apple Computer Inc. gegründet hatte und nach einer zwölfjährigen Auszeit, in der er sich anderen Interessen gewidmet hatte, als Retter zu Apple zurückgekehrt und zum Inbild der Coolness geworden war: den unersetzlichen Steve Jobs.

Dass Cook die Nachfolge von Jobs antrat, war hochumstritten. Viele Branchenbeobachter zweifelten an seiner Eignung, ein Unternehmen zu führen, in dem sich offenbar alles um Style und Looks drehte. Und die Skeptiker schienen Recht zu behalten, als einige Monate später das iPhone 4S auf den Markt kam und nur verhaltene Reaktionen auslöste. Der *New Yorker* berichtete: „Apple schien über seine eigene Theatralik zu stolpern. Das Unternehmen veranstaltete eine seiner legendären Produktpräsentationen, die das erste Mal von Tim Cook, dem Intellektuellen, gehalten wurde – und das Publikum langweilte sich.“[1]

Andere lobten die Ernennung Cooks zum neuen CEO als inspirierend. In ihren Augen zeigte die Entscheidung, dass das Topmanagement – und Jobs selbst, der Cook zu seinem Nachfolger erkoren hatte, – verstand, was Apple auszeichnete: seine Lieferkette. In einer hypervernetzten Welt, die das Ergebnis einer zügellosen Globalisierung ist, hat sich Apple als Meister des Einkaufs erwiesen: Das Unternehmen arbeitet mit Lieferanten aus aller Welt zusammen, um die hochwertigsten und innovativsten Produkte zu entwickeln – und das zu unschlagbaren Preisen.

Das iPhone war (und ist) ein Musterbeispiel für ein modernes globales Produkt: entwickelt in der Apple-Zentrale im kalifornischen Cupertino, zusammengebaut von chinesischen Arbeitskräften in der Foxconn-Fabrik in Zhengzhou südlich von Peking und hergestellt aus Rohstoffen und Komponenten aus insgesamt 43 Ländern auf sechs Kontinenten.[2] 2018 lieferte Apple mehr als 217 Millionen iPhones aus.[3] Niemals zuvor war ein derart komplexes Produkt in solchen Massen gefertigt worden.

Die folgenden Jahre sollten zeigen, dass sich die Skeptiker bezüglich Cook geirrt hatten. Der neue Apple-Chef stellte unter Beweis, dass er in der Lage war, unglaublich große Gewinne zu erzielen, die die Aktionärinnen und Aktionäre begeisterten. Unter seiner Führung ist Apple noch stärker geworden: 2022 belief sich der Marktwert des Unternehmens auf beeindruckende 3 Billionen US-Dollar. Nur vier Jahre zuvor hatte Apple als erstes börsennotiertes Unternehmen die 1-Billionen-Dollar-Grenze geknackt.[4]

Für seine Führung hat Cook lauten Beifall geerntet. Dem Einkauf als Funktion im Unternehmen ist interessanterweise jedoch nicht dieselbe Ehre zuteil geworden. Als Cook zum neuen Apple-Chef ernannt wurde, glaubten viele, der Einkauf würde nun endlich sein Schattendasein beenden und die Anerkennung erfahren, die er als Maschinenraum eines modernen globalen Unternehmens verdiente. Jetzt, da ein ehemaliger Einkaufschef es an die Spitze eines derart prominenten Unternehmens geschafft hatte, würden ihm doch sicher viele weitere folgen.

Dem war jedoch nicht so. Nur wenige CEOs, die heute die Geschicke ihres Unternehmens lenken, waren früher als CPOs tätig. Apple mag das am meisten bewunderte Unternehmen der Welt sein, doch eine der Eigenschaften, die den Konzern von anderen unterscheidet – die Art und Weise, wie er seine Lieferanten in den Mittelpunkt stellt –, wird von den meisten Großunternehmen ignoriert.

• • •

In vielen Unternehmen, wenn nicht gar den meisten, ist der Einkauf ein wenig glamouröser, unbeliebter Teil des Geschäfts. Wer einen Job im Einkauf angeboten kommt, weiß, dass dies eine Sackgasse ist. Man wird nach Sibirien geschickt – ohne Rückfahrkarte. Unseren Berechnungen zufolge beschäftigen sich CEOs nur einen Bruchteil ihrer Arbeitszeit mit ihren Lieferanten – und damit der Einkaufsfunktion. Bei Aktionärsversammlungen oder in Earnings Calls mit Analysten findet die Arbeit von CPOs selten Erwähnung. Laut Untersuchungen der Harvard-Business-School-Professoren Michael Porter und Nitin Nohria widmen CEOs lediglich 1 Prozent ihrer Zeit den Lieferanten ihres Unternehmens.[5] Bedenkt man, dass die Beschaffungskosten – für die der Einkauf zuständig ist – mehr als die Hälfte des Budgets eines durchschnittlichen Unternehmens ausmachen, wird eine frappierende Imbalance sichtbar. Denn im Grunde heißt das: CEOs beschäftigten sich so gut wie gar nicht damit, wie ihr Unternehmen mehr als die Hälfte seiner finanziellen Mittel einsetzt, geschweige denn, dass sie in diese Aktivitäten involviert sind. Das ist eine Schieflage mit potenziell existenziellen Folgen für Unternehmen.

Doch warum wird CPOs und ihren Einkaufsteams so wenig Beachtung geschenkt? Das liegt daran, dass der Einkauf eine *gründlich missverstandene* Unternehmensfunktion ist. In den meisten Unternehmen besteht die Hauptaufgabe des Einkaufs darin, Produkte und Dienstleistungen zu möglichst günstigen Preisen zu beschaffen. In den vergangenen Jahren haben CEOs in dem Versuch, Kosten einzusparen und Gewinn und Aktionärsrendite zu steigern, ihre CPOs dazu angehalten, nach günstigeren Lieferanten Ausschau zu halten: für Rohstoffe, zentrale Komponenten und andere Inputgüter der Produktion, aber auch für Dienstleistungen wie IT-Instandhaltung, Buchhaltung und Rechtsberatung. Infolgedessen ist der Gestaltungsspielraum des Einkaufs begrenzt, wodurch Unternehmensverantwortliche sein enormes Potenzial verkennen.

Unserer Ansicht nach sollten der oder die CPO und die Einkaufsfunktion eine zentrale Rolle im Unternehmen spielen – und zwar aufgrund der Tatsache, dass sie für die Lieferantenbeziehungen verantwortlich sind. Sie sind das Erfolgsgeheimnis von CEOs in schwierigen Zeiten – und weit darüber hinaus. Bereits vor den globalen Folgen der COVID-19-Pandemie und des Kriegs in der Ukraine hatten Unternehmensverantwortliche einen anspruchsvollen Job: Die Globalisierung war ins Stocken geraten, neue digitale Technologien stellten bisherige Geschäftspraktiken auf den Kopf, und die weitreichenden Folgen der erdbebenartigen, aber sich langsam vollziehenden gesellschaftlichen und politischen Veränderungen (eine alternde Bevölkerung, die zunehmende Ungleichheit, der Aufstieg Chinas und die Entwicklung Afrikas) wurden allmählich sichtbar.[6]

Mittlerweile ist die Aufgabe von CEOs noch anspruchsvoller geworden: Als Anfang 2020 viele Länder Lockdowns verhängten und Unternehmen ihre Fabriken schließen mussten, prognostizierte der *Economist*, dass „durch die Pandemie die Frage des Supply-Chain-Managements zu einer zentralen Führungsaufgabe werden wird“[7]. In den Folgemonaten spitzte sich die Situation weiter zu: Unternehmen hatten mit schwankender Kundennachfrage zu kämpfen, Fluggesellschaften mussten ihre Maschinen am Boden lassen, und Spediteure konnten ihre Container aufgrund von Personalmangel nicht entladen. Die Automobilindustrie wurde durch eine ausgewachsene Halbeiterkrise lahmgelegt, weil Fabriken in Asien schließen mussten (2021 waren Fahrzeugbauer gezwungen, Pläne für die Produktion von insgesamt 10 Millionen Autos auf Eis zu legen).[8] Wie im „Briefing Room"-Blog des Weißen Hauses zu lesen war, beeinträchtigte die Halbleiterknappheit nicht nur die Automobilindustrie, sondern zog auch die US-Wirtschaft „in Mitleidenschaft", wodurch „das BIP-Wachstum um fast 1 Prozentpunkt zurückgehen könnte".[9] Dass der Mangel eines so weit verbreiteten und gängigen Technologiebestandteils so verheerende Folgen haben könnte, alarmierte Politikverantwortliche und Entscheidungsträger. Aus Angst, Lieferkettenengpässe könnten der US-Wirtschaft nachhaltig schaden, veranlasste Präsident Joe Biden eine hunderttägige Überprüfung der Widerstandsfähigkeit von Lieferketten ausgewählter kritischer Produkte. Dazu zählten nicht nur Halbleiter, sondern auch Batterien für E-Fahrzeuge, Arzneiwirkstoffe sowie kritische Mineralien und Spezialverpackungen.[10] Biden kündigte die Maßnahme mit den Worten an: „Die US-Bürgerinnen und -Bürger sollten niemals eine Verknappung von Produkten oder Dienstleistungen erleben müssen, auf die sie angewiesen sind, sei es ihr Auto, verschreibungspflichtige Medikamente oder Lebensmittel aus dem Laden um die Ecke."[11] Seitdem hat der Krieg in der Ukraine die Lieferkettenprobleme weiter verschärft.

Inmitten dieser turbulenten Zeiten wurde von CEOs und ihren Führungsteams schier Unmögliches erwartet: Kosten zu senken und gleichzeitig bessere Produkte und Dienstleistungen auf den Markt zu bringen sowie das Unternehmen schneller, innovativer und nachhaltiger zu machen. Sie stehen unter zunehmendem Druck, nicht nur den Status quo ante wiederherzustellen, sondern die Dinge auch besser zu machen, als sie waren. Der *New Yorker* kommt zu dem Schluss,

„Lieferkettenprobleme legen nahe, dass etwas falsch ist an der Art und Weise, wie wir derzeit mit der Welt umgehen", und fügt hinzu, dass kurzzeitige Lösungen weder zufriedenstellend noch ausreichend sein werden. „Die wahre Herausforderung im Zusammenhang mit Lieferketten besteht nicht darin sicherzustellen, dass ein Containerschiff entladen wird. Wir müssen uns vielmehr fragen, wie wir leben wollen."[12]

In den kommenden Jahren werden Unternehmen als Motoren der Weltwirtschaft und als zentrale Akteure der globalen Gesellschaft zwangsläufig eine entscheidende Rolle dabei spielen, die vielfältigen und komplexen Probleme infolge der COVID-19-Pandemie und der zunehmenden geopolitischen Spannungen zu lösen. Doch wo können CEOs und ihr Topmanagement dabei ansetzen?

Wie wir in diesem Buch erläutern, lautet die Antwortet darauf: bei ihren Lieferanten und im Einkauf.

Warum sagen wir das? In der Regel ist der Einkauf nicht nur für mehr als die Hälfte der Kosten eines Unternehmens verantwortlich, sondern auch für die Qualität und Nachhaltigkeit seiner Produkte und Dienstleistungen. Der Einkauf hat Einfluss auf die Geschwindigkeit der operativen Prozesse. Er hat das Potenzial, die Innovationsfähigkeit eines Unternehmens zu transformieren (oder zu zerstören). Und er kann das Unternehmen vor bislang unbekannten Lieferkettenrisiken bewahren. Mit anderen Worten: Wenn CEOs den Einkauf clever einsetzen, können sie viel mehr bewirken, als nur die Kosten im Griff zu behalten. Sie können fünf entscheidende Hebel einsetzen, um ihrem Unternehmen einen Wettbewerbsvorteil zu verschaffen: Innovation, Qualität, Nachhaltigkeit, Geschwindigkeit und Risikominimierung. Darüber hinaus können sie ihre Träume für das Unternehmen verwirklichen.

Doch selbst in den besten Zeiten gelingt es CEOs nicht, die hochgesteckten Ziele, die sie sich bei Amtsantritt gesetzt haben, zu erreichen. Dringendes behindert den Fokus auf das Wichtige, kurzfristige Brandbekämpfung erstickt langfristiges Denken, und alles wird finanziellen

Quartalszielen untergeordnet. Seit Anfang 2020 finden sich Unternehmensverantwortliche jedoch in den schlimmsten Zeiten wieder. Viele sagten uns: Wenn es ihnen gelänge, wieder Boden unter den Füßen zu gewinnen und die Markterwartungen zu übertreffen, könnten sie sich Zeit und Spielraum verschaffen, um ihre Träume für das Unternehmen zu verfolgen. Die gute Nachricht ist: Zeit und Handlungsspielraum sind genau das, was ein ausgefeiltes Konzept hinsichtlich Lieferanten und Einkauf bieten kann.

Als Gegenargument hören wir häufig: Sobald wieder eine gewisse Normalität einkehrt, würden all die Sorgen in Bezug auf die Lieferkette – und die damit verbundene Notwendigkeit für eine strategischere Rolle des Einkaufs als wichtiges Bindeglied zwischen Unternehmen und Lieferanten – schon verschwinden. Oder anders formuliert: Mit ein wenig Geduld könnten CEOs und ihre Führungsteams den Sturm aussitzen und müssten ihr Unternehmen nicht auf eine neue Zukunft vorbereiten. Unserer Ansicht nach ist das eine vergebliche Hoffnung: Wir erleben einen anhaltenden, rasanten und einmaligen Wandel der Art und Weise, wie Unternehmen arbeiten. Aus dieser Umbruchssituation werden jene CEOs gestärkt hervorgehen, die die Lieferanten ihres Unternehmens in den Mittelpunkt stellen und ihre Einkaufsverantwortlichen, die für die Lieferanten zuständig sind, mit den nötigen Befugnissen ausstatten.

Wir bereits erwähnt ist der Einkauf im Durchschnitt für mehr als die Hälfte des Budgets eines Unternehmens verantwortlich. In einigen Unternehmen – interessanterweise einigen der erfolgreichsten Tech-Unternehmen – ist dieser Anteil noch deutlich höher. Wir glauben, dass dieser Trend, der lange vor der Pandemie begonnen hat, noch lange anhalten wird. Denn Unternehmen müssen ihren Blick zunehmend nach außen richten und sich neu aufstellen, wenn sie von dem immer häufiger auftretenden Phänomen der Business-Ökosysteme profitieren wollen. Das sind lose Netzwerke von Unternehmen, die sich mit Lieferanten, Händlern, Regierungsbehörden und anderen Playern zusammenschließen, um Kunden Produkte und Dienstleistungen reibungslos bereitzustellen.

Die Zeit drängt also. CEOs und ihr Topmanagement müssen schnell und radikal handeln. Dazu gehört insbesondere, Lieferanten ins Zentrum ihres Geschäfts zu stellen und CPOs und Einkaufsverantwortliche in die Lage zu versetzen, den maximalen Nutzen aus den Lieferantenbeziehungen des Unternehmens zu ziehen.

Was bisher geschah: Eine kurze Geschichte von Einkäufern und Lieferanten

Bevor wir genauer darauf eingehen, was CEOs jetzt tun müssen, ist es wichtig zu verstehen, wie wir in die heutige Situation gekommen sind. Warum erkennen so wenige CEOs das Potenzial ihrer Lieferanten und ihrer Einkaufsfunktion? Werfen wir dazu einen Blick in die Geschichte.

Lange bevor Unternehmen die Bedeutung professioneller Einkaufsmanager erkannten, beschafften Regierungen – insbesondere Verteidigungsministerien und das Militär – bereits als erfahrene Einkäufer Waren und Dienstleistungen von privaten Unternehmen. Wie so vieles in der Geschäftswelt geht auch die Einkaufsstrategie auf die Generäle zurück, die ihre Streitkräfte mit Menschen, Maschinen und Material ausstatten mussten.

Die moderne Geschichte der Beschaffung von Gütern und Dienstleistungen in Unternehmen nimmt ihren Anfang vor etwas mehr als hundert Jahren. Damals kämpfte Henry Ford, der vom Bauernsohn zum Self-made-Millionär aufgestiegen war, mit den Folgen des Ersten Weltkriegs auf sein Automobilunternehmen.

Henry Ford, der Verlust von Vertrauen und der Beginn der vertikalen Integration

1908, sechs Jahre vor Beginn des Ersten Weltkriegs, präsentierte Ford sein spektakulär erfolgreiches Model T. Damit löste er sein Versprechen ein, „ein Auto für die breite Masse zu bauen“. Das Model T war erschwinglich, einfach zu fahren und für einigermaßen handwerklich geschickte Landarbeiter leicht zu reparieren (sollte es einmal kaputtgehen). Da das Auto nur in begrenztem Umfang individuell angepasst werden konnte – „Jeder Kunde kann die Farbe seines Autos selbst wählen, solange sie Schwarz ist“ – so Fords berühmte Worte, war es relativ einfach zu fertigen.[13]

In den ersten fünf Jahren feierte Ford beeindruckende Erfolge. Er wurde beeinflusst von dem angesehen Maschinenbauingenieur Frederick Winslow Taylor, dem Erfinder des Scientific Management. Ford hatte ihn als Berater engagiert mit dem Auftrag, er solle die Mitarbeiter beobachten und Möglichkeiten zur Effizienz- und Produktivitätssteigerung identifizieren. 1914 ging alle 93 Minuten ein neues Model-T-Fahrzeug vom hypermodernen Fließband im Highland Park in Detroit. Doch der Ausbruch des Krieges erschwerte den Geschäftsbetrieb: Ford gelang es insbesondere nicht, die Rohstoffe zu beschaffen, die er für die Fertigung des Model T brauchte. Der Kautschuk für die Reifen kam zum Beispiel aus Ceylon (dem heutigen Sri Lanka), und dessen Bereitstellung lag fest in den Händen der Briten, die nun in einen weltweiten Konflikt verwickelt waren. Diese neuen Probleme verstärkten ein bestehendes: die in den Augen von Ford skrupellosen Praktiken der Lieferanten in einer Zeit des unbarmherzigen Kapitalismus. Die Hochzeit der sogenannten Raubritter war zwar vorbei, doch Vertrauen – die unsichtbare Kraft, die eine produktive Zusammenarbeit erst ermöglicht – war damals noch ein seltenes Gut.

In dieser angespannten Situation beschloss Ford, den gesamten Prozess selbst in die Hand zu nehmen: von der Beschaffung der Rohstoffe bis zur Fertigung der Endprodukte. Er wollte die gesamte Lieferkette kontrollieren. Ein ehrgeiziges Unterfangen, denn bis dahin hatte Ford als Systemintegrator gearbeitet und von Spezialzulieferern handgefertigte Komponenten zusammengebaut. Nun erwarb er seine eigene Kautschuk-Plantage im brasilianischen Regenwald und gründete dort eine kleine Siedlung namens Fordlandia. Außerdem kaufte er Kohlefelder, Eisenerzgruben und Waldflächen sowie eine Schiffsflotte und eine Eisenbahn, um die Rohstoffe zu seiner Fabrik zu befördern. 1927 errichtete er schließlich in River Rouge, unweit von Detroit, sein eigenes riesiges Stahlwerk, eine Teilefabrik und ein Fließband.

Diese als vertikale Integration bekannte Strategie wendete das Blatt und machte Ford zum reichsten Mann der Welt. Zugleich bedeutete es, dass das Unternehmen keine Einkaufsprofis benötigte, schließlich gab es nichts zu beschaffen. Ford hatte alles, was er zur Fertigung seines Model T brauchte, im Haus. Diese Strategie war jedoch mit erheblichen Nachteilen verbunden: Zunächst einmal war sie kostspielig. Außerdem bürokratisch, was das Unternehmen unflexibler machte als einige seiner Mitbewerber. Insofern überrascht es nicht, dass Ford 1930 von General Motors und Chrysler überholt wurde.

Es bedurfte eines weiteren Krieges – und des Einflusses seines größten Rivalen Alfred Sloan –, bis Henry Ford einen neuen Ansatz entwickelte.

Alfred Sloan, General Motors und der Aufstieg unternehmenseigener Lieferanten

Vertrauen ist eine Grundvoraussetzung für eine funktionierende Wirtschaft. Fehlt es, wie infolge des Ersten Weltkriegs, nehmen Unternehmensverantwortliche die Dinge selbst in die Hand (siehe Ford). Ist es dagegen vorhanden, sind Unternehmenschefs eher bereit, mit anderen zum Wohle aller zu kooperieren.

So wie während und nach dem Zweiten Weltkrieg. Im Januar 1942, nur einige Wochen nach dem japanischen Angriff auf Pearl Harbor, infolgedessen die Vereinigten Staaten zur Kriegspartei wurden, richtete der damalige US-Präsident Franklin D. Roosevelt das War Production Board ein. Es hatte die Aufgabe, die Lieferkette in den USA zu überwachen, die Bereitstellung essenzieller Materialien zu organisieren und Fabriken in Fertigungsstätten für Flugzeuge, Panzer, gepanzerte Fahrzeuge und anderes Kriegsgerät zu verwandeln. Indem die US-Regierung als eine Art Garant fungierte, konnte sie mit einem Streich das Vertrauen in die Wirtschaft wiederherstellen. Im Verlauf der folgenden drei Jahre wurden US-amerikanische Fabriken zum „Arsenal der Demokratie", wie es Roosevelt formulierte.[14]

Die industrielle Stärke von Ford kam dabei gut zur Geltung. In seinem umfunktionierten Werk in Willow Run außerhalb von Detroit fertigte das Unternehmen pro Stunde einen Bomber des Typs B-24 Liberator. Doch der größte Krisengewinner war Fords Erzrivale, General Motors: GM erhielt staatliche Aufträge im Wert von 13,8 Milliarden US-Dollar (Ford dagegen nur in Höhe von 5,26 Milliarden).[15] So kam es, dass GM durch seine Unternehmensführung und die Art und Weise, wie es Güter und Dienstleistungen von seinen Lieferanten beschaffte, andere Unternehmen beeinflusste – auch Ford. Es war kein Zufall, dass Peter Drucker GM als Thema für seine wegweisende Studie zur Unternehmensorganisation auswählte, infolge derer die ersten Managementschulen in den Vereinigten Staaten entstanden.[16]

Unter der Führung von Alfred Sloan, President und CEO, entwickelte GM eine neue Form der vertikalen Integration. Sloan schuf verschiedene „Captive Suppliers", also selbstständige Divisionen bzw. unternehmenseigene Lieferanten, zur Herstellung von Bauteilen. Dazu gehörten AC Spark Plug, Harrison Radiator und Saginaw Steering. Seine Idee: die Vorteile eines vertikal integrierten Unternehmens mit den Vorteilen des freien Marktes hinsichtlich Kosten und Effizienz verknüpfen.

Die Ford Motor Company versuchte, von ihrem größten Konkurrenten zu lernen: 1946 warb das Unternehmen, das mittlerweile von Fords Enkel, Henry Ford II, geführt wurde, mehrere Führungskräfte von GM ab. Außerdem stellte Ford einige Militärangehörige ein, die während des Zweiten Weltkriegs für die Beschaffung unter hohem Zeitdruck zuständig gewesen waren. Zu ihnen zählten insbesondere zehn Offiziere aus der Eliteeinheit Statistical Control der US-Luftstreitkräfte, die zu dem Zweck eingerichtet worden war, die Fähigkeit des Landes zu erhöhen, Luftangriffe in Europa, Nordafrika und im Pazifik durchzuführen. Nachdem Henry Ford II massenweise ehemalige Offiziere eingestellt und diese ihre Arbeit im riesigen River-Rouge-Komplex aufgenommen hatten, unterzogen sie das Unternehmen einer rationalen, forensischen Untersuchung: Wie funktionierte das Unternehmen? Wie lief die Fahrzeugfertigung ab? Warum wurden bestimmte Komponenten verwendet?

Die zehn Ex-Offiziere erhielten den Spitznamen „Quiz Kids" in Anspielung auf die gleichnamige US-amerikanische Radiosendung, in der hochintelligente Kinder auftraten, und schon nach kurzer Zeit zeigte ihre Arbeit große Wirkung: Als sie 1946 ins Unternehmen kamen, beliefen sich die Gewinne von Ford auf magere 2.000 US-Dollar. Im darauffolgenden Jahr schossen sie auf 64,8 Millionen US-Dollar, und 1949 hatte sich diese Zahl verdreifacht.[17] In Anerkennung ihrer Arbeit gaben die Medien den jungen Offizieren den Spitznamen „Whiz Kids", der sich bis heute gehalten hat. Das auffälligste Whiz Kid war der frühere Harvard-Professor Robert McNamara, der später President von Ford wurde. Hätte ihn US-Präsident John F. Kennedy nicht 1961 zum Verteidigungsminister ernannt, wäre er vielleicht bis zum Ende seiner beruflichen Laufbahn bei Ford geblieben. Zu diesem Zeitpunkt verfügte Ford wie viele andere Unternehmen über eine personell gut ausgestattete Einkaufsfunktion mit einem breiten Netzwerk an Lieferanten.

Taiichi Ohno, Toyota und die transformative Kraft von Keiretsu

In den ersten 25 Jahren nach dem Zweiten Weltkrieg dominierten Ford und GM, die beiden weltgrößten Industrieunternehmen, den Markt. Bis sie völlig unerwartet von einem neuen exogenen Schock zurückgeworfen wurden. Diesmal handelte es sich nicht um einen Krieg, sondern um die Energiekrise Anfang der 1970er Jahre.

Nachdem die US-Regierung Israel im Jom-Kippur-Krieg gegen Ägypten unterstützt hatte, verhängten die arabischen Mitglieder der OPEC-Länder 1973 ein Öl-Embargo gegen die Vereinigten Staaten. Infolgedessen schossen die Preise für Rohöl und Gas in die Höhe. Das traf US-Fahrzeugbauer hart, weil sie große Autos (wahre Spritfresser) fertigten. Diesen Moment der Schwäche nutzten japanische Automobilhersteller, um den wachsenden Markt für kleinere, verbrauchsärmere Fahrzeuge zu erobern.

Was die japanischen Autobauer jedoch am stärksten von ihren amerikanischen und europäischen Konkurrenten unterschied, war die Qualität und die Erschwinglichkeit ihrer Produkte. Das war wiederum das Ergebnis ihres Fertigungsprozesses – insbesondere der Art und Weise, wie sie Waren und Dienstleistungen von Lieferanten bezogen. Pionier war hier Toyota. Unter der Führung seines Gründers, Kiichiro Toyoda, und dem Chef-Ingenieur Taiichi Ohno, einem Management-Genie in der Tradition von Taylor, Ford und Sloan, wurde Toyota zum Wegbereiter für neue Formen der Prozessinnovation. Diese bildeten die Grundlage dessen, was später als das Toyota-Produktionssystem bekannt wurde. Einer dieser innovativen Prozesse nannte sich *Kanban* oder Just-in-time-Produktion, ein anderer *Kaizen* oder kontinuierliche Verbesserung. Der wahre Game-Changer war jedoch zweifelsohne *Keiretsu*, ein kollaboratives Unternehmensnetzwerk, in dem Toyota Minderheitsanteile an seinen wichtigsten Lieferanten hielt. In gewisser Weise stellte *Keiretsu* eine Weiterentwicklung des Systems der unternehmenseigenen Lieferanten (Captive Suppliers) von GM dar, allerdings waren diese nicht Teil des Unternehmens. Was Toyota und seine Lieferanten zusammenhielt, war ein Gefühl der gegenseitigen Verpflichtung, das durch die Tatsache verstärkt wurde, dass sie jeweils am anderen Unternehmen beteiligt waren.

Die Folgen waren bemerkenswert. Am Vorabend der Ölkrise 1970 fertigte jeder Toyota-Arbeiter im Schnitt 38 Fahrzeuge pro Jahr – 1955 waren es noch 5 gewesen. Die Beschäftigten bei Ford kamen auf 12 Autos pro Jahr und ihre Kollegen bei GM auf lediglich 8 – so viele wie bereits 15 Jahre zuvor.[18] Diese Effizienz war es, die John Krafcik – den späteren CEO von Waymo, das autonome Fahrzeuge fertigt und ein Tochterunternehmen von Alphabet ist, zu dem auch Google gehört – zu einer neuen Wortschöpfung veranlasste: Lean Production.[19]

Jack Smith, Ignacio López und die Anfänge der globalen Beschaffung

In den frühen 1980er Jahren bekamen die US-amerikanischen und europäischen Automobilhersteller, die zu den weltweit größten Industrieunternehmen zählten, die volle Stärke ihrer japanischen Konkurrenten zu spüren. Sie mussten reagieren. Da sie es jedoch nicht mit der Qualität der japanischen Autos aufnehmen konnten, beschlossen sie ein radikales Sparprogramm. Das war die Geburtsstunde des Einkaufs als kostensenkende Funktion. Wie wir in Kapitel 1 noch genauer zeigen werden, war der führende Innovator in diesem Zusammenhang der CEO von GM, Jack Smith. Er engagierte einen wenig bekannten spanischen Ingenieur, José Ignacio López de Arriortúa, für den neu geschaffenen Posten des Vice President of Worldwide Purchasing und beauftragte ihn damit, die Lieferantenkosten zu senken. López brachte die Lieferanten nicht nur dazu, niedrigere Preise zu akzeptieren, sondern begründete auch das globale Beschaffungsprogramm von GM, das noch heute als vorbildlich gilt. Dieses beinhaltete, rund um die Welt neue Lieferanten zu gewinnen. Dabei machte sich López die zunehmende Globalisierung zunutze und verfolgte so einen deutlich anderen Ansatz als die Japaner, die fast ausschließlich auf einheimische Lieferanten setzten.

In den darauffolgenden 30 Jahren leistete die Globalisierung Unternehmen gute Dienste. Mit dem Fall der Berliner Mauer wurden auch die osteuropäischen Märkte zugänglich: Eine Milliarde zusätzliche Arbeitskräfte und Konsumenten waren nun Teil der globalen Wirtschaft. China trat der Welthandelsorganisation bei und öffnete damit den größten Niedriglohnmarkt für Unternehmen weltweit. In den letzten Jahren hat sich das Blatt jedoch gewendet, und was einst wie eine smarte Einkaufsstrategie erschien, wirkt heute wie ein Ansatz, der sich lediglich eine günstige makroökonomische Entwicklung Richtung Kostensenkung zunutze machte. Die Lohnkosten in China stiegen, noch bevor der Handelskrieg zwischen den USA und China die Situation verkomplizierte. Auch der Wettbewerb verschärfte sich. Diese beiden Entwicklungen haben zu einer Kosten-Preis-Schere in Industrieländern geführt, bei der die Kosten nach oben getrieben werden, nicht nach unten. Hinzu kommt, dass viele CEOs den negativen Effekten dieses makroökonomischen Trends scheinbar nichts entgegenzusetzen haben. Also halten sie an einer veralteten Einkaufsstrategie fest und zwingen ihre Lieferanten, für weitere Aufträge auf einen Teil ihres Gewinns zu verzichten – kein zukunftsträchtiges Unterfangen.

Das ist jedoch ein Nullsummenspiel, das keiner gewinnen kann. Glücklicherweise gibt es Alternativen, und deren Wegbereiter sind die großen Tech-Unternehmen.

Apple, Dell, & Co. – wie Big Tech das globale Unternehmen neu erfindet

Vor nicht allzu langer Zeit waren Big-Tech-Unternehmen Little-Tech-Unternehmen: Sie haben als Start-ups begonnen und sich wie Ford, als es vor mehr als 100 Jahren gegründet wurde, stark auf Lieferanten gestützt. Michael Dell erinnert sich an seine ersten Jahre als Entrepreneur:

> „Wenn Sie ein Unternehmen mit nur 1.000 US-Dollar starten, wie ich das getan habe, überlegen Sie sehr genau, wofür Sie das Geld ausgeben. Sie lernen sparsam, effizient und vernünftig zu sein. Sie lernen außerdem, nur die Dinge zu tun, die Ihren Kunden und Aktionären echten Mehrwert bringen. Bei Dell haben wir uns mehr oder weniger vom ersten Tag an gefragt: Sollen wir die Komponenten selbst herstellen, oder haben wir jemanden, der sie entsprechend unserer Konstruktionsvorgaben produzieren kann?“

Dell entschied sich, auf Lieferanten zu setzen, und diese wurden schon bald zu Verbündeten, „ohne die wir nicht hätten überleben und wachsen können“.[20] Während Ford durch äußere Umstände gezwungen war, sich von seinen Lieferanten zu verabschieden und vertikale Integration zu verfolgen, operierten die Tech-Unternehmen in einer zunehmend globalisierten Welt, die immer flacher wurde, wie es Thomas Friedman, Kolumnist der *New York Times* ausdrückte. Sie waren in der Lage, eng mit ihren Lieferanten zusammenzuarbeiten, wie es ein Jahrhundert zuvor nicht vorstellbar gewesen wäre.[21]

Wer hätte gedacht, dass das wertvollste Unternehmen der Welt eines ist, das gar nichts *herstellt*? Und doch ist es genau das, was Apple gelungen ist. Sein Erfolg sowie der Erfolg anderer Tech-Giganten wird gern auf ein schönes Design, bemerkenswerte technische Innovationen und ein tiefes Kundenverständnis zurückgeführt. Keine Frage: Diese Faktoren spielen alle eine Rolle. Doch was Apple & Co. wirklich an die Spitze gebracht hat, ist die außerordentliche Fähigkeit, ein riesiges Netzwerk an Lieferanten zu managen.

Wir leben in einer Welt, die von digitalen Technologien geprägt wird. Ihr Herzstück ist das Internet, das definitionsgemäß Interaktionen zwischen Menschen erleichtert. In den vergangenen 20 Jahren haben wir gelernt, unser Leben online zu leben – ob es nun ums Einkaufen, um Bankgeschäfte oder Dating geht. Aus gutem Grund wird unser Zeitalter auch als „Trust Economy“ oder „Shared Economy“ bezeichnet. Für Unternehmen ist heute nicht mehr allein wichtig, was sie *besitzen*, sondern mit wem sie *zusammenarbeiten* und wie sie das tun. Infolgedessen sind diese Unternehmen Teil – oder besser Orchestratoren – eines Netzwerks äußerst erfolgreicher Unternehmen. Im Gegensatz zum japanischen *Keiretsu* werden diese Business-Ökosysteme jedoch nicht durch finanzielle Beteiligungen zusammengehalten, sondern durch Vertrauen und gemeinsame Interessen. Indem sie mit spezialisierten Lieferanten zusammenarbeiten, die in ihrem Bereich Weltklasse sind, profitieren die großen Tech-Unternehmen von Skaleneffekten und schaffen außerordentlichen Wert. In gewisser Weise bringen sie das Konzept der Arbeitsteilung von Adam Smith zu seiner logischen Vollendung.

Wie gelingt ihnen das? In erster Linie dadurch, dass sie ihre Lieferanten in den Mittelpunkt ihres Geschäfts gestellt und ihre Einkaufsfunktion, die für die Beziehungspflege zu anderen Unternehmen zuständig ist, mit mehr Verantwortung ausgestattet haben.

Doch wie wir in diesem Buch zeigen werden, können selbst die großen Tech-Unternehmen, die anderen als Vorbild gedient haben, noch sehr viel weiter gehen.

Warum und wie Sie Ihre Lieferanten in den Mittelpunkt stellen sollten

Es ist schwer zu begreifen, wie wertvoll Apple tatsächlich ist. 1997, als Steve Jobs als CEO in das Unternehmen zurückkehrte, das er mehr als 20 Jahre zuvor mitgegründet hatte, war Apple 3 Milliarden US-Dollar wert. Das war weniger als ein Zehntel des Wertes von Siemens, das damals zu den weltweit größten Industriekonglomeraten zählte (und es immer noch tut). Heute, weitere 20 Jahre später, ist Apple nicht nur mehr wert als Siemens, sondern als die führenden Unternehmen im DAX zusammen. Und das vor dem Hintergrund, dass Deutschland die größte Volkswirtschaft Europas ist.

Die Geschichte hat uns jedoch gelehrt, dass sich kein Unternehmen für immer an der Spitze halten kann. In einer Studie zur Langlebigkeit von mehr als 30.000 börsennotierten Unternehmen über einen Betrachtungszeitraum von 50 Jahren haben unsere Kollegen des BCG Henderson Institute und Wissenschaftler der Princeton University herausgefunden, dass „Unternehmen schneller von der Bildfläche verschwinden als je zuvor".[22] Einigen gelingt es jedoch, diesem Schicksal zu entgehen, indem sie sich auf profitables Wachstum konzentrieren. Tatsächlich nehmen sie sowohl den Gewinn als auch den Umsatz in den Blick. In einer anderen Studie kommt das BCG Henderson Institute zu dem Schluss, dass zwar die meisten Unternehmen während eines Abschwungs schlechtere Ergebnisse erzielen, 14 Prozent ihren Absatz *und* ihre Gewinnmarge jedoch steigern können.[23]

Das ist alles andere als einfach. Es setzt voraus, sich neue Quellen für Wettbewerbsvorteile zu erschließen. Apple und andere Big-Tech-Unternehmen haben diese Quelle in ihren Lieferanten gefunden und festgestellt, dass sie durch eine starke Einkaufsfunktion erheblichen Wert mit diesen Lieferanten schaffen können. Doch bislang hat kein Unternehmen – nicht einmal Apple – das *volle* Potenzial seines Ökosystems von Lieferanten ausgeschöpft.

Um CEOs zu zeigen, wie das gelingen kann, haben wir dieses Buch geschrieben.

• • •

Profit from the Source gliedert sich in drei Teile. Jeder dieser Teile stellt einen der drei zentralen Bausteine einer Strategie vor, bei der Unternehmen ihre Lieferanten in den Mittelpunkt stellen und den Einkauf mit mehr Verantwortung ausstatten, um den größtmöglichen Nutzen aus den Lieferantenbeziehungen zu ziehen. Im ersten Baustein geht es darum, was *CEOs* tun müssen, um den Status quo zu verändern. Denn wie so oft gilt auch hier: Wenn die Unternehmensspitze die Transformation nicht unterstützt, wird sich nichts ändern. Im zweiten Baustein beleuchten wir, wie sich das *Unternehmen* verändern muss. Wir behaupten: Wenn CEOs ihr Unternehmen nicht verändern und grundlegend neu strukturieren, indem sie die Lieferanten in den Mittelpunkt stellen, werden sie ihre strategische Vision nicht umsetzen und sich keinen langfristigen Wettbewerbsvorteil verschaffen können. Im dritten Baustein sehen wir uns an, wie sich das *Ökosystem des Unternehmens*, also das Ökosystem von Lieferanten, verändern muss. Denn wenn CEOs nicht verändern, wie ihr Unternehmen mit seinen Lieferanten umgeht, werden sie das große Potenzial des Einkaufs nicht realisieren. Damit meinen wir den Beitrag, den der Einkauf zur Herstellung von Produkten oder Services leistet, die nicht nur weniger kosten, sondern auch innovativer, qualitativ hochwertiger, nachhaltiger, schneller am Markt und generell weniger risikobehaftet sind.

Um Sie bei diesem Wandel zu unterstützen, haben wir zehn praktische Handlungsempfehlungen entwickelt, die auf Studien der Boston Consulting Group (BCG) sowie unseren eigenen Erfahrungen – und denen unserer Kolleginnen und Kollegen – in der Arbeit mit weltweit führenden Unternehmen basieren. Diese Handlungsempfehlungen sind nicht in Stein gemeißelt. Wenn Sie nur einige von ihnen befolgen, ist das völlig in Ordnung. Es gibt *kein einziges Unternehmen auf der Welt*, das sich an alle zehn Empfehlungen hält und das Potenzial einer fortschrittlichen Einkaufsfunktion voll ausschöpft. Doch die Unternehmen, die einige der Handlungsempfehlungen befolgen, erzielen überdurchschnittliche Ergebnisse. In einer BCG-Studie der 150 größten Unternehmen im S&P 500-Index, die wir für dieses Buch durchgeführt haben, zeigte sich, dass 35 Prozent über einen CPO – oder eine ähnliche Position – in ihrem Führungsteam verfügen. Interessanterweise entwickelten sich diese 50 Unternehmen in den 20 Jahren zwischen 2000 und 2020 134 Prozent besser als der Markt (siehe Abbildung 1).

Abbildung 1

Unternehmen mit Einkaufsverantwortlichem performen 130 Prozent besser als der Markt

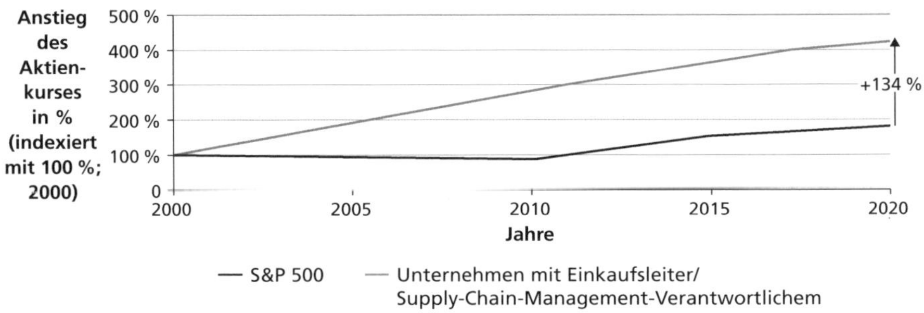

Quelle: BCG-Analyse, S&P 500.

Die erste Handlungsempfehlung, die sich auf den ersten Baustein (Wie *Sie* sich verändern müssen) bezieht, lautet: *An der Spitze beginnen: Machen Sie Ihre Lieferanten und den Einkauf zur Chefsache.* Wir empfehlen CEOs, ein Denken zu kultivieren, das allen Akteuren hilft, die wichtigsten Lieferanten als zentrale Partner für den zukünftigen Erfolg des Unternehmens und den Einkauf als essenzielle und transformative strategische Wertschöpfungsfunktion zu betrachten anstatt lediglich als transaktional und administrativ. Darüber hinaus sollte der oder die CPO mehr Mitspracherecht sowie ein neues strategisches Mandat erhalten, das dem Einkauf die Position zuweist, die er verdient: im Herzen des Unternehmens. Wenn Sie diese Empfehlungen berücksichtigen, verändern Sie das Schicksal Ihres Unternehmens deutlich zum Besseren.

Die nächsten Handlungsempfehlungen beziehen sich auf den zweiten Baustein (Wie sich Ihr *Unternehmen* verändern muss). Die zweite Handlungsempfehlung besagt: *Lieferanten wie Freunde behandeln:*

Bauen Sie neue, dynamische Beziehungen zu Ihren wichtigsten Lieferanten auf. Viel zu oft ist das Verhältnis zwischen Einkäufern und Lieferanten antagonistisch, und Verhandlungen mit Lieferanten gleichen einem Armdrücken. Unseren Erkenntnissen zufolge haben Unternehmen, die *mit* statt *gegen* ihre Lieferanten arbeiten, deutlich fruchtbarere Beziehungen, von denen beide Seiten profitieren: Der Einkauf kann damit rechnen, seinen Beitrag zum Unternehmenserfolg zu verdoppeln, und die Lieferanten können erwarten, ihr Geschäft auszubauen. Hier führen wir das 360-Grad-Programm ein: Dabei bietet der CEO des Unternehmens den CEOs seiner wichtigsten Lieferanten die Möglichkeit, bevorzugt Aufträge zu erhalten, wenn sie Einsparungen im Voraus anbieten. Und dafür erhalten sie entsprechende Gegenleistungen. Das führt zu schnellen und dauerhaften Ergebnissen – für Auftraggeber und Lieferanten gleichermaßen –, da der Austausch auf Führungsebene stattfindet. Dadurch wird der Einkauf *persönlich*, *strategisch* und letztlich *bedeutsam*.

Die dritte Handlungsempfehlung lautet: *Den Einkäufern mehr Verantwortung übertragen: Stellen Sie den Einkauf ins Zentrum des Produktlebenszyklus – von der Idee bis zur Markteinführung.* Viele Unternehmen beziehen ihr Einkaufsteam erst dann ein, wenn es darum geht, Lieferverträge für die benötigten Komponenten zu verhandeln. Das ist jedoch nicht ausreichend und geschieht zu spät im Produktentwicklungsprozess. Unserer Erfahrung nach schaffen Unternehmen, die den Einkauf von Anfang an involvieren (das heißt, wenn die Entwicklung und das Produktmarketing ihre Ideen für ein neues Angebot formulieren) günstigere, hochwertigere, innovativere und nachhaltigere Produkte, die schneller auf den Markt gebracht werden können.

Die vierte Handlungsempfehlung besagt: *Das Beste aus beiden Welten verbinden: Schaffen Sie eine bionische Einkaufsfunktion, die die Vorteile menschlicher Kreativität und digitaler Technologien vereint.* Klassischerweise arbeiten im Einkauf typische „Schreibtischtäter“. Sie sind gut darin, Geschäfte zum Abschluss zu bringen, die bereits von höherrangigen Führungskräften abgesegnet wurden – zum Beispiel Entwicklungsingenieuren oder Produktmarketingmanagerinnen. Damit der Einkauf seine neue, erweiterte Rolle jedoch kompetent ausführen kann, müssen CEOs ihn auf zwei Arten neu ausstatten: mit digitalen Technologien und mit Mitarbeitern, die selbst eines Tages CEOs werden könnten.

Die übrigen Handlungsempfehlungen beziehen sich auf den dritten Baustein (wie sich das *Ökosystem Ihres Unternehmens* verändern muss). Die fünfte Handlungsempfehlung lautet: *Kosten senken – und zwar schnell: Verlangen Sie doppelte Vorabeinsparungen von Ihren Top-Lieferanten und erhöhen Sie den Druck auf die anderen.* Unternehmen verzetteln sich häufig in langwierigen Verhandlungen mit ihren wichtigsten Lieferanten in dem Versuch, rechtzeitig deutliche Einsparungen zu realisieren. In diesem Zusammenhang stellen wir Ihnen unseren alternativen Ansatz, das 360-Grad-Programm, vor, das wir in Kapitel 2 einführen. Wir zeigen Ihnen auch, wie Sie mit Ihren weniger strategischen Lieferanten (wir nennen Sie B- und C-Lieferanten) umgehen sollten. Hier sollten Sie entschieden auftreten und ihnen zu verstehen geben, wer in der Beziehung den Ton angibt.

Die sechste Handlungsempfehlung lautet: *Sich gemeinsam hohe Ziele stecken: Bündeln Sie Ihre F&E-Ressourcen mit denen Ihrer Lieferanten, um erfolgreiche Innovationen zu entwickeln.* CEOs stehen unter dem Druck, jedes Jahr aufs Neue originelle Produkte auf den Markt zu bringen. Das ist allerdings schwierig. Hier kann es helfen, die eigenen Lieferanten einzubeziehen. Denn sie investieren ebenfalls in F&E und wissen, was die Mitbewerber des einkaufenden Unternehmens vorhaben. Wir haben festgestellt, dass Unternehmen, die mit ihren Lieferanten gemeinsam Innovationen entwickeln, die ihnen einen First Mover Advantage verschaffen.

Die siebte Handlungsempfehlung besagt: *Perfektion als Ziel: Liefern Sie unschlagbare Qualität, indem Sie gemeinsam mit Ihren Lieferanten Fehler bekämpfen.* Selbst wenn Sie intensiv Kosten sparen und finanzielle Mittel für Innovationen zurückstellen, können Sie es sich nicht erlauben, Abstriche bei der Qualität zu machen. Ihr Ziel muss „Null Fehler" lauten, es muss für alle Phasen des Produktlebenszyklus gelten – von der Entwicklung über die Produktion bis zur Vermarktung –, und Sie können es nur gemeinsam mit Ihren Lieferanten erreichen. Wenn Kunden unzufrieden sind, machen sie nicht den Lieferanten dafür verantwortlich – selbst wenn er Schuld trägt –, sondern das Unternehmen. Unserer Erfahrung nach tauchen Qualitätsprobleme seltener auf, wenn Unternehmen Kooperationen mit ihren wichtigsten Lieferanten eingehen, wovon beide Seiten gleichermaßen profitieren.

Die achte Handlungsempfehlung lautet: *Gemeinsam die Zukunft gestalten: Echte Nachhaltigkeit – verbünden Sie sich mit Ihren Lieferanten, um die ESG-Kriterien zu erfüllen.* Kunden schätzen es, wenn Unternehmen Nachhaltigkeit zu einem zentralen Bestandteil ihrer Mission machen. Das heißt jedoch auch: Sie bestrafen diejenigen, die ihr Versprechen nicht einlösen. In einer Welt, in der ökologische und soziale Fragen sowie verantwortungsvolle Unternehmensführung an Bedeutung gewinnen, werden jene Unternehmen die Nase vorn haben, die neue Wege der Zusammenarbeit mit ihren Lieferanten finden. Dann können sie nachhaltige Produkte und Dienstleistungen entwickeln und sich vor Reputationsschäden im Zusammenhang mit der Nichteinhaltung der ESG-Kriterien schützen.

Die neunte Handlungsempfehlung lautet: *Gemeinsam schneller werden: Verdoppeln Sie Ihre Geschwindigkeit, indem Sie mit Ihren Lieferanten zusammen- und nicht gegen sie arbeiten.* In einer Zeit, in der Bestellungen dank Amazon & Co. noch am selben Tag geliefert werden und Kunden unmittelbare Bedürfnisbefriedigung erwarten, haben sich Topführungskräfte dem Credo „immer schneller" verschrieben. Doch wenn das gelingen soll, müssen sie eng mit ihren Lieferanten zusammenarbeiten, um den Einkaufsprozess, die Lieferkette und Produktentwicklungsprozess neu zu gestalten.

Die zehnte Handlungsempfehlung besagt: *Das Unvermeidbare antizipieren: Reduzieren Sie gemeinsam mit Ihren Lieferanten die Risiken, um sich auf Unerwartetes vorzubereiten.* Niemand kann behaupten, er hätte nicht gewusst, dass es zu einer globalen Pandemie kommen kann. Die meisten Risiken, denen Unternehmen begegnen, sind keine sogenannten Black-Swan-Ereignisse. Ein Handelskrieg, eine Virus-Epidemie, ein Produktfehler, ein Cyberangriff oder ein Tsunami – sie alle lasen sich antizipieren. Wie sollten sich CEOs also vorbereiten? Sie müssen unter anderem Informationen von ihren Lieferanten einholen, ihre Lieferketten genau kennen und verstehen, dass die nächste Krise keine Frage des „Ob“, sondern des „Wann“ und der Eintrittswahrscheinlichkeit ist.

• • •

Zusammengenommen bieten die drei Bausteine und zehn praktischen Handlungsempfehlungen CEOs eine Blaupause dafür, wie sie maximalen Nutzen aus ihren Lieferanten ziehen und ihre CPOs und Einkaufsteams in die Lage versetzen können, außergewöhnliche Ergebnisse zu erzielen.

Mehr noch: Sie sind eine Anleitung für radikale Veränderung. Wenn Sie als CEO etwas bewegen, Ihre Träume für Ihr Unternehmen verwirklichen und als Erfolgsmacher gelten möchten, sollten Sie die praxiserprobten Empfehlungen in diesem Buch beherzigen.

Teil 1

Wie *Sie* sich verändern müssen

1

An der Spitze beginnen

Machen Sie Ihre Lieferanten und den Einkauf zur Chefsache

Es ist erstaunlich, wie wenig sich CEOs mit den Lieferanten ihres Unternehmens beschäftigen. Unserer Ansicht nach sollten sie nicht nur mehr Zeit auf sie verwenden, sondern sich auch aktiv in die Arbeit ihres CPOs und Einkaufsteams einbringen. Wollen Unternehmen von ihren Lieferanten profitieren, sollten sie unsere erste Handlungsempfehlung befolgen: *An der Spitze beginnen – Machen Sie Ihre Lieferanten und den Einkauf zur Chefsache.* Es genügt jedoch nicht, den Mitarbeiterinnen und Mitarbeitern lediglich neue Anweisungen zu erteilen. Selbst in den hierarchischsten, top-down-organisierten Unternehmen dringen Anordnungen von oben selten bis ganz nach unten durch. Deshalb empfehlen wir CEOs, zusätzlich folgende Maßnahmen ergreifen:

Erstens sollten Sie ein neues Unternehmensdenken kultivieren, das allen Akteuren hilft, die wichtigsten Lieferanten in einem neuen Licht zu betrachten – nämlich als zentrale Partner für den zukünftigen Unternehmenserfolg. Im Rahmen dieses Mindsets sollte außerdem der Einkauf als essenzielle und transformative strategische Wertschöpfungsfunktion wahrgenommen werden statt lediglich als transaktional und administrativ. Zweitens sollten Unternehmen ihrem CPO mehr Mitspracherecht geben und ihn mit einem strategischen Mandat ausstatten, das dem Einkauf die Rolle zuweist, die er verdient: im Herzen des Unternehmens. Wenn Sie diese beiden Empfehlungen berücksichtigen, werden Sie Ihrem Unternehmen zu deutlichen Ergebnissteigerungen verhelfen.

Angesicht der Summen, die Unternehmen für ihre Lieferanten aufwenden, und dem Wert, den sie mit ihnen erzielen können, wenn sie den Einkauf mit mehr Befugnissen ausstatten, sind dies zwei logische Schritte. Fakt ist jedoch, dass nur wenige CEOs die Bedeutung ihrer Lieferanten erkennen – und damit die Bedeutung des Einkaufs beim Aufbau und der Pflege von Lieferantenbeziehungen. Teilweise mag das daran liegen, dass nur wenige CEOs selbst einmal CPOs waren oder im Einkauf eines großen Unternehmens gearbeitet haben. Einer der wenigen CEOs, die früher im Einkauf tätig waren, ist A.G. Lafley, während des Vietnamkriegs Versorgungsoffizier in der US Navy. Als er 2000 das erste Mal zum CEO von Procter & Gamble ernannt wurde, präsentierte er seine neue Strategie der kollaborativen Innovation mit dem Ziel, „dass die Hälfte aller Produkt- und Technologieinnovationen von außerhalb von P&G kommen“ muss.[1] Damit wies er dem Einkauf als Funktion, die für die Zusammenarbeit mit externen Lieferanten zuständig war, von Anfang an eine zentrale Rolle bei der zukünftigen Entwicklung des Unternehmens zu. Unter derzeitigen CEOs sind natürlich Tim Cook von Apple zu nennen sowie Ralf Brandstätter von VW (und sein Vorgänger Herbert Diess, zwischenzeitlich Aufsichtsratsvorsitzender des Automobilkonzerns und früher CPO bei BMW).

Sie müssen jedoch nicht CPO gewesen sein, um sich für die zunehmende Bedeutung Ihrer Lieferanten und einer fortschrittlichen Einkaufsfunktion einzusetzen. Man könnte sogar argumentieren, dass gerade CEOs, die nicht im klassischen Einkauf geschult wurden, am besten dafür geeignet sind, die Funktion auf neuartige und erfrischende Weise zu verändern. Einer dieser CEOs, der selbst kein Einkaufsexperte war, den Einkauf aber dennoch in den Fokus gerückt hat, indem er ein neues Unternehmensdenken kultivierte und den CPO mit umfangreichen Befugnissen ausstattete, ist John F. „Jack" Smith.

Wie der CEO von GM den Einkauf veränderte und das größte Industrieunternehmen transformierte

Am Dienstag, den 7. April 1992, begann Jack Smith seinen ersten offiziellen Arbeitstag als President des damals größten Industrieunternehmens: General Motors. Am Tag zuvor – seinem 54. Geburtstag – hatte man ihm die Verantwortung für die Transformation der Geschäftsprozesse übertragen, nachdem die alte Führungsriege infolge eines Putsches, den einige nicht geschäftsführende Board-Mitglieder initiiert hatten, gehen musste. Normalerweise wäre das ein Grund zum Feiern gewesen. Ein Job im Führungsteam von GM war unter Managern heißbegehrt, bedeutete dies doch, nur einen Schritt entfernt zu sein von der Position, die der ehrwürdige Alfred Sloan, einer der größten Wirtschaftsdenker aller Zeiten, mehr als 30 Jahre lang innehatte: Von 1923 bis 1964 war er CEO und von 1937 bis 1956 Chairman von GM gewesen.[2]

Doch Smith hatte keine Zeit zum Feiern; es wartete Arbeit auf ihn.

GM war zu diesem Zeitpunkt ein strauchelnder Riese, dem – für viele unvorstellbar – das wirtschaftliche Aus drohte. Nach seiner Gründung 1908 hatte das Unternehmen die Automobilbranche lange Zeit dominiert und Kultmarken wie Buick, Cadillac, Chevrolet, GMC, Oldsmobile und Pontiac hervorgebracht. Nun aber stand es kurz vor der Insolvenz. Die Verluste des Vorjahres beliefen sich auf knapp 11 Milliarden US-Dollar. Smith war angetreten, um – wie er es ausdrückte – „die Blutung zu stoppen".

Eine Herkulesaufgabe: Auf seinen Schultern lastete nicht nur das Schicksal der 750.000 Beschäftigten von GM, sondern auch die Zukunft der US-Wirtschaft. Hinzu kam: Jede neu geschaffene Stelle bei GM führte zu fünf weiteren Stellen in anderen Branchen – etwa bei Unternehmen, die den Autohersteller mit Bauteilen und Komponenten belieferten, seinen Kunden Autokredite verkauften und die Arbeiter in den landesweiten GM-Werken versorgten.

In einer solchen Situation hätte man erwarten können, dass Smith seinen Chief Financial Officer oder seinen Chief Strategy Officer um Rat fragt. Aber nein. Das erste, was er tat, war, in der Opel-Zentrale in Rüsselsheim (Opel war die deutsche Tochtergesellschaft von GM) anzurufen. Der Mann, der ans Telefon ging, war Ignacio López – bekannt für seinen energischen Charakter. Die beiden Männer sprachen einige Minuten miteinander, und währenddessen bat Smith seinem Gesprächspartner den neu geschaffenen Posten des Vice President of Worldwide Purchasing an.

Dies war die Geburtsstunde des modernen Einkaufs.

• • •

Der Anruf von Smith schien unerwartet zu kommen, hatte sich aber tatsächlich viele Jahre angekündigt. 1986 leitete Smith GM Europe und war für Opel und die britische Marke Vauxhall verantwortlich. Er galt als „Process Guy", der sich mehr dafür interessierte, wie das Produkt hergestellt wird, als für das Produkt – das Auto – selbst. Als GM-Urgestein hatte er seine berufliche Laufbahn als Lohnbuchhalter bei Fisher Body, einem unternehmenseigenen Lieferanten von GM, begonnen. Smith arbeite damals im Werk in Framingham, unweit von Boston, und verbrachte seine Zeit damit, Karosserieteile zu zählen. Dadurch eignete er sich allmählich ein tiefes Wissen über das Unternehmen an – vom Werk bis hoch in die Führungsetage.

Kurz nachdem Smith den Chefposten bei GM Europe übernommen hatte, kam ihm zu Ohr, dass ein junger Ingenieur im Opel-Werk in Saragossa in der Provinz Aragon im Nordosten Spaniens deutliche Kosteneinsparungen erzielte. Also beschloss Smith, dem Werk einen Besuch abzustatten, um López kennenzulernen und sich selbst ein Bild zu machen. Was er vor Ort erlebte, veränderte sein Denken über die Automobilproduktion. „Es war ein entscheidender Moment", sagte Smith später.[3]

Als Smith López' Büro betrat, bot sich ihm ein überraschendes Bild: Im ganzen Raum waren Komponenten eines Opel Corsa verteilt, der zu den „Super-Mini"-Mittelklassewagen gehörte und damals eines der bestverkäuflichen Autos in Europa war. Was um Himmels willen führte López im Schilde? Wie sich bald herausstellte, tat der junge Ingenieur etwas, was man heute Autozerlegung oder Teardown nennt: Er baute das Fahrzeug komplett auseinander, um sich die einzelnen Komponenten genauer anzusehen und Möglichkeiten zur Kosteneinsparung zu identifizieren, ohne dass Abstriche bei der Qualität nötig wären. Und tatsächlich hatte er bereits Wege gefunden, einen Corsa für 600 D-Mark, heute etwa 770 US-Dollar, weniger zu produzieren. Smith war so beeindruckt, dass er López den Posten als Einkaufsleiter in der Opel-Zentrale in Rüsselsheim anbot. Bereits wenige Wochen nach seinem Wechsel machte sich die Präsenz des neuen CPO bei dem traditionsreichen Autobauer bemerkbar.

Opel wurde 1862 gegründet und produzierte zunächst Nähmaschinen. Doch der Sohn von Adam Opel verlagerte den Fokus auf den Transport: Das Unternehmen produzierte zunächst Fahrräder und ab 1899 Autos. Opel war also älter als GM, von dem es 1929 übernommen wurde. Unter der erfolgreichen Führung von Sloan entwickelte sich das Unternehmen zum ersten Automobilhersteller, der pro Jahr mehr als 100.000 Fahrzeuge fertigte. Als Smith die Leitung des Bereichs Europa übernahm, hatte Opel seine goldenen Jahre jedoch bereits hinter sich. Im Zeitraum 1983 bis 1986 verzeichnete GM Verluste zwischen 228 Millionen und 372 Millionen US-Dollar.[4] Für einen Großteil davon war Opel verantwortlich.

Smith wusste, dass sich grundlegend etwas ändern musste. Deshalb stelle er López ein.

Von Anfang an verfolgte der aus dem nordspanischen Baskenland stammende López eine aggressive, kämpferische Strategie gegenüber den Lieferanten von GM. In der heilen Welt von Opel, in der die Lieferanten ihre Auftraggeber häufig zum Essen einluden, um sich lukrative Deals zu sichern, erwies sich López als zerstörerische Kraft. Er gab sich nicht damit zufrieden, dass die Lieferanten ihre Preise um 2 Prozent senkten, sondern forderte 20 Prozent. Als die Lieferanten protestierten oder sich weigerten, Zugeständnisse in dieser Höhe zu machen, tat López zwei Dinge: Erstens initiierte er ein globales Beschaffungsprogramm und sah sich weltweit nach konkurrenzfähigen Lieferanten um. Dadurch zwang er die lokalen deutschen Lieferanten, die eine einfache, angenehme und in der Tat lukrative Beziehung zu Opel pflegten, in einen Wettbewerb mit Anbietern am anderen Ende der Welt.

Zweitens startete López eine Effizienzinitiative mit dem Titel „Program for the Improvement and Cost Optimization of Suppliers" (PICOS). Dabei entsandte er Experten aus Fertigung und Geschäftsbetrieb zu den Lieferanten von GM und gab ihnen den Auftrag, herauszufinden, wie die Bauteile und Komponenten hergestellt wurden und wie sie sich ohne Qualitätsabstriche günstiger und schneller fertigen ließen. Die Lieferanten hätten sich natürlich weigern können, mit diesen Experten zusammenzuarbeiten, das hätte aber eventuell bedeutet, Opel als Auftraggeber zu verlieren.

Tatsächlich stieß López' Vorgehen bei den meisten Lieferanten auf wenig Begeisterung. Sie waren es gewohnt, ihre Methoden unter Verschluss zu halten. Jetz sollten sie plötzlich Unternehmensgeheimnisse mit Opel teilen, andernfalls würde die Zusammenarbeit beendet. Zunächst leisteten sie Widerstand, und López handelte sich die Spitznamen „Würger von Rüsselsheim“ und „Basque Bully“ ein. Doch Smith gab seinem Mastermind im Einkauf Rückendeckung und schützte ihn. Und warum auch nicht? Schließlich hatten die Kostensenkungsmaßnahmen die Rentabilität von GM Europe deutlich verbessert: 1878 erzielte der Bereich einen Nettogewinn von 1,3 Milliarden US-Dollar – der erste Gewinn seit 1982, als der ausgewiesene Gewinn mickrige 6 Millionen US-Dollar betrug.

Im darauffolgenden Jahr, als GM Europe auf dem besten Wege war, ein weiteres beeindruckendes Ergebnis hinzulegen, wurde Smith nach Detroit zurückbeordert und zum Executive Vice President of International Operations ernannt. López blieb in Europa und setzte seine gute Arbeit fort: 1989 stieg der Nettogewinn von GM Europe auf 1,8 Milliarden US-Dollar, 1990 betrug er 1,9 Milliarden US-Dollar.

Im April 1992 wurde López dann von Smith nach Detroit berufen. Dieser wollte die US-amerikanischen Lieferanten ins Visier nehmen.

• • •

Als López seine Arbeit in Detroit aufnahm, gab er allen zu verstehen, dass sich ab nun einiges ändern würde. Um seine Worte zu unterstreichen, steckte er seine Armbanduhr feierlich vom linken an das rechte Handgelenk und verkündete, er würde sie erst wieder umstecken, wenn GM Rekordgewinne in Nordamerika erzielt hätte. Seine ihm treu ergebenen Einkaufsmanager – die López „Krieger“ nannte, weil sie dafür kämpften, dass GM wieder schwarze Zahlen schrieb – folgten seinem Beispiel und trugen ihre Armbanduhren fortan ebenfalls am rechten Handgelenk. Zudem unterzogen sie sich einer „Krieger-Diät“: López hatte ihnen Kopien seines 44 Seiten langen Gesundheitspamphlets ausgehändigt, das den Titel *Feeding the Warrior Spirit* trug. Diesem Ernährungsplan zufolge waren Fett, Zucker und Junkfood tabu.

Stattdessen sollten die Mitarbeiter Obst, Gemüse und Reis zu sich nehmen. Dies alles war Teil von López' Versuch, den Modus Operandi zu ändern. Den Einkaufsmanagern war es nicht mehr gestattet, Geschäfte mit Lieferanten über ausgedehnten Mittagessen abzuschließen. Sie sollten von nun an in jeder Hinsicht schlank sein.

Wenig überraschend wurde López zu einer Art Kultfigur. Doch obwohl sein exzentrisches Verhalten für ein gewisses Medieninteresse sorgte – und die Tatsache unterstrich, dass der Einkauf nicht länger eine Hinterzimmer-Funktion mit begrenzter strategischer Bedeutung war, – zogen seine smarten Reformen den Zorn der langjährigen GM-Lieferanten auf sich.

Als Erstes zentralisierte López den Einkauf und führte die 27 Büros zu einem einzigen zusammen. Bis dahin war es den Lieferanten möglich gewesen, unterschiedliche Vereinbarungen mit unterschiedlichen Einkaufsmanagern abzuschließen, wobei einige Einkaufsmanager kompromissloser waren als andere. Manchmal hatten persönliche Beziehungen mehr als Preis und Qualität gezählt, mit dem Ergebnis, dass GM das Dreifache für einen Autositz, ein Lenkrad oder eine andere wichtige Komponente zahlen musste als seine Mitbewerber.

In einem zweiten Schritt setzte López auf dem Erfolg seiner Kostensenkungsmaßnahmen auf und entsandte Effizienzteams zu allen wichtigen US-amerikanischen Lieferanten von GM. Einige von ihnen, darunter Rockwell International, leisteten Widerstand und zogen sich aus dem gemeinsamen Vorhaben zurück. Andere versuchten es hintenherum, und wandten sich an Smith und das Board. James Womack, scharfsinniger Bobachter, Professor am Massachusetts Institute of Technology und Co-Autor von *The Machine That Changed the World* über die legendären Lean-Production-Praktiken von Toyota, fasst die Feindseligkeiten, die López zwischen den GM-Lieferanten anstachelte, vielleicht am besten zusammen: „Ich hielt in der europäischen Presse ständig nach Schlagzeilen Ausschau wie ‚GM-Chef von Autobombe getötet: Lieferanten unter Verdacht'."[5]

Doch Smith blieb standfest, und als López sein Vorgehen vor dem Board erklären sollte, erhielt er Standing Ovations. Die Tatsache, dass er dabei war, für GM Kosteneinsparungen von atemberaubenden 4 Milliarden US-Dollar zu realisieren, trug sicher mit dazu bei, dass die Board-Mitglieder ihm ihre volle Unterstützung zusicherten. Doch es war nicht allein der GM-Vorstand, den der CPO mit seiner Arbeit beeindruckte. In Deutschland beobachtete der neue VW-Vorsitzende Ferdinand Piëch, Enkel von Ferdinand Porsche, einem der größten Entwickler in der Automobilgeschichte, auf den der legendäre VW-Käfer zurückgeht, mit großem Interesse, wie López GM transformierte.

Bald darauf erfuhr Smith, dass VW Interesse an López hatte. Deshalb überredete er seine Board-Kollegen im Januar 1993, kurz nachdem er infolge eines Putsches im GM-Vorstand zum CEO des Unternehmens ernannt worden war, dazu, López zum Vice President des gesamten Unternehmens zu ernennen, statt nur von Nordamerika. Die Gerüchte konnte er damit jedoch nicht unterbinden, ebenso wenig die Gespräche zwischen López und VW. Piëch bot López kurzerhand den Posten als CEO von VW an, den dieser annahm.

Smith erachtete López jedoch als so wichtig für GM, dass er reagierte und ihm den Posten als President für das nordamerikanische Geschäft in Aussicht stellte, was diesen zu seinem Vize gemacht hätte. López zögerte und erteilte Smith schließlich eine mündliche Zusage. An dem Tag aber, an dem Smith eine Pressekonferenz einberufen hatte, um López' Beförderung bekannt zu geben, stieg dieser in ein Privatflugzeug nach Deutschland und trat seinen Posten bei VW an.

Das ließ Smith nicht auf sich sitzen. GM verklagte VW und beschuldigte López, Unternehmensgeheimnisse entwendet und an die VW-Zentrale in Wolfsburg weitergegeben zu haben. Man einigte sich schließlich auf einen außergerichtlichen Vergleich, nachdem VW López zum Rücktritt aufgefordert und zugestimmt hatte, GM 100 Millionen US-Dollar Schadenersatz zu zahlen sowie Bauteile und Komponenten von GM im Wert von 1 Milliarden US-Dollar zu beziehen.[6]

Das war vielleicht nur eine magere Entschädigung dafür, dass VW dank López seine Lieferantenkosten deutlich senken konnte. Doch die Tatsache, dass sich Smith so für López einsetzte und VW für seine Abwerbung zur Kasse bat, unterstrich, wie wichtig der Einkauf in seinen Augen war. Dies wurde auch deutlich, als er Rick Wagoner, aufsteigender Stern bei GM und Smiths zukünftiger Nachfolger, zum neuen CPO des Unternehmens berief.

Warum wir heute mehr Jack Smiths brauchen

Die Geschichte von Jack Smith hält wichtige Lehren für Unternehmenslenkerinnen und -lenker bereit. Smith wurde die Verantwortung dafür übertragen, das Ruder bei GM Europe, dann GM North America und schließlich im gesamten Unternehmen herumzureißen – eine Aufgabe, die er jedes Mal aufs Neue meisterte. Gelungen ist ihm dies dank seiner, wie er es nannte, Geheimwaffe: seines CPO und der Einkaufsfunktion. Obwohl Smith kein Einkaufsexperte war, erkannte er das Potenzial der Funktion. Er kultivierte ein neues Unternehmensdenken, gab seinem CPO mehr Mitspracherecht und stattete ihn mit weitreichenden Befugnissen aus, das Unternehmen zu transformieren.

Heute, 30 Jahre später, hat sich die Welt natürlich weitergedreht, und CEOs können nicht erwarten, dieselben Erfolge zu erzielen, nur indem sie Smiths Vorgehen nachahmen. Smith konzentrierte sich streng auf Gewinn und Kostenkontrolle, während eine fortschrittliche Einkaufsfunktion heute vor allem einen Beitrag zur Umsatzsteigerung leisten kann. Doch indem Sie sich ein Beispiel am ehemaligen CEO von GM nehmen und die Rolle des CPO stärken, können Sie ihr Unternehmen nachhaltig verändern.

Ein neues Unternehmensdenken fördern

In den meisten Unternehmen spielen Lieferanten lediglich eine untergeordnete Rolle, und der Einkauf fristet ein Hinterzimmer-Dasein ohne oder mit nur wenig strategischer Verantwortung. Wenn sich das ändern soll, wofür wir plädieren, müssen Unternehmen ihre Haltung ändern, und das geht nur, wenn der oder die CEO mit gutem Beispiel vorangeht und ein neues Denken im Unternehmen etabliert. Das bedeutet, sehr konkrete, sichtbare Maßnahmen zu ergreifen – auf *individueller* und *institutioneller* Ebene.

Auf individueller Ebene sollten sich CEOs etwa 25 Prozent ihrer Zeit mit dem Thema Lieferanten beschäftigten und sich aktiv am Einkaufsgeschehen beteiligen. Dazu gehört, jeden Tag die Beziehungen zu den CEOs Ihrer wichtigsten Lieferanten zu pflegen und Verantwortliche anderer Unternehmen kennenzulernen, die noch nicht zu Ihren zugelassenen Lieferanten gehören, jedoch strategisches Potenzial besitzen. Darüber hinaus sollten Sie den CPO und das Einkaufsteam, ihre Arbeit, ihre Sorgen und ihre Leidenschaften kennenlernen. Es ist bemerkenswert, dass sich Jack Smith die Mühe gemacht hat, Ignacio López, der damals ein unbekannter Ingenieur war und fernab des wesentlichen Geschäftsgeschehens bei GM agierte, persönlich zu treffen.

Auf institutioneller Ebene sollten CEOs ihre Lieferanten – und damit den Einkauf – regelmäßig ganz oben auf die Agenda ihrer Board-Meetings setzen. (Das gibt den anderen Führungskräften zu verstehen, worum es geht.) Der oder die CPO sollte zu Ihrem engsten Beraterkreis gehören und in strategische Entscheidungen einbezogen werden. In vielen Unternehmen hat der CPO bislang eine administrative Rolle inne und berichtet an jemandem aus dem Führungsteam. Das ergibt jedoch wenig Sinn: Unternehmen, die ihren CPO von wichtigen strategischen Entscheidungen ausschließen, laufen Gefahr, wertvolles kommerzielles Wissens zu ignorieren, das aus Lieferantenbeziehungen erwächst – insbesondere Neuigkeiten über aktuelle oder zukünftige

Produkte der Lieferanten, Informationen über aktuelle Entwicklungen sowie neue Ideen, wie sich Beschaffung und Produktion schneller, besser und sicherer gestalten lassen.

Noch einmal: Es ist bemerkenswert, dass Smith López eine entscheidende Rolle im Strategie-Board von GMs Nordamerika-Geschäft zuwies. Er wusste, dass der Einkauf nur effektiv sein kann, wenn er sich von einer *weisungsgebundenen* zu einer *strategischen Entscheidungs*funktion wandelt. Wichtig ist auch, dass Smith nach López' Rücktritt mit Rick Wagoner jemandem zum neuen CPO ernannte, der das Potenzial hatte, Smith früher oder später als CEO abzulösen, was dieser dann auch tat. Wenn CPOs zum engsten Kreis des CEO gehören wollen, müssen sie starke Persönlichkeiten sein, die den Respekt des übrigen Führungsteams genießen. Dabei kommt es weniger darauf an, ob sie Erfahrungen im Einkauf haben. Wichtiger ist, dass sie in der Lage sind, den Status quo zu hinterfragen, disruptives Denken zu fördern, radikale Veränderungen durchzusetzen und eines Tages die Führung des Unternehmens zu übernehmen.

Um die Bedeutung des CPO zu unterstreichen, empfehlen wir Unternehmen häufig, ihn direkt dem CEO zu unterstellen, so wie Smith es mit López getan hat. Zudem sollte der CPO sein Büro möglichst direkt neben oder in der Nähe des CEO haben. Man kann viel über einen CEO ableiten, wenn man sich das Unternehmen ansieht, das er führt, und die Menschen, mit denen er sich umgibt.

Den CPO mit mehr Mitspracherecht und strategischer Verantwortung ausstatten

In den meisten Unternehmen beschränkt sich die Aufgabe des CPO und seines Einkaufsteams darauf, die Vertragsbedingungen mit Lieferanten auszuhandeln, die bereits von den Produktentwicklern und der Produktion für gut befunden wurden. Diese Unternehmen täten gut daran, sich ein Beispiel an der Pionierarbeit zu nehmen, die Jack

Smith geleistet hat. Nachdem Smith mit Staunen beobachtet hatte, wie López einen Opel Corsa in seine Einzelteile zerlegte, um dann nach Wegen zu suchen, ihn kostengünstiger zusammenzubauen, stattete er ihn mit einem neuen strategischen Mandat aus und transformierte so die Rolle des Einkaufs. Gleichzeitig behielt er die Kostensenkung fest im Blick. Die heutigen Herausforderung sind zwar andere, dennoch sollten CEOs dem Beispiel Smiths folgen und ihrem CPO mehr Mitspracherecht und strategische Verantwortung übertragen. Im Fokus sollte dabei jedoch nicht die Kostensenkung stehen, sondern *profitables Wachstum.*

Wenn Ihr Unternehmen nicht gerade kurz vor der Insolvenz droht, sollten Sie immer auf profitables Wachstum fokussieren – und zwar indem Sie das Kerngeschäft ausbauen und verwandte Chancen in angrenzenden Bereichen verfolgen. Bei dem Versuch, GM aus dem Milliardenloch herauszuholen, hatte Smith keine andere Wahl, als eine unternehmensweite Sparpolitik zu verfolgen. Sein Geniestreich bestand darin, seinem brillanten CPO strategische Verantwortung zu übertragen. Diese Entscheidung hatte jedoch auch einige erhebliche Nachteile: Erstens ist eine Kostensenkungsstrategie notwendigerweise kurzfristig. Irgendwann ist das Maximum erreicht, und es gibt keine weiteren Einsparpotenziale. Zweitens erfordert eine solche Strategie häufig brutale Methoden. López' kompromissloser „Krieger"-Ansatz stieß auf große Ablehnung, und einige Beobachter argumentieren, dass er den Lieferantenbeziehungen des Unternehmens nachhaltig geschadet hat. Andererseits war die Situation damals eine völlig andere, und es ist fraglich, ob die Lieferanten zu Zugeständnissen bereit gewesen wären, wenn López' weniger hart durchgegriffen wäre.

Heute sollten CPOs jedoch in der Regel kollaborative Beziehungen zu ihren wichtigsten Lieferanten pflegen. Schließlich ist die Aufgabe, profitables Wachstum zu erzielen, eine langfristige und zukunftsgerichtete. CPOs können es sich nicht erlauben, zu viele Brücken einzureißen. Es wird natürlich immer Momente geben, in denen CPOs ähnlich hart verhandeln müssen wie López', nicht zuletzt weil sie trotz aller Wachstumsziele das Ergebnis im Blick behalten und smarte Kostensenkungsstrategien verfolgen müssen.

Doch um Umsatzwachstum zu erzielen und sich einen Wettbewerbsvorteil zu verschaffen, müssen Unternehmen neben Kostenkontrolle viele weitere Hebel einsetzen, insbesondere Innovation, Qualität, Nachhaltigkeit, Geschwindigkeit und Risikominimierung. Zu jedem dieser Themen sollten CPOs ihren Beitrag leisten dürfen.

Doch warum sollten Sie Ihrem CPO und der Einkaufsfunktion eine solch wichtige Rolle zuweisen? Das ist eine berechtigte Frage. Die Antwort liegt in der Art und Weise, wie sich Unternehmen gerade neu organisieren – oder früher oder später organisieren müssen. Wie wir in der Einführung gesehen haben, war das erfolgreichste Unternehmen in Zeiten von Henry Ford und seinem Model T vor 100 Jahren vertikal integriert, das heißt, es fertigte praktisch *alles* selbst. Und auch vor 30 Jahren noch war GM im Wesentlichen so organisiert und stellte 70 Prozent seiner Fahrzeugteile in Eigenproduktion her. Heute sind die weltweit erfolgreichsten Unternehmen – Apple und die anderen Tech-Giganten – ganz anders aufgestellt: Sie produzieren praktisch *nichts* selbst. Vielmehr sind sie als kundenorientierte Marken die Zentripetalkraft im Herzen eines Business-Ökosystems. Sie haben von Anfang an verstanden, dass sie die Weisheit nicht gepachtet haben, und deshalb Partnerschaften mit anderen Unternehmen – Lieferanten – aufgebaut, die branchenführend in ihrem Bereich sind. Diese Lieferanten haben zahlreiche Kunden, sie sind nicht allein einem Auftraggeber verpflichtet (nicht einmal dem starken Apple), und sie bringen ihren eigenen Mehrwert in die Kooperation ein. Dank dieser Zusammenarbeit sind Unternehmen und Lieferanten gleichermaßen stärker, agiler, innovativer und profitabler.

Dieser Ansatz war noch nie so wichtig wie heute. Angesichts des Tempos, in dem sich die Welt verändert, und einer Flut von existenziellen Krisen werden Unternehmen schlicht und einfach nicht überleben, wenn sie nicht mit den wenigen ausgewählten Lieferanten zusammenarbeiten, die Profis auf ihrem Gebiet sind und ein enormes strategisches Potenzial besitzen. Daraus ergibt sich die Notwendigkeit, den oder die CPO mit umfangreicheren Befugnissen auszustatten, denn es ist seine oder ihre Aufgabe, dieses komplexe Netzwerk – oder Ökosystem – von Lieferanten zu orchestrieren und letztlich sicherzustellen, dass das Unternehmen mithilfe der richtigen Innovation von den richtigen Lieferanten das richtige Produkt anbietet.

Derzeit hört man häufig, dass jedes Unternehmen früher oder später ein Tech-Unternehmen werden muss, wenn es dies nicht bereits ist. Das ist nur logisch: In einer Welt, in der fast alle Menschen über das mobile Internet miteinander vernetzt sind, etwa 5 Milliarden der insgesamt 5,7 Milliarden Erwachsenen weltweit ein Mobiltelefon besitzen und mehr als 80 Prozent der Jugendlichen in den Vereinigten Staaten ein eigenes iPhone haben, haben nicht-technologiegetriebene Unternehmen keine Überlebenschancen.

Dieser Feststellung möchten wir noch etwas hinzufügen: Jedes Unternehmen muss sich auch so organisieren, wie es die großen Tech-Unternehmen derzeit tun. Und das heißt: CEOs müssen den Einkauf zu ihrer obersten Priorität machen. Die meisten Unternehmen, die etwas Ungewöhnliches umsetzen wollen, wenden sich an ihren Entwicklungs- oder Produktionsleiter. Tech-Unternehmen blicken dagegen auf ihren CPO und das Einkaufsteam. Sie sind die eigentliche Kraft, die das Unternehmen und seine Zukunft vorantreiben.

Fazit

Führung ist entscheidend. Und Transformation beginnt an der Spitze. Wie wir in den nächsten drei Kapiteln zeigen werden, müssen CEOs ihre Position dazu nutzen, in dreierlei Hinsicht grundlegende Veränderungen im Unternehmen herbeizuführen: (1) wie das Unternehmen mit seinen Lieferanten interagiert, (2) wie der CPO und sein Einkaufsteam bei der Entwicklung neuer Produkte und Dienstleistungen mit anderen Funktionsverantwortlichen zusammenarbeiten und (3) wie der Einkauf sein Tagesgeschäft gestaltet.

Das Wichtigste in Kürze

Erkenntnis

Wenn Sie Ihre Träume für Ihr Unternehmen verwirklichen wollen, sollten Sie Ihre Lieferanten in den Mittelpunkt stellen. Diese können Ihnen helfen, sich durch Kosteneinsparungen, Innovation, Qualität, Nachhaltigkeit, Geschwindigkeit und Risikominimierung Wettbewerbsvorteile zu verschaffen.

Strategie

Halten Sie es mit Jack Smith: Machen Sie den oder die CPO und den Einkauf zu Ihrer Geheimwaffe (denn sie sind für die Lieferantenbeziehungen verantwortlich), und weisen Sie dem CPO eine führende Rolle zu. Machen Sie dies zu Ihrer persönlichen Aufgabe, zur Chefsache sozusagen, und delegieren Sie sie nicht.

Vorgehensweise

- Kultivieren Sie ein neues Unternehmensdenken (damit alle Beteiligten ihre Einstellung gegenüber Lieferanten und Einkauf ändern).
- Gehen Sie mit gutem Beispiel voran, und machen Sie dies zu Ihrer persönlichen Aufgabe. Beschäftigen Sie sich 25 Prozent Ihrer Zeit mit dem Thema Lieferanten, und beteiligen Sie sich ak-

tiv am Einkaufsgeschehen. Pflegen Sie persönliche Beziehungen zu den CEOs Ihrer bestehenden und zukünftigen Lieferanten.

- Testen Sie Ihre Lieferanten, und finden Sie im Rahmen unseres 360-Grad-Programms heraus, welche an einer engeren und sinnstiftenden Beziehung interessiert sind.
- Besetzen Sie den Posten des CPO umgehend. Die Person sollte in der Lage sein, den Status quo zu hinterfragen, disruptives Denken zu fördern, radikale Veränderungen herbeizuführen und zu gegebener Zeit Ihre Rolle zu übernehmen.
- Geben Sie dem CPO mehr Mitspracherecht, und beziehen Sie ihn in Ihren engsten Beraterkreis ein. Tun Sie dies für alle sichtbar, zum Beispiel indem Sie ihm das Büro direkt neben Ihrem zuweisen.
- Statten Sie den oder die CPO mit einem neuen Mandat aus. Er oder sie sollte sich nicht allein auf Kostensenkungen konzentrieren, sondern vor allem auf profitables Wachstum, und die Unternehmensstrategie mitbestimmen, statt sie nur zu unterstützen.

Teil 2

Wie sich *Ihr* *Unternehmen* verändern muss

2

Lieferanten wie Freunde behandeln

Bauen Sie neue, dynamische Beziehungen zu Ihren wichtigsten Lieferanten auf

In den meisten Unternehmen gleicht die Interaktion zwischen Einkäufern und Lieferanten einem transaktionalen Tauziehen: Der Einkäufer versucht, den größtmöglichen Gewinn aus dem Lieferanten herauszupressen, während dieser bemüht ist, die negativen Auswirkungen auf seine Gewinnmarge zu begrenzen und den Auftrag dennoch zu erhalten. Das ist jedoch eine Farce. Der Lieferant setzt seinen Anfangspreis in der Regel künstlich hoch an, um dann Preissenkungen zuzustimmen, die dem Einkäufer den Eindruck vermitteln, er schließe ein gutes Geschäft ab. Der Einkauf seinerseits erhält Lob – und Boni – dafür, dass er scheinbar alles aus dem Lieferanten herausgeholt hat.

Die Einkäufer-Lieferanten-Beziehung könnte für beide Seiten so viel fruchtbarer sein, wenn beide Parteien *mit-* statt *gegen*einander arbeiten würden. Dass das Verhältnis häufig dysfunktional ist, liegt an der Art und Weise, wie der Einkauf organisiert ist. Produkte sind heute äußerst komplex. Sie beinhalten Tausende von Komponenten und die verschiedensten Rohstoffe, die von Lieferanten rund um den Globus bezogen werden. In einer Hinsicht ergibt es deshalb durchaus Sinn, dass der Einkauf spezialisierte Commodity Manager beschäftigt, die für Lieferanten bestimmter Rohstoffe zuständig sind. Im Fall, dass etwas schiefgeht – wenn beispielsweise die Lieferung eines Motors, einer Karosserie oder nur eines Scheibenwischers unterbrochen ist –, könnte das negative Auswirkungen auf das gesamte Unternehmen haben. Peter Hasenkamp, ehemaliger Head of Supply-Chain Strategy für das Model S von Tesla, sagte dazu einmal: „Man braucht 2.500 Teile, um ein Auto zu bauen. Wenn aber nur eines fehlt, können Sie das Auto gar nicht bauen."[1]

Diese Art der Einkaufsorganisation hat jedoch einen Nachteil: Viele Lieferanten sind mittlerweile so groß, dass sie Unternehmen mit einer Vielzahl von Rohstoffen beliefern. Nehmen wir zum Beispiel Bosch, den weltgrößten Autozulieferer. Das Unternehmen fertigt alles – von Batterien und Bremsen bis Zündkerzen, Lenksysteme und Drosseleinrichtungen. Infolgedessen verhandeln verschiedene Commodity Manager eines Automobilherstellers einzeln mit den Bosch-Verantwortlichen, häufig auf unkoordinierte Weise. Die CEOs dieser Autobauer sind deshalb relativ machtlos, wenn es darum geht, Veränderungen in ihrem Unternehmen anzustoßen. Wenn sie zum Beispiel Kosten senken möchten, müssen sie verschiedene Einkaufsmanager damit beauftragen, eine Vielzahl von Verhandlungen zu einer Vielzahl von Rohstoffen zu führen. Das ist ein langsamer, schwerfälliger und letztlich ineffektiver Prozess.

Es geht jedoch auch anders. Der Einkauf sollte sich weniger auf die Rohstoffe und mehr auf den Lieferanten konzentrieren. Deshalb lautet unsere zweite Handlungsempfehlung: *Lieferanten wie Freunde behandeln: Bauen Sie neue, dynamische Beziehungen zu Ihren wichtigsten Lieferanten auf.* Natürlich sind einem manche Freunde näher als andere, und Einkäufer sollten verschiedene Arten von Lieferanten unterscheiden. Wie wir noch zeigen werden, eignet sich dafür zum

Beispiel unsere 360-Grad-Methode. Mit ihr konzentrieren sich Unternehmen auf die größten und wichtigsten *bestehenden* Lieferanten, die den größten Anteil ihres Einkaufsbudgets ausmachen. Eine andere Methode ist der Performance/Potenzial-Ansatz. Dieser klassifiziert *bestehende* und mögliche *zukünftige* Lieferanten nach ihrer Performance und ihrem strategischen Potenzial.

Die beiden Ansätze sind eng miteinander verknüpft. Sie können die 360-Grad-Methode als Übergang zwischen dem klassischen, rohstofforientierten Einkauf und dem modernen, lieferantenorientierten Einkauf betrachten.

Eine Lösung zu Kostensenkung: das 360-Grad-Programm

Die Hauptaufgabe des Einkaufs besteht darin, Kostensenkungen zu erzielen. Das 360-Grad-Programm ist eine bewährte Methode, dies zügig zu erreichen. Unternehmen können erhebliche Kosteneinsparungen erzielen, wenn sie von ihren größten Lieferanten im Voraus Einsparungen verlangen und ihnen dafür exklusive Gegenleistungen (deshalb die Bezeichnung „360 Grad") anbieten.

Entwickelt haben wir den 360-Grad-Ansatz im Rahmen unserer Arbeit mit großen Tech-Unternehmen. 2012 wandte sich einer der weltweit größten Computerhersteller mit der Bitte an uns, Wege zu finden, wie er seine Lieferantenkosten von jährlich 35 Milliarden US-Dollar reduzieren könnte – und zwar schnell. In den vorangegangenen 20 Jahren hatte das Unternehmen wie viele andere PC-Hersteller Wachstum im zweistelligen Prozentbereich erzielt und war infolgedessen in der Lage gewesen, in ambitionierte Effizienz- und Innovationsprogramme zu investieren. Doch mit dem Aufkommen von Smartphones und Tablets – die Game-Changer waren das iPhone 2007 und das iPad 2010 – stagnierte die Computerbranche immer mehr.

Der Computerkonzern, der auf uns zugekommen war, wollte zwar seine Kosten senken, dabei aber nicht die sorgfältig gepflegten Beziehungen zu seinen wichtigsten Lieferanten auf Spiel setzen. Uns war klar, dass wir in diesem Fall nicht den klassischen Ansatz zur Kostensenkung empfehlen konnten. Damals (und manchmal auch heute noch) begann ein klassisches Einkaufsprojekt mit einer detaillierten Ausgangsanalyse der Machtverhältnisse zwischen dem beschaffenden Unternehmen einerseits und seinen Schlüssellieferanten andererseits: Wer war stärker? Und wie könnte das Unternehmen die Lieferanten, gegenüber denen es in der stärkeren Position war, zu Zugeständnissen beim Preis zwingen? Das Problem an diesem Ansatz war, dass sich die Ergebnisse mindestens sechs Monate lang nicht in der Bilanz bemerkbar machten. Der Computerhersteller hatte es jedoch eilig; er wollte *jetzt* Ergebnisse sehen. In der Computerbranche umfasst ein Produktlebenszyklus weniger als zwei Jahre. Insofern konnten die Verantwortlichen nicht sechs lange Monate warten, bis sich die erzielten Einsparungen im Nettoergebnis niederschlagen würden.

Wir mussten also umdenken, und zwar schnell. Sonst würde sich der Multimillionen-Dollar-Klient nach einem anderen Beratungsangebot umsehen. Unter Druck fragten wir uns ganz grundsätzlich: Worum geht es im Einkauf eigentlich? Während eines nächtlichen Brainstormings kamen wir irgendwann auf die ersten Händler zu sprechen, die ihre Waren auf den Basaren des antiken Babylons anpriesen. Adam Smith, der Hohepriester des Kapitalismus, schreibt in *Der Wohlstand der Nationen*: Die „natürliche Neigung des Menschen, zu handeln und Dinge gegeneinander auszutauschen“ steht im Zentrum jedes Unternehmens und bildet die Grundlage für die „Arbeitsteilung, die so viele Vorteile mit sich bringt“.[2] Daraus schlussfolgerten wir, dass der Einkauf letztlich eine grundlegende Geschäftstätigkeit ist – vielleicht sogar die grundlegendste überhaupt. Es geht um das Abschließen eines Geschäfts zwischen zwei Personen oder Parteien: dem Käufer und dem Verkäufer. Und der Preis, den diese dabei für Waren und Dienstleistungen verhandeln, spiegelt das dynamische Machtgleichgewicht zwischen den uralten ökonomischen Kräften von Angebot und Nachfrage wider.

Doch was bedeutete das aus heutiger Sicht? Wie konnten wir dieses Wissen nutzen, um sicherzustellen, dass der Computerhersteller das bekamen, was er wollte, sodass wir ihn als Klienten behalten würden? Wir schlussfolgerten: Der Einkauf muss *persönlich*, *strategisch* und vor allem *bedeutsam* werden. Ausgehend von diesen Erkenntnissen empfahlen wir dem Unternehmen einige praktische Maßnahmen:

Um den Einkauf persönlich, strategisch und bedeutsam zu machen, mussten wir als Erstes die Kommunikation auf eine neue Ebene heben. In der Regel findet der Einkauf auf operativer Ebene zwischen Einkaufsmanagern (beschaffendes Unternehmen) und Account-Managern (Lieferant) statt, die nur begrenzte Entscheidungsbefugnisse haben. Also schlugen wir dem Computerhersteller vor, dass der CPO in einen persönlichen Dialog mit den CEOs der Zulieferunternehmen treten solle. Dadurch würde der Einkauf persönlich werden.

Doch auf welche Lieferanten sollte sich der CPO konzentrieren? Unmöglich könnte er eine persönliche Beziehung zu allen CEOs der vielen tausend Lieferanten des Unternehmens aufbauen. Das wäre auch nicht sinnvoll. Unsere Erfahrung nach machen die wichtigsten 20 bis 40 Lieferanten – wie nennen sie A-Lieferanten – 50 Prozent des Einkaufsbudgets eines durchschnittlichen Unternehmens aus. Also empfahlen wir dem CPO des Computerherstellers, sich auf diese Lieferanten zu konzentrieren. Dadurch würde der Einkauf strategisch und bedeutsam werden.

Daran schloss sich allerdings die Frage an, was der CPO den CEOs der A-Lieferanten sagen sollte. Es wäre wenig sinnvoll, über jeden einzelnen Rohstoff im Detail zu sprechen. Wir rieten dem Unternehmen deshalb, das große Ganze zu betrachten und die CEOS der Lieferanten um Vorabzusagen für doppelte Einsparungen zu bitten. Erst wenn sich diese darauf einließen, sollte der CPO ihnen im Gegenzug das Angebot machen, eine neue, kollaborative Partnerschaft aufzubauen, im Zuge derer die beiden Unternehmen nicht nur höhere Gewinne erzielen, sondern auch mehr Innovationen entwickeln, ihren CO2-Fußabdruck senken und andere gemeinsame Projekte jenseits von Kosteneinsparungen realisieren würden.

Eine Frage war jedoch noch offen: Wie sollte der CPO das Gespräch mit den A-Lieferanten beginnen? 2012 lautete unsere Empfehlung, ganz klassisch einen freundlichen Brief zu verfassen. Interessanterweise funktioniert das heute immer noch, wie wir festgestellt haben. Ein guter Brief sollte Folgendes enthalten:

- eine erklärende Einleitung, warum Sie höhere Einsparungen erzielen müssen – und warum gerade jetzt
- die klare und direkte Bitte um eine Zusage zu doppelten Einsparungen
- die Vorteile, von denen der Lieferant bei Teilnahme am 360-Grad-Programm profitiert
- das Angebot, gemeinsame Projekte vorzuschlagen, die dem Lieferanten zu mehr Rentabilität verhelfen

Die Briefe sollten persönlich adressiert sein. Wenn Ihr Unternehmen zum Beispiel 40 A-Lieferanten hat, sollte Ihr CPO 40 individuelle Briefe verfassen.

Manchmal erschließt sich den Lieferanten das 360-Grad-Programm nicht sofort. Nach Jahren des Tauziehens mit dem einkaufenden Unternehmen müssen sie sich häufig erst an den Gedanken einer stärker kollaborativen Beziehung gewöhnen. In diesen Fällen sollte Sie unmissverständlich klar machen, welche Vorteile mit der Partnerschaft verbunden sind und welche Konsequenzen es hat, wenn der Lieferant sich gegen das Angebot entscheidet. Eine mögliche Formulierung wäre: „Wir investieren erhebliche Ressourcen in das 360-Grad-Programm. Unser Ziel ist es, Ihnen dabei zu helfen, Ihre Rentabilität zu steigern, und Ihr Geschäft mit uns voranzubringen. Sollten Sie sich gegen das Angebot entscheiden, behalten wir uns die Option vor, diese Ressourcen in die Überprüfung Ihrer Prozesse und die Stärkung Ihrer Mitbewerber zu investieren. Die Entscheidung liegt bei Ihnen. Wir würden uns freuen, wenn Sie sich dazu entscheiden, den Weg gemeinsam mit uns zu gehen.“

Manchmal fällt es jedoch selbst Lieferanten, die sich für die Zusammenarbeit entscheiden, schwer, gemeinsame Projekte vorzuschlagen, die ihnen zu mehr Rentabilität verhelfen könnten. Es ist, als hätte Aladdin, nachdem er in den Besitz der Wunderlampe gekommen ist, keine Idee, was er sich von Dschinni wünschen sollte. In diesem Fall empfehlen wir dem CPO, gemeinsam mit den CEOs der Zulieferunternehmen und ihren Teams zu brainstormen. Nach einigem Hin und Her kristallisieren sich dabei in der Regel gemeinsame Projekte heraus, durch die der Lieferant seinen Gewinn steigern und doppelte Einsparungen erzielen kann.

Diese praktischen Maßnahmen erscheinen simpel. Doch als wir sie das erste Mal vorschlugen, kamen sie einem Paradigmenwechsel gleich, der den traditionellen Einkauf auf den Kopf stellen würde. Zunächst einmal wäre der Einkauf nicht länger eine rein operative Funktion: Dadurch, dass sich die Verantwortlichen auf höchster Ebene austauschen, wird dem Einkauf eine wichtige strategische Entscheidungsrolle in der Zukunft des Unternehmens zugewiesen. Zweitens verändern diese Maßnahmen die klassische Reihenfolge der Abläufe im Einkauf: Der Computerhersteller würde die Führungsrolle übernehmen und dadurch von Anfang an Kostenvorteile realisieren, nicht erst am Ende des Geschäfts. Und drittens widersprachen unsere Vorschläge dem Glauben, der Einkauf sei ein Nullsummenspiel: Indem wir sicherstellten, dass das beschaffende Unternehmen gemeinsam mit dem Lieferanten an Projekten arbeitete, die diesem Gewinnsteigerungen ermöglichen, zeigten wir, dass der Einkauf eine Win-win-Situation schaffen kann.

Bereits wenige Wochen nach der Implementierung führte der 360-Grad-Ansatz, bei dem sich der Computerhersteller auf die relativ wenigen Lieferanten konzentrierte, die für mehr als die Hälfte seines Einkaufsbudgets verantwortlich waren, zu Kosteneinsparungen. Was wir zu diesem Zeitpunkt nicht sagten konnten, war, ob dadurch auch neue enge, kooperative Beziehungen entstehen würden – die Art von Beziehungen, die Ignacio López unbedingt beenden wollte. Unsere Erfahrungen zeigen jedoch, dass sich Unternehmen, die das 360-Grad-Programm einführen, schnell daran gewöhnen, doppelte Einsparungen von ihren Lieferanten zu erhalten – und diese dann auch jedes Jahr erwarten. Die Lieferanten wiederum erfüllen ihren Teil der Vereinbarung aus zwei Gründen: Erstens schärft die engere Beziehung, die im Zuge des 360-Grad-Programms entsteht, den Blick fürs Detail, wodurch die Lieferanten ihre Kosten senken und weitere Vorteile erzielen. Zweitens etablieren die beschaffenden Unternehmen robuste Mechanismen, die die Lieferanten „auf Trab halten“: In der Technologiebranche sind vierteljährliche Geschäftsanalysen mit Lieferanten gang und gäbe. Dabei erhalten diese anhand von KPIs wie Zeit Kosten, Qualität, Innovation und Nachhaltigkeit offen und ehrlich Feedback zu ihrer Performance, wobei sie an absoluten und relativen Standards gemessen werden. In Folgeprüfungen müssen sie ihren Fortschritt unter Beweis stellen. Da ihre vierteljährliche Performance ausschlaggebend für den Erhalt zukünftiger Aufträge ist, setzen sie in der Regel alles daran, Kosteneinsparungsmöglichkeiten zu identifizieren.

Was wir ebenfalls nicht wussten, als wir unsere Arbeit mit dem Computerhersteller aufnahmen, war, ob unser Ansatz auch in anderen Branchen funktionieren würde. Tech-Unternehmen sind in der Regel innovativ, experimentier- und risikofreudig und werden von mutigen, vernunftbegabten Personen geführt, die schnell Entscheidungen treffen, unkonventionell denken und bereit sind, die Dinge auf den Kopf zu stellen.

Ende 2018 wandte sich der CPO eines weltweit führenden Autoherstellers, Advanced Luxury Vehicles (ALV)*, an uns. Das Unternehmen wollte sein Einkaufsbudget innerhalb kurzer Zeit reduzieren. Die Herausforderungen, vor denen ALV stand, ähnelten denen der Tech-Unternehmen, die wir in den vergangenen sechs Jahren beraten hatten. Das Unternehmen wollte Einsparungen in Höhe von 500 Millionen US-Dollar realisieren ... innerhalb von drei Monaten.

Im Folgenden zeigen wir, wie sich das 360-Grad-Programm bei ALV gestaltet hat.

Das 360-Grad-Programm bei Advanced Luxury Vehicles

Der Fahrzeugbauer mit Sitz in Mitteleuropa fertigt nicht nur sein berühmtes Auto, sondern viele weitere Marken, die zu eleganten Statussymbolen von Millionären im Automobilzeitalter geworden sind. ALV wurde vor mehr als 100 Jahren gegründet, hat es aber immer geschafft, mit der Zeit zu gehen. Heute stemmt das Unternehmen Herausforderungen wie elektrische Fahrzeuge, selbstfahrende Autos und Ride-Sharing-Dienste. Einer der Verantwortlichen, der in dieser Transformation eine ganz wesentliche Rolle spielt, ist der Chief Procurement Officer des Unternehmens. Wir nennen ihn Bernhard Schmidt.

Schmidt ist kein klassischer CPO. Als wir ihn treffen, ist er erst seit wenigen Monaten im Amt. Den Großteil seiner beruflichen Laufbahn hat er in der Fertigung verbracht – zunächst bei einem großen Autozulieferer und dann in verschiedenen Werken von ALV. Insofern kennt er beide Seiten von innen. Er weiß, wie sie denken, wie sie ticken und was sie voneinander erwarten. Als wir uns mit Schmidt zusammensetzten, waren wir deshalb ziemlich sicher, dass er für unkonventionelle Ansätze offen wäre. Und tatsächlich: Während des Gesprächs bestätigte

* Aus Gründen der Vertraulichkeit haben wir den Namen des Unternehmens geändert.

sich unser Gefühl. Für Schmidt war die Fabrik nicht lediglich ein Ort, an dem Autos zusammengebaut werden, sondern auch der letzte Stopp, bevor das Auto zum Kunden gelangt. Als Leiter eines der europäischen ALV-Werke verstand er es als seine Aufgabe, sicherzustellen, dass das Fahrzeug das Fließband fix und fertig für den Kunden verließ. Die Produktion, die viele mit Begriffen wie „laut“, „ölig“, „mechanisch“ und „nach innen gerichtet“ assoziieren, war für Schmidt kundenorientiert und nach außen gerichtet. Und so sehen wir auch den Einkauf: Dieser sollte nicht als Backoffice-Funktion betrachtet werden, sondern als strategisch relevant, kundenorientiert und nach außen gerichtet.

Schmidt stand vor einer monumentalen Aufgabe. Als CPO und Board-Mitglied sollte er das Ökosystem von Lieferanten stärken, das für den Autobauer immer wichtiger wurde. Doch als Schmidt seinen neuen Job antrat, musste er zunächst eine noch drängendere Herausforderung meistern: innerhalb von drei Monaten eine Einsparlücke von 1 Milliarde US-Dollar schließen. Er hatte bereits Wege gefunden, wie sich 500 Millionen US-Dollar einsparen ließen. Nun galt es, Einsparpotenziale für noch einmal die gleiche Summe zu identifizieren. Ursache für die riesige Einsparlücke waren drei Faktoren, die jedoch alle nicht auf Versäumnisse von ALV zurückzuführen waren, das Unternehmen aber dennoch stark beeinträchtigten: Zunächst der Brexit, durch den der Autohersteller einen seiner wichtigsten Märkte verloren hatte. Dann der vom damaligen US-Präsidenten Trump angezettelte Handelskonflikt mit China und der EU. Dazu muss man wissen, dass sich eine der wichtigsten Produktionsstätten von ALV in den Vereinigten Staaten befand, was für europäische Autobauer eher unüblich ist. Dort wurden vor allem große, teure SUVs für den chinesischen Markt gefertigt. Als dritter Faktor kam hinzu, dass ALV Millionen in die Produktion von Dieselmotoren investiert hatte, die Nachfrage von Dieselfahrzeugen infolge des Dieselskandals jedoch rückläufig war.

Wie sollte Schmidt innerhalb von nur drei Monaten Einsparungen von 500 Millionen US-Dollar realisieren? In den meisten Unternehmen ist der Einkauf nach Rohstoffen organisiert, auch bei ALV. Für die Produktion eines typischen Premium-Fahrzeugs werden rund 5.000 Bauteile und Komponenten benötigt. Das Unternehmen beschäftigte etwa 60 Einkaufsmanagerinnen und -manager, die jeweils für die Beschaffung innerhalb ihrer Rohstoffgruppen zuständig sind. Naturgemäß besitzen manche Mitarbeiterinnen und Mitarbeiter mehr Verhandlungsgeschick als andere. Wann immer ALV Kosten senken oder Einsparungen erzielen wollte, musste jeder einzelne Einkaufsmanager einbezogen werden. Dadurch war der Beschaffungsprozess langsam, schwerfällig und insgesamt unbefriedigend.

Vor diesem Hintergrund empfahlen wir dem Autobauer, sich im Rahmen unseres 360-Grad-Programms auf seine A-Lieferanten zu konzentrieren. Ziel war es, schnell Ergebnisse zu erzielen. Dazu sollte Schmidt die persönlichen Beziehungen zu den CEOs der wichtigsten Lieferanten des Unternehmens stärken oder ausbauen. Von den Lieferanten wurde erwartet, dass sie sich im Voraus zu Kostensenkungen verpflichten, die doppelte Einsparungen ermöglichen. Im Gegenzug würden sie von vielfältigen Unterstützungsleistungen profitieren, die ihnen die Chance gäben, alle Unternehmensbereiche profitabler zu machen – von der Produktion über den Einkauf bis hin zu Entwicklung und Bestandmanagement.

So etwas war bislang in der Automobilindustrie noch nicht versucht worden. Doch Schmidt gefiel die Idee, und er gab dem Vorhaben grünes Licht. Als Erstes verschickte er Briefe an die Topführungskräfte der 30 größten A-Lieferanten, die zusammen 50 Prozent des Einkaufsbudgets von ALV ausmachten. Dabei verfasste er jeden Brief individuell. Schmidt verglich diese Aufgabe mit dem Schreiben sorgfältig formulierter Weihnachtskarten. An manchen Briefen feilte er das ganze Wochenende, damit am Ende jedes Detail stimmte.

Einer der ersten CEOs, der sich zurückmeldete, leitete ein Lieferantenunternehmen, das ALV bereits Einsparungen von 50 Millionen US-Dollar versprochen hatte. Nachdem er den Brief von Schmidt gelesen und mit ihm gesprochen hatte, sicherte er dem Automobilproduzenten doppelte Einsparungen in Höhe von bemerkenswerten 100 Millionen US-Dollar zu. Das entsprach 10 Prozent der Gesamtersparnisse, die ALV innerhalb eines Quartals erzielen wollte. Im Gegenzug stimmte ALV einem schrittweisen Unterstützungsprogramm zu, das dem Lieferanten bei seinen Herausforderungen in der Produktion unter die Arme greifen sollte. In einem ersten Schritt erhielt das Unternehmen Hilfe bei der Eingliederung eines kürzlich übernommenen US-amerikanischen Herstellers von Kfz-Sicherheitszubehör. Wenn alles nach Plan lief, würde ALV dem Lieferanten außerdem die exklusive Möglichkeit bieten, an einem gemeinsamem Forschungsprojekt zur Entwicklung neuartiger Batterietechnologie teilzunehmen.

Wichtig ist, dass Sie jedem Ihrer wichtigsten Lieferanten ein maßgeschneidertes 360-Grad-Programm anbieten. Am Ende stimmten 20 der 30 A-Lieferanten von ALV der Partnerschaft zu – darunter einer der weltweit größten Lieferanten von Autositzen und Innenausstattung mit Sitz in Schanghai. Der Geschäftsführer des Unternehmens war von der Idee begeistert, nicht zuletzt weil er die Kooperation als Chance betrachtete, eine führende Automarke zu beeinflussen und im Gegenzug von ihrem Einfluss zu profitieren.

Ursprünglich hatte der Autozulieferer aus Schanghai Kosteneinsparungen in Höhe von 10 Millionen US-Dollar zugesagt. Doch nachdem er sich auf die Herausforderung eingelassen hatte, doppelte Einsparungen zu erzielen, sicherte er schließlich 26 Millionen US-Dollar zu. Um ihm angemessen entgegenzukommen, bot ALV unter anderem an, Workshops zur Rentabilitätssteigerung zu veranstalten, sich auf strategischer Ebene auszutauschen, sodass die chinesischen Verantwortlichen direkt mit dem Topmanagement von ALV interagieren konnten, sowie ein gemeinsames Innovationsprogramm zur Entwicklung der „Kfz-Innenausstattung der Zukunft“ zu starten. Um das Geschäft zu besiegeln, reiste Schmidt nach China und unterzeichnete dort im Rahmen einer aufwendigen Zeremonie den Vertrag. Außerdem überreichte er seinem Gegenüber eine persönliche Dankesbroschüre, in der noch einmal die wichtigsten Punkte des 360-Grad-Programms aufgeführt waren, und unterstrich seine Geste mit den Worten, dass nun eine Partnerschaft beginne, die „einen wichtigen Beitrag zur Zukunftsfähigkeit unserer beiden Unternehmen" leiste.

Durch die enge Zusammenarbeit mit seinen wichtigsten Lieferanten konnte ALV tatsächlich innerhalb von drei Monaten 1 Milliarde US-Dollar an Kosteneinsparungen erzielen. Zudem etablierte Schmidt die Idee, dass sich durch einen lieferantenorientierten Einkauf jenseits von Kosteneinsparungen weitere Wettbewerbsvorteile schaffen ließen.

Jenseits von Kosteneinsparungen: der Performance/Potenzial-Ansatz

Der 360-Grad-Ansatz stellt eine schnelle und effektive Möglichkeit dar, sich auf seine wichtigsten bestehenden Lieferanten zu fokussieren, um Kostensenkungen zu erzielen und in anderen drängenden Fragen wie der CO2-Reduzierung zusammenzuarbeiten. Er ist ein wichtiger Schritt zur Realisierung der vielen potenziellen Vorteile einer engeren Einkäufer-Lieferanten-Beziehung. Im Grunde basiert die 360-Grad-Methode auf einer Art *Spät*indikator: der Liste der wichtigsten Lieferanten eines Unternehmens gemessen an ihrem Anteil am Einkaufsbudget. Wollen CEOs jedoch jenseits von Kosteneinsparungen durch die Kooperation mit Lieferanten weitere Wettbewerbsvorteile erzielen, sollten sie sich an *Früh*indikatoren orientieren. Dafür haben wir den Performance/Potenzial-Ansatz entwickelt. Mit ihm können Unternehmen ihre Lieferanten anhand von zwei Faktoren grafisch verorten: ihrer Performance und ihrem strategischen Potenzial.

Unseren Schätzungen zufolge besitzen lediglich 5 Prozent der Lieferanten eines Unternehmens echtes strategisches Potenzial. Dennoch sollten sie 95 Prozent der Zeit des CEOs – und des CPO – beanspruchen. Diese Lieferanten bilden ein kritisches Cluster und lassen sich in drei Gruppen einteilen, die jeweils eine andere Herangehensweise erfordern.

Die erste Gruppe umfasst Lieferanten, die häufig mehrere miteinander konkurrierende Unternehmen innerhalb einer Branche beliefern. Dadurch bieten sie einerseits wenig Differenzierungspotenzial. Gelingt es dem oder der CPO andererseits, sie so zu *beeinflussen*, dass sich das Unternehmen Exklusivität sichern kann – wenn auch nur kurzzeitig –, ergeben sich daraus erhebliche Vorteile. Genau das versucht Ocean Victory Corporation*, eines der weltweit führenden Rüstungsunternehmen.

Zur zweiten Gruppe gehören Lieferanten, die potenziell bahnbrechende Produkte oder Dienstleistungen anbieten, jedoch erhebliche zeitliche, finanzielle, Wissens- und andere Ressourcen erfordern, um die Kompetenzen aufbauen zu können, die zur Erfüllung der Bedürfnisse des einkaufenden Unternehmens nötig sind. Unternehmen und anderen Organisationen, die in der Lage sind, diese Investitionen zu tätigen, und den Lieferanten helfen, ihre Performanceprobleme zu lösen, winken jedoch erhebliche Vorteile. Diese Erfahrung hat zum Beispiel die US-Weltraumbehörde NASA gemacht. Wie wir zeigen werden, ist ihre Kooperation mit SpaceX, dem Start-up von Tesla-CEO Elon Musk, ein klassisches Beispiel dafür, wie sich Unternehmen bzw. Organisationen Lieferanten mit großem strategischem Potenzial zunutze machen können.[3]

Die dritte – und wichtigste – Gruppe in diesem kritischen Cluster umfasst individuell ausgewählte Lieferanten. Das sind bei Unternehmen mit 1.000 Lieferanten häufig nicht mehr als 4 oder 5. In der Regel liefern sie Top-Performance *und* weisen ein großes strategisches Potenzial auf. Unternehmen, die diese Lieferanten in ihr Geschäft *integrieren*, indem sie eine langfristige, exklusive Partnerschaft aufbauen,

* Aus Gründen der Vertraulichkeit haben wir den Namen des Unternehmens geändert.

in der „Partner" großgeschrieben wird und von der beide Seiten gleichermaßen profitieren, können sich einen echten Wettbewerbsvorteil verschaffen. Eine solche Partnerschaft pflegt zum Beispiel Apple mit der Taiwan Semiconductor Manufacturing Company (TSMC), dem weltgrößten Auftragsfertiger von Computerchips.

Im Folgenden sehen wir uns an, wie Unternehmen mit diesen drei Gruppen von Lieferanten umgehen. Beginnen möchten wir mit der Ocean Victory Corporation (OVC).

Wie Sie Ihre Lieferanten beeinflussen – die Ocean Victory Corporation

Die an der Ostsee beheimatete Ocean Victory Corporation blickt auf eine bis ins 19. Jahrhundert zurückreichende Tradition in der Konstruktion und Fertigung von Schiffen zurück. Heute baut das Unternehmen Kriegsschiffe und U-Boote für einige der weltweit größten Seestreitkräfte. Immer häufiger verlangen die Auftraggeber von OVC – Verteidigungsministerien verschiedener Staaten – nach Schiffen, die vielseitig einsetzbar sind: von bewaffneten Konflikten und dem Schutz von Handelsflotten über die Terror- und Drogenbekämpfung bis hin zu Katastropheneinsätzen.

Dadurch ändert sich allmählich die Art und Weise, wie OVC mit seinen Lieferanten kooperiert und sie beeinflusst. In der Vergangenheit arbeitete der Schiffsbauer mit relativ wenigen Lieferanten zusammen, die mit der Zeit eine Monopolstellung in der Lieferkette von OVC einnahmen. Dieser Ansatz gestaltet sich jedoch zunehmend problematisch: Zunächst einmal erwarten Marinen weltweit größere Innovationen, um sich in einer Welt der veränderten Kriegsführung auf See gegen potenzielle Gegner behaupten zu können. Zudem fordern sie einen größeren Mehrwert, da sie die staatliche Finanzierung, die sie erhalten, stärker rechtfertigen müssen.

Um diese Kunden zufriedenzustellen, beschloss OVC, eine größere Anzahl und Vielfalt an potenziellen Lieferanten zur Teilnahme an einer Ausschreibung einzuladen, im Zuge derer die Belieferung entscheidender Bauteile für die Kriegsschiffe, Fregatten und U-Boote der nächsten Generation gesichert werden sollte. 2020 veranstaltete der Schiffsbauer seine ersten Technologie-Conventions – eine Mischung aus Fachkonferenz, Brainstorming-Session und Auswahlplattform. Ziel war es, Partner zu finden, die dem Unternehmen einen Wettbewerbsvorsprung verschaffen würden. Im Gegenzug signalisierte OVC seine Bereitschaft, den Lieferanten als Erstkunde innovative Technologien abzukaufen.

Bedingt durch die COVID-19-Pandemie kamen die potenziellen Lieferanten in der OVC-Zentrale zusammen, um an verschiedenen virtuellen Workshops teilzunehmen. Dabei stellten sie ihre Ideen für neue technologische Lösungen vor, tauschten sich mit den Einkaufs- und Entwicklungsverantwortlichen von OVC über die neuesten Branchentrends aus, nahmen an vertraulichen Auswahlgesprächen teil und erfuhren direkt von Verteidigungsbeamten und anderen OVC-Kunden, was sich diese sich wünschten. Es war eine kluge Butterbrot-und-Peitsche-Strategie: Für neue Lieferanten bestand das Zuckerbrot in gleich mehreren Vorteilen: der Chance, die Entwicklung neuer Innovationen gemeinsam zu schultern; der Option, ein strategischer Partner von OVC zu werden; sowie darin, seltenen Zugang zu den Kunden des Schiffbauers zu erhalten. Für bestehende Lieferanten war die Peitsche das Risiko, einen lukrativen Auftraggeber zu verlieren, mit dem häufig langjährige Beziehungen bestanden.

Im Rahmen der Technologie-Conventions machte sich OVC auf die Suche nach Lieferanten, die in jeglicher Hinsicht innovative Ansätze verfolgten: von standardisierten Bodenblechen bis hin zu stärker differenzierenden Merkmalen von Kriegsschiffen und U-Booten wie etwa Motoren, Steuersystemen und insbesondere Treibstofftanks. Neue, auf Wasserstoff basierende Treibstofftanktechnologie bietet OVC zum

Beispiel die Möglichkeit, nicht-atomar angetriebene U-Boote zu bauen, die für einige der größten Seestreitkräfte interessant sein könnten. Jahrzehntelang hatte die US Navy ausschließlich nuklear betriebene U-Boote eingesetzt. Nun aber wurde der Ruf laut, außenluftunabhängige Antriebe in Betracht zu ziehen, wie sie OVC entwickelte.[4]

In Bezug auf die verschiedenen Merkmale der Schiffe und U-Boote teilte OVC den potenziellen Lieferanten bewusst allgemeine und unspezifische Spezifikationen mit, damit diese möglichst kreative und innovative Vorschläge entwickeln würden. In technologischer Hinsicht erwarteten der CPO und das Einkaufsteam unter anderem bessere technische Lösungen, weniger Produktionsschwierigkeiten und eine größere Zuverlässigkeit. In finanzieller Hinsicht war das Ziel ein geringerer Einkaufspreis sowie niedrigere Entwicklungs-, Produktions-, Betriebs- und Wartungskosten.

Die Technologie-Conventions erwiesen sich in mehrerer Hinsicht als vorteilhaft und versetzten OVC in die Lage, verschiedene Lieferanten zu beeinflussen und seine Kunden besser zu bedienen. Bestehende Lieferanten waren aufgefordert, im Bereich Kreativität und Kosten deutlich mehr zu tun, andernfalls würden sie den Auftrag an interessierte Mitbewerber verlieren. Neue Lieferanten erhielten Gelegenheit, langjährige Auftragnehmer zu verdrängen, die nicht den gewünschten Beitrag leisteten. Und alle Lieferanten – neue und bestehende – erhielten nie dagewesene Einblicke in die Bedürfnisse der Kunden. Damit waren sie gezwungen, maßgeschneiderte Lösungen zu entwickeln.

Durch den einfachen Mechanismus der Technologie-Conventions war OVC in der Lage, deutlichen Einfluss auf seine Lieferanten zu nehmen. Die Lieferanten wiederum wurden auf sehr sichtbare Weise in Wettbewerb zueinander gezwungen, und was besonders smart war: Die Endkunden – die Seestreitkräfte – wurden in den Auswahlprozess einbezogen. Damit mussten die Kandidaten nicht nur die OVC-Führung überzeugen, sondern auch die Einkaufsverantwortlichen in den Verteidigungsministerien, die die Budgets verwalteten, sowie die Offiziere, die die Schiffe und U-Boote später steuern würden.

Wie erwartet waren nicht alle etablierten Lieferanten in der Lage, die Erwartungen zu erfüllen. Die OVC-Verantwortlichen schätzen, dass das Unternehmen infolge der Pilot-Conventions ein Drittel neue Lieferanten gewinnen wird. Ihrer Ansicht nach wird dieser frische Wind den Produkten neues Leben einhauchen und dem Unternehmen helfen, sein selbstgestecktes Ziel zu erreichen, nämlich „das modernste Schifffahrtsunternehmen in Europa zu werden".

Wie Sie in Ihre Lieferanten investieren – NASA und SpaceX

Um zu verstehen, wie die NASA und SpaceX zueinanderfanden, müssen wir zum 1. Februar 2003 zurückgehen: Kurz bevor die *Columbia*, der älteste der wiederverwendbaren raumflugfähigen Orbiter der NASA, in die Erdatmosphäre eintreten sollte, ging sie in Flammen auf und zerbarst. Alle sieben Besatzungsmitglieder kamen ums Leben. Diese Tragödie veranlasste die US-Raumfahrtbehörde, auf ganz neuartige Weise mit privaten Unternehmen zusammenzuarbeiten.

Wie das Apolloprogramm der NASA, das zur ersten bemannten Mondlandung 1969 geführt hatte, war auch das Space Shuttle – offiziell: das Space Transportation System – ein Triumpf US-amerikanischer Ingenieurskunst und unternehmerischer Zusammenarbeit. Mehrere Unternehmen waren am Bau der Saturn-V-Rakete beteiligt gewesen, die Neil Armstrong zum Mond gebracht hatte, unter anderem Boeing. Nachdem Boeing den Flugzeugbauer Rockwell International aufgekauft hatte, der 1972 für ursprünglich 2,6 Milliarden US-Dollar damit beauftragt worden war, den ersten wiederverwendbaren Orbiter zu bauen, wurde das Unternehmen für den Bau des Space Shuttle erneut zum wichtigsten Auftragnehmer der NASA.[5] Doch trotz aller Erfolge verfehlte das Space-Shuttle-Programm seine hochgesteckten Ziele. Die

Columbia war eigentlich für zwölf Missionen pro Jahr konstruiert worden, brachte es in 22 Jahren jedoch nur auf insgesamt 28 Flüge. Die Gründe dafür waren vielschichtig: Zunächst einmal wurde das Budget der NASA im Verlauf der Zeit immer weiter gekürzt, weil neue US-Präsidenten Vorhaben strichen und andere Prioritäten setzten. So stand der Raumfahrtbehörde weniger Gelder für wiederholte Missionen zur Verfügung. Gleichzeitig nahmen die Flugkosten enorm zu, weil Reparatur-, Wartungs- und Modernisierungsarbeiten die Kosten, sieben Astronauten und 20 Tonnen Fracht für bezahlbare 1 Milliarde US-Dollar ins All zu schicken, in die Höhe trieben. Dadurch wurde ein Großteil des NASA-Budgets für Routine-Missionen zur Internationalen Raumstation ISS benötigt, wodurch weniger Mittel für das primäre Ziel der Raumfahrtbehörde übrigblieben: „erforschen, entdecken und das Wissen zum Wohle der Menschheit erweitern".

Um wieder auf Kurs zu kommen, startete die NASA 2005 das Programm „Commercial Orbital Transportation Services (COTS)". Ziel war es, den „Wettbewerbsmotor anzuwerfen", wie die Organisation es selbst nannte, und auf neuartige Weise mit privaten Unternehmen zusammenzuarbeiten, um zu überschaubaren Kosten Raumfahrzeuge für Routine-Missionen zum Hubble-Weltraumteleskop und zur ISS zu fertigen. Bislang hatte die NASA ihre Raumfahrzeuge selbst entworfen und Subunternehmen wie Boeing damit beauftragt, diese auf Kostenaufschlagsbasis zu bauen, wobei die NASA Eigentümerin der Fahrzeuge blieb. Das heißt, die NASA kam für alle Entwicklungskosten und alle Aufwendungen, die Subunternehmen im Zuge der Fertigung des Raumfahrzeugs tätigten (plus einen zusätzlichen Anreiz) auf und trug die finale Verantwortung für das Programm. Mit dem Start von COTS und des damit verbundenen „Commercial Resupply Services"-Programm änderte sich dies. Von nun an gab die NASA lediglich allgemeine Spezifikationen für die Raumfahrzeuge heraus; die Herausforderung für die Entwicklung trugen fortan private Unternehmen. Zudem schloss die NASA nur noch Festpreisverträge ab und wälzte damit die Kosten für Verzögerungen und andere Probleme auf die Subunternehmer ab. Dafür ging das Raunfahrzeug und das damit verbundene geistige Eigentum in den Besitz des Subunternehmers über.

2006 schrieb die NASA den Auftrag aus. Ziel war es, zwei Unternehmen zu beauftragen, die gegeneinander antreten würden, um ihre Fähigkeiten im Weltraumtransport unter Beweis zu stellen. Insgesamt gingen 21 Vorschläge ein. Einer der zwei erfolgreichen Bieter war das damals keine vier Jahre alte private Start-up SpaceX mit Sitz in Kalifornien. Ihm gelang es, sich gegen bekanntere, börsennotierte und staatlich finanzierte Unternehmen durchzusetzen. Die NASA beauftragte SpaceX mit dem Bau einer Rakete, die in der Lage wäre, Besatzung und Fracht zur ISS zu bringen, nachdem die Space-Shuttle-Flotte 2010 eingestellt werden sollte. Der Zeitrahmen war eng, die Geschäftsbedingungen hart: Da die Subunternehmen ein großes Eigeninteresse an dem Projekt entwickeln sollten, musste SpaceX dieselbe Summe investieren wie die Raumfahrtbehörde selbst: knapp 396 Millionen US-Dollar. Dem Start-up gelang es, insgesamt 454 Millionen US-Dollar Investorengelder an Land zu ziehen, unter anderem von der US Air Force sowie von Kanada, Malaysia und Schweden.[6] Das andere Unternehmen, das den Zuschlag erhielt, war Rocketplane Kistler mit Sitz in Oklahoma. Ihm gelang es jedoch nicht, die nötige Finanzierung aufzubringen, weshalb der Auftrag letztlich an Orbital Sciences Corporation (heute im Besitz von Northrop Grumman) ging.

Nach seinem frühen Finanzierungserfolg erlebte SpaceX jedoch einige Rückschläge, die die Zukunft des Unternehmens gefährdeten. Zwischen 2006 und 2008 versuchte das Unternehmen drei Mal vergeblich, seine relativ kleine Rakete Falcon 1 zu zünden. Gründer Elon Musk war kurz davor, seine Niederlage einzugestehen. Doch der vierte Versuch im September 2008 brachte endlich den erhofften Erfolg und machte SpaceX zum ersten privaten Unternehmen, das eine Rakete mit Flüssigbrennstoff ins All geschickt hatte. Der gelungene Start bekräftigte Musks Engagement in der Weltraumforschung und rechtfertigte die Entschlossenheit des NASA-Einkaufsteams, das allen Skeptikern zum Trotz beharrlich an der umstrittenen Strategie, auf diese Weise mit privaten Unternehmen zusammenzuarbeiten, festgehalten hatte.

Einige Monate später erhielt SpaceX für 1,6 Milliarden US-Dollar den Auftrag, innerhalb von acht Jahren zwölf Frachtschubmissionen zur Internationalen Raumstation zu fliegen. So kurz nach dem ersten erfolgreichen Start der Falcon 1 erschien dies ein enormer Vertrauensbeweis seitens der NASA. Doch es zeigte lediglich, dass die Partnerschaft zwischen der US-Weltraumbehörde und dem Start-up immer enger wurde. Die NASA investierte nicht nur Milliarden US-Dollar in SpaceX, sondern auch viel Zeit und Expertise: Im Rahmen des COTS-Programms erfolgte ein enormer Wissenstransfer, bei dem Wissen an SpaceX überging, das die NASA seit ihrer Gründung in den späten 1950ern angehäuft hatte. SpaceX erhielt Zugang zu den Geheimnissen vieler NASA-Technologien, was dem Unternehmen einen deutlichen Vorsprung gegenüber seinen Mitbewerbern verschaffte. Dieses Vermächtnis wurde mit dem Moment verglichen, als das US-Verteidigungsministerium eine seiner Erfindungen – das Internet – an den privaten Sektor übergab.[7]

Die Strategie der NASA ging auf: 2012 wurde SpaceX, das mittlerweile die leistungsstärkere Falcon-9-Rakete sowie die Dragon-Frachtkapsel entwickelt hatte, das erste private Unternehmen, das ein Raumschiff an die Internationale Raumstation andockte. Die NASA hatte das Unterfangen etwa 400 Millionen US-Dollar gekostet – einen Bruchteil der geschätzten 4 Milliarden US-Dollar, die nötig gewesen wären, um alles inhouse zu fertigen.

Zwei Jahre später erwies die NASA SpaceX einen weiteren Vertrauensbeweis: Nach Einstellung des Space-Shuttle-Programms 2011 waren die Vereinigten Staaten auf Russland, ihren einstigen Rivalen aus Zeiten des Kalten Krieges, angewiesen, um amerikanische Astronauten an Bord der Sojus-Rakete ins All zu schicken – für 90 Millionen US-

Dollar pro Person. Dem wollte die Weltraumbehörde ein Ende setzen, und so machte sie sich auf die Suche nach Unternehmen, die bemannte Missionen zur ISS ermöglichen würden. Wenn sie schon ihre Astronauten in Uber-Manier ins All schickte, dann doch zumindest mithilfe eines US-amerikanischen Unternehmens.

Den Zuschlag erhielten am Ende zwei Unternehmen: SpaceX und Boeing. Der lukrativere Auftrag in Höhe von 4,2 Milliarden US-Dollar ging an Boing; SpaceX sicherte sich ein Auftragsvolumen von 2,6 Milliarden US-Dollar.

Es begann ein freundschaftlicher Wettbewerb zwischen den beiden Unternehmen, in dem der relative Newcomer das Ziel als Erstes erreichte. Im August 2020 beendeten die beiden NASA-Astronauten Bob Behnken und Doug Hurley die erste US-bemannte Mission zur ISS nach fast zehn Jahr und ebneten damit den Weg für die erste operative Mission im November 2020.

Zu den revolutionären Technologien, die SpaceX entwickelt hat und die radikale Kosteneinsparungen ermöglicht haben, gehören die wiederverwendbare Trägerrakete und die wiederverwendbare, bemannbare Dragon-Raumkapsel. Die NASA hatte spezifiziert, *was* sie brauchte – ein Raumfahrzeug, das Astronauten und Fracht ins All bringen würde –, aber nicht, *wie* SpaceX dieses entwickeln und bauen sollte. Das gab dem Unternehmen viel Handlungsspielraum und Elon Musk Gelegenheit, seinen genialen Ingenieuren die einfache Frage zu stellen: Wie viele Menschen würden über den Atlantik fliegen, wenn das Flugzeug am Ende der Reise verschrottet würde? Niemand. – Genau.

Also machte sich das SpaceX-Team daran, eine wiederverwendbare Rakete zu entwickeln. Mit ihr würde jede Mission lediglich 60 Millionen US-Dollar kosten (zum Vergleich: Die Kosten einer Space-Shuttle-Mission betrugen 1 Milliarde US-Dollar.).

Das Vertrauen der NASA in SpaceX ist so groß, dass die Weltraumbehörde ihre geschäftliche Beziehung über Routine-Transporte von Astronauten und Fracht zu ISS hinaus erweitert hat. 2020 erhielt

SpaceX den Zuschlag, Frachttransportdienste für die geplante Raumstation Gateway zu entwickeln, die den Mond umkreisen und die Menschheit langfristig und nachhaltig wieder zum Mond bringen soll. Mithilfe der Falcon Heavy, der derzeit leistungsfähigsten Rakete und der größten seit Saturn V, wird SpaceX 3,4 Tonnen unter Druck stehende Nutzlast und 1 Tonne nicht unter Druck stehende Nutzlast zur Raumstation befördern. Die Einzelheiten des Deals sind nicht bekannt, doch man kann mit Sicherheit sagen, dass SpaceX – einst eine Wildcard in der Weltraumforschung – die mutigen Investitionen der NASA in den privaten Sektor vollkommen gerechtfertigt hat.

Wie Sie Ihre Lieferanten integrieren – Apple und die Taiwan Semiconductor Manufacturing Company

Apple hat seit seiner Gründung 1976 alle wichtigen technologischen Entwicklungen mitgemacht: den ersten Apple Macintosh 1984, den ersten Apple Laptop 1989, den ersten iPod 2011, das erste iPhone 2007, das erste iPad 2010 und die erste Apple Watch 2015. Ein Datum, das in dieser Liste allerdings fehlt, ist der 1. Juli 2013. Das ist der Tag, an dem Apple eine seiner wichtigsten and wahrscheinlich alles verändernden Lieferantenbeziehungen eingegangen ist – mit der Taiwan Semiconductor Manufacturing Company (TSMC).[8]

Das iPhone, das 2007 auf den Markt kam, enthielt einen Mikroprozessor, der vom britischen Unternehmen ARM entwickelt und vom südkoreanischen Konglomerat Samsung Electronics hergestellt wurde. 2010, als das iPad und das erste iPhone mit FaceTime-Videofunktion erhältlich waren, führte Apple seinen ersten selbst entwickelten Mikroprozessor ein: den A4. Dieser war von einem Spezialistenteam entwickelt worden, das Apple im Zuge der Akquisition des kalifornischen Halbleiterproduzenten P.A. Semi für 278 Millionen US-Dollar übernommen hatte. Der Mikroprozessor basierte auf ARM-Architektur und wurde wieder von Samsung gefertigt.

2013 wurden Apple und Samsung jedoch zunehmend zu erbitterten Rivalen auf dem Smartphone-Markt, denn das erschwinglichere Samsung Galaxy stellte eine ernst zu nehmende Konkurrenz für das iPhone dar. Zum damaligen Zeitpunkt war es in der globalen Geschäftswelt akzeptiert, das Unternehmen „frenemies" sein konnten, also Freunde (*friends*) und Feinde (*enemies*) zugleich. Doch als Apple infolge der steigenden Nachfrage nach seinen neuen Produkten die Produktion ankurbelte, war es sehr darauf bedacht, seine Lieferanten zu diversifizieren – und zwar in Einklang mit der langfristigen Strategie des Unternehmens, die Tim Cook folgendermaßen formuliert hatte: „die Primärtechnologien, die unseren Produkten zugrunde liegen, zu besitzen und zu kontrollieren".[9] Also machten sich der CPO und sein Einkaufsteam auf die Suche nach einem zweiten Mikrochiphersteller.

Apple war bereits mit dem Cluster von Computerherstellern in Taiwan vertraut, da die wichtigste Montagefirma des Unternehmens, Foxconn, dort ansässig ist. Binnen kurzer Zeit nahm Apple Kontakt zu TSMC auf. Der Zeitpunkt war günstig: Nach dem schnellen Niedergang des finnische Unternehmens Nokia verfügte TSMC über erhebliche freie Kapazitäten. Nokia war einst das weltgrößte Mobilfunkunternehmen gewesen – mit einem Marktanteil von 49,9 Prozent im Jahr 2007 (als Apple das iPhone auf den Markt brachte) –, geriet dann aber in Schwierigkeiten. In der ersten Hälfte des Jahres 2013 kontrollierte Nokia nur noch 3 Prozent des Marktes.[10]

Da TSMC durch Samsung einer vertraglichen Sperrfrist für die Produktion unterlag, konnte es erst im Juli 2014 mit der Fertigung von Apple-Chips beginnen.[11] In Folge wurde es jedoch immer stärker in die Lieferkette von Apple integriert. TSMC konnte die neu erschlossene Einnahmequelle sinnvoll nutzen und investierte in moderne Technologien, die die beiden Unternehmen letztlich noch enger zusammenbrachten. Konkret konzentrierte TSMC seine F&E-Bemühungen auf den Aufbau von Kapazitäten zur Fertigung von 5-Nanometer-Mikrochips. Dazu steckte es 10 Milliarden US-Dollar in eine Technologie, die dafür entwickelt worden war, die Geschwindigkeit von Computern, Smartphones und anderer Unterhaltungselektronik zu erhöhen und den Energieverbrauch der Geräte zu senken.[12]

TSMC musste nicht lange warte, bis sich eine weitere, unerwartete Gelegenheit bot, sich noch enger mit Apple zu verzahnen: 2015 stellte Intel, der weltweit größte Halbleiterhersteller, mit Skylake sein neustes Produkt vor. Apple, das seit 2006 mit Intel zusammenarbeitete, baute den neuen Prozessor in seine jüngsten Modelle ein: den iMac 2015 sowie das MacBook 2016 und das MacBook Pro 2016. Allerdings mit desaströsen Folgen: Unzufriedene Kunden, darunter auch loyale Fans des Unternehmens, machten ihrem Ärger in den sozialen Medien Luft. Apple konnte sich nirgends verstecken.[13]

Der Konzern hatte sich bereits mit dem Gedanken getragen, seine eigenen Mikrochips zu entwickeln, nachdem sich die Apple-Chips in iPhone, iPad und Apple Watch als Erfolg entpuppt hatten.[14] Zudem war sich das Unternehmen sehr bewusst, wie ungleich die Geschäftsbeziehung mit Intel war: Während Apple fest auf die Intel-Prozessoren angewiesen war, machte das Apple-Geschäft für Intel lediglich 5 Prozent seiner Umsätze aus.

Das Skylake-Debakel war der letzte Strohhalm für Apple gewesen. Es zwang das Unternehmen dazu, seine Pläne zur Einführung eines eigenen Mikroprozessors zu beschleunigen und einen Anbieter zu finden, der diese fertigen würde. Der naheliegendste Partner war TSMC. Anders als Intel, das Mikrochips entwickelt und herstellt, konzentriert sich TSMC ausschließlich auf dessen Fertigung (in der Branche spricht man hier auch von „Foundry"). Gemeinsam mit Samsung zählt das taiwanesische Unternehmen zur Weltspitze in der Halbleiterproduktion. Nach vielen Jahren der Investition, die die regelmäßigen Apple-Einnahmen ermöglicht hatten, war TSMC schließlich in der Lage, den viel gepriesenen 5-Nanometer-Mikrochip, der 16 Milliarden Transistoren enthielt, zu fertigen. Damit war TSMC seinem Konkurrenten, der immer noch 10-Nanometer-Chips herstellte, Jahre voraus. Intel, dessen legendärer CEO Andy Grove einmal gesagt hatte, „nur die Paranoiden überleben", hatte den Anschluss verloren.

Im November 2022 stellte Apple seine ersten Produkte mit dem selbstentwickelten und von TMSC gefertigten Computer-Mikroprozessor, dem M1, vor. Gleichzeitig band es einen Großteil der Kapazitäten von TMSC zur Fertigung von 5-Nanometer-Mikrochips, damit die Konkurrenz nicht so bald aufholen würde.[15]

Früher waren Computerhersteller stolz, den „Intel inside"-Aufkleber auf ihre Produkte kleben zu können. Er war ein Qualitätssiegel, und er bedeutete, dass sie sich in anderer Hinsicht von ihren Mitbewerbern abheben konnten, etwa bei Preis, Design, Haptik und Anwendungen. Aufgrund der integrierten Partnerschaft zwischen Apple und TMSC müssen sie nun jedoch um die Leistung von so etwas Bescheidenem wie Mikroprozessoren wetteifern. Apple-Computer mit M1-Chip erlauben den Nutzerinnen und Nutzern erwiesenermaßen, mit einer einzigen Akkuladung 20 Stunden Videos anzusehen – das ist doppelt so lang wie auf Computern mit den neusten Intel-Prozessoren.[16]

Dank der sorgfältig gepflegten Beziehung zu einem seiner Lieferanten könnte der viertgrößte Computerhersteller der Welt bald in der Lage sein, sich ein noch größeres Stück vom globalen Kuchen abzuschneiden.

Fazit

Im Einkauf herrscht noch immer das Dogma vor, dass sich Kosteneinsparungen am besten durch die Konzentration auf die Rohstoffe eines Produkts oder einer Produktkategorie erzielen lassen. Wenn man Rohstoffe und Kategorien aufgliedern und die Verantwortung für deren Management an einzelne Führungskräfte übertragen kann, führt dies zu Kostensenkungen. Dieser Ansatz kann jedoch kurzsichtig und schädlich sein, weil er Einkäufer und Lieferanten in einen Kampf um

Gewinnanteile zwingt. Eine bessere Lösung besteht darin, konstruktive Beziehungen auf höchster strategischer Ebene aufzubauen. Wenn Einkäufer das tun, profitieren sie doppelt: Sie senken die Kosten *und* vergrößern das Stück vom Kuchen zum Wohle beider Parteien. Wie wir im nächsten Kapitel zeigen werden, ist es dazu jedoch erforderlich, die Lieferanten über den gesamten Produktlebenszyklus hinweg einzubeziehen. Und das wiederum bedeutet, dem oder der CPO und dem Einkaufsteam, also den Mitarbeitern, die für die Lieferantenbeziehungen zuständig sind, eine zentralere Rolle im Unternehmen zu zuzuweisen.

Das Wichtigste in Kürze

Erkenntnis

Um den größtmöglichen Wert mit Ihren Lieferanten zu generieren, müssen Sie diese in wichtige und weniger wichtige Lieferanten einteilen, sie als Freunde und Partner behandeln und neue dynamische Beziehungen zu ihnen aufbauen.

Strategie

Machen Sie den Einkauf persönlich, strategisch und bedeutsam. Halten Sie Ihren CPO dazu an, sich auf die Lieferanten zu konzentrieren – nicht auf Rohstoffe. Er sollte 95 Prozent seiner Zeit auf die 5 Prozent von Lieferanten verwenden, die Ihre größten und wichtigsten sind.

Vorgehensweise

- Identifizieren Sie Ihre wichtigsten A-Lieferanten, und laden Sie sie zur Teilnahme an einem exklusiven 360-Grad-Programm ein. Etablieren Sie einen direkten Austausch zwischen Ihnen oder Ihrem CPO und den CEOs Ihrer wichtigsten Lieferanten. Initiieren Sie diesen durch individuell verfasste, persönliche Briefe.

- Identifizieren Sie potenzielle zukünftige Lieferanten, die Ihnen bei der Transformation Ihres Unternehmens helfen könnten. Teilen Sie sie anhand von zwei Dimensionen ein: ihrer Performance und ihres strategischen Potenzials.
- Konzentrieren Sie sich auf ein kritisches Cluster von drei Arten von Lieferanten:
  - diejenigen, die Sie *beeinflussen* können;
  - diejenigen, die Ihnen potenziell bahnbrechende Produkte anbieten, wenn Sie Zeit, Geld, Wissen und andere Ressourcen in sie *investieren*; und
  - diejenigen, die Ihnen einen Wettbewerbsvorsprung verschaffen, wenn Sie sie in Ihr Unternehmen *integrieren*.

3

Den Einkäufern mehr Verantwortung übertragen

Stellen Sie den Einkauf ins Zentrum des Produktlebenszyklus – von der Idee bis zur Markteinführung

Wenn man mit CPOs spricht, hört man häufig, dass sie und ihr Einkaufsteam nur dann Produktentwicklung einbezogen werden, wenn es darum geht, Verhandlungen mit den Lieferanten zu führen. Das ist jedoch viel zu spät. Unserer Meinung nach sollte der Einkauf nicht einfach in den Prozess *einbezogen* werden, sondern *zentrale Verantwortung* für den gesamtem Produktentwicklungsprozess erhalten – von der Idee bis zur Markteinführung. Das meinen wir, wenn wir uns dafür aussprechen, dem CPO ein neues Mandat zu erteilen.

Was heißt das in der Praxis? Wenn wir Unternehmen beraten, sprechen wir häufig darüber, wie wichtig es ist, die Einkaufsfunktion zu befähigen und ihr die Verantwortung für den Produktlebenszyklus zu übertragen. Mit anderen Worten: Der oder die CPO und das Einkaufsteam sollten anwesend sein, wenn der Entwicklungsingenieur zum Bleistift greift und Ideen für ein neues Produkt skizziert, und sie sollten immer noch anwesend sein, wenn das letzte Produkt die Fertigungslinie verlässt. Wenn wir erklären, was es nun praktisch bedeutet, dem oder der CPO ein neues Mandat zu erteilen, stößt dies häufig auf Verwunderung bei den CEOs: „Meinen Sie das ernst? Warum sollten wir dem CPO so viel Macht und Einfluss geben?“ Angesichts des traditionellen Verständnisses des Einkaufs (als administrative Funktion) und seiner klassischen Position in der Unternehmenshierarchie (ziemlich weit unten) überrascht diese Verwunderung keineswegs. Für viele Top-Führungskräfte sind der CPO und das Einkaufsteam nichts weiter als „Beschaffer“, wie es der Seniorchef eines FTSE 100-Unternehmens ausdrückte.

Diese Denkweise ist jedoch kurzsichtig.

Wenn der CPO und das Einkaufsteam an jeder wichtigen Phase der Produktentstehung beteiligt sind – von der Konzeptentwicklung über die Auftragsvergabe und den Produktionsstart bis hin zum fertigen Produkt – können sie die Kosten erheblich senken *und* sicherstellen, dass das Unternehmen vom kumulierten Wissen und der Expertise seiner Lieferanten auf eine Weise profitiert, die auch in anderer Hinsicht Wettbewerbsvorteile schafft: über Innovation, Qualität, Nachhaltigkeit, Geschwindigkeit und Risikominimierung.

Bevor wir Ihnen zeigen, wir der CPO die Produktentwicklung erheblich beeinflussen kann, sehen wir uns zunächst an, wie die Dinge derzeit in vielen Unternehmen laufen.

Wie Produkte hergestellt werden und warum das ein kostspieliges Problem ist

Heute beziehen die meisten Unternehmen ihren Einkaufschef nicht in die Frühphasen der Produktentstehung ein. Das, was gemeinhin als

„Konzeptentwicklung“ bezeichnet wird, ist zwei anderen Funktionen vorbehalten: den Entwicklungsingenieuren, die dafür zuständig sind, ein funktionsfähiges Produkt zu konzipieren, und den Produktmarketern, die dafür sorgen, dass das Produkt auch gekauft wird. Der CPO und das Einkaufsteam werden in der Regel erst hinzugezogen, wenn das Produktdesign und die damit verbundenen Spezifikationen mehr oder weniger feststehen.

Dann ist es an ihnen, möglichst kosteneffiziente Verträge mit den Lieferanten auszuhandeln. Keine einfache Aufgabe. Denn meistens haben die Entwicklungsingenieure die Produktspezifikationen mit ganz bestimmten Lieferanten im Kopf erstellt – häufig denjenigen, mit denen sie bereits zusammengearbeitet haben. Dafür gibt es zwei Gründe: Erstens pflegen sie oft persönliche Beziehungen zu diesen Lieferanten, die über viele Jahre gewachsen sind. Die Haltung ist: „Warum sollten wir uns auf die Suche nach neuen Lieferanten machen, wenn wir unsere bestehenden Lieferanten kennen und mit ihren Dienstleistungen zufrieden sind?“ Zweitens stehen sie meistens unter Zeitdruck und konzentrieren sich ausschließlich darauf, den Zeitplan für den Produktionsstart einzuhalten. Dadurch sind sie häufig nicht gewillt, sich auf den langwierigen Prozess von Lieferantenauswahl und -Onboarding einzulassen.

Den Widerstand der Ingenieure, neue Lieferanten überhaupt in Erwägung zu ziehen, versuchte der CPO von General Motors, Ignacio López, vor knapp 40 Jahren aufzulösen. Doch es gibt ihn immer noch, und er hindert Einkaufsmanagerinnen und -manager daran, die bestmöglichen Verträge für ihr Unternehmen abzuschließen. Da können sie noch so geschickte Verhandlungsführer sein. Ihre Hände sind letztlich durch bereits getroffene Entscheidungen gebunden, und sie können häufig nicht mehr tun, als in bereits ausgearbeiteten Verträgen Veränderungen am Kleingedruckten vorzunehmen.

Wenn der Vertrag schließlich unterzeichnet ist, könnten sich der CPO und das Einkaufsteam eigentlich anderen Dingen zuwenden; ihre

Arbeit ist schließlich getan. Die Praxis sieht jedoch anders aus. Meistens beginnt der Preis, den der Einkauf mit den Lieferanten vereinbart hat, bereits zu steigen, sobald die Tinte unter dem Vertrag getrocknet ist. Unseren Berechnungen zufolge beträgt dieser schleichende Kostenanstieg – man spricht hier von „Cost Creep“ – zwischen Auftragsvergabe und Produktionsstart im Schnitt erstaunliche *7 Prozent.* Das war schon früher eine erhebliche Geldverschwendung. Angesichts der aktuellen Herausforderungen kann sich das heute jedoch kein Unternehmen mehr leisten.

Doch warum passiert es immer noch, und so häufig?

Einer der Gründe besteht wie bereits erwähnt darin, dass die Entwicklungsingenieure die Produktspezifikationen häufig mit ein oder zwei bevorzugten Lieferanten im Kopf entwickeln. Ihr primärer Fokus liegt darauf, ein Produkt zu entwickeln, das funktioniert – nicht eines, das kostengünstig ist. Damit macht sich das Unternehmen möglicherweise von den bevorzugten Lieferanten abhängig, kann dieser doch eine Art Monopolmacht ausüben. Ein weiterer Grund besteht darin, dass – obwohl das Produktdesign zum Zeitpunkt der Auftragsvergabe eigentlich feststehen sollte – fast immer weitere Optimierungen am Konzept nötig sind, und die Lieferanten selbst die kleinsten Änderungen als Rechtfertigung für Preiserhöhungen nutzen.

Es gibt noch einen dritten Grund: Einkaufsmanagerinnen und -manager erteilen normalerweise dem Niedrigstbietenden den Zuschlag und erhalten für ihr harte Position Lob – und Boni. Wenn die Kosten dann schleichend steigen, was fast immer der Fall ist, können sie jede Schuld von sich weisen, schließlich sind sie für die teuren Nachjustierungen und eng definierten Spezifikationen nicht verantwortlich. Die Lieferanten wiederum unterbreiten so unglaubhaft niedrige Angebote in dem Wissen, dass sie ihre Preise im Zuge der Produktmodifizierungen nach oben schrauben können. Es ist tatsächlich verblüffend, dass die meisten Unternehmen im Laufe der Lebenszeit eines Produkts ihren Lieferanten *nie* den vertraglich vereinbarten Preis zahlen, sondern in der Regel mehr. Mit anderen Worten: Der Vertrag ist das Papier nicht wert, auf dem er erstellt wurde.

Um zu verstehen, was da tatsächlich passiert, lohnt ein Blick auf die gesamte Dauer des Produktlebenszyklus (Abbildung 3.1). Das linke Ende der horizontalen Achse markiert den Beginn des Prozesses – die Phase der Konzeptentwicklung (Kick-off) –, das rechte Ende den EOP (End of Production). Dazwischen liegen die Auftragsvergabe und der SOP (Start of Production). Die geschwungene Linie darunter stellt die Projektkosten dar. Im ersten Teil des Diagramms ist die Kurve flach und stimmt mit dem vom CFO definierten Top-down-Kostenziel überein. Das liegt daran, dass die Entwicklungsingenieure in dieser frühen Phase ausschließlich mit der Konzeptentwicklung beschäftigt sind. Die Kosten des Projekts interessieren sie nicht. Sobald das Produkt dann Form annimmt, erstellen die Ingenieure ihre ersten Kostenschätzungen, wodurch die Kurve steil ansteigt. Von außen betrachtet sieht das schlecht aus. Doch aus Sicht der Ingenieure ist das nicht ihr Problem, sondern das Problem des Einkaufs, der es später lösen muss.

Abbildung 3.1

Der Einkauf konzentriert sich häufig auf den Preis bei der Auftragsvergabe

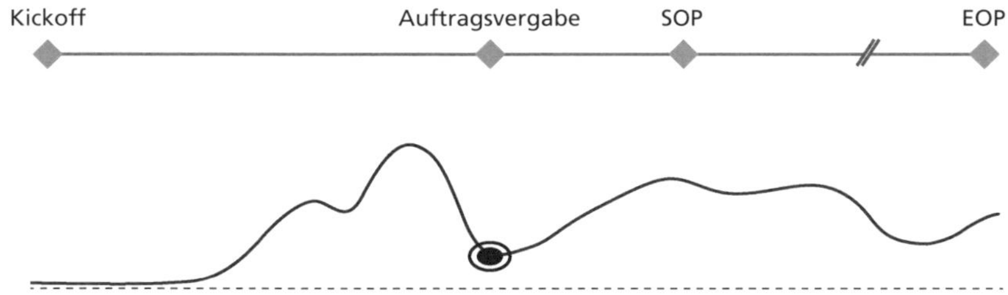

Quelle: Copyright @ 2021 Boston Consulting Group. Alle Rechte vorbehalten.

Wenn die Einkaufsmanagerinnen und -manager dann endlich in den Produktentwicklungsprozess einbezogen werden, besteht ihre Hauptaufgabe darin, den Lieferanten mit dem günstigsten Preis auszuwählen.

Hier beginnt der Spaß – oder die Täuschung, wenn Sie so wollen. Wie im Diagramm ersichtlich kann der Einkauf die Kostenkurve so stark nach unten treiben, wie er will. Letztlich ist das nur ein Trick. Wir vergleichen es gern mit einem Gummiband: Wenn Sie an einem Ende ziehen, verändert sich das andere Ende, das die tatsächlichen (und unveränderlichen) Produktionskosten darstellt, kaum, und nach kurzer Zeit springt das Gummiband wieder in seine anfängliche, korrekte Position zurück.

An dieser Stelle ist wichtig zu erwähnen, dass der CPO und das Einkaufsteam vollkommen rational handeln. Ihre Aufgabe ist es, im Zuge der Auftragsvergabe den bestmöglichen Preis auszuhandeln, und genau das tun sie. Damit erweisen sie ihrem Unternehmen jedoch einen Bärendienst.

Glücklicherweise geht es auch anders, wie mehrere Unternehmen herausgefunden haben.

Von Anfang bis Ende – wie der Einkauf die Zukunft Ihres Produkts (und Unternehmens) *gestalten* kann

Dass der CPO und das Einkaufsteam so spät in den Prozess einbezogen werden, ist der Tatsache geschuldet, dass CEOs ihnen in der Regel eine sekundäre Rolle zuweisen, in der sie die Unternehmensstrategie lediglich *unterstützen* und sich auf die Kostenkontrolle konzentrieren. Wie bereits erwähnt sollten CEOs ihnen jedoch ein neues Mandat erteilen, bei dem sie eine zentrale Rolle spielen, indem sie die Unternehmensstrategie *gestalten* und profitables Wachstum erzielen. Das bedeutet, sie müssen bei jedem neuen Produktstart von Anfang an einbezogen werden – nicht erst im Laufe des Prozesses, wie es derzeit häufig der Fall ist. Dabei sollten sie sich jedoch nicht auf die klassischen *kaufmännischen*, harten Verhandlungstechniken beschränken müssen, sondern eine viel umfangreichere Toolbox an technischen und anderen Taktiken und Strategien zur Kostensenkung und Mehrwertgenerierung nutzen können.

Damit das möglich wird, gilt es, in einem ersten Schritt ein funktionsübergreifendes Team zusammenstellen.

Das funktionsübergreifende Team

Wenn Unternehmen sich auf den langen Weg der Produktentwicklung machen, legt der CFO in der Regel das Kostenziel fest, das sich aus historischen Daten (den Kosten früherer Produkte), dem voraussichtlichen Verkaufspreis und der gewünschten Gewinnmarge zusammensetzt. Dieses top-down entwickelte Kostenziel stellt die Benchmark für die Entwicklungsingenieure und Produktmarketerinnen dar, die die Produktentwicklung federführend vorantreiben. Das Kostenziel wird jedoch nur selten erreicht, weil die Entwicklungsingenieurinnen und Produktmarketer keinen Anreiz haben, die richtigen Fragen zu stellen. Den Entwicklungsingenieur interessiert vor allem: Wie kann ich ein Produkt entwickeln, das funktioniert? Und die Produktmarketerin muss sich zuallererst fragen: Können wir ein Produkt entwickeln, das die Kundinnen und Kunden kaufen wollen?

Indem Sie Ihrem Einkaufchef eine zentralere Rolle zuweisen und die Produktentwicklung zu einem dreiseitigen Dialog in einem funktionsübergreifenden Team machen, können Sie die Produkt-Pipeline Ihres Unternehmens unmittelbar transformieren. Derzeit beschäftigt den CPO insbesondere die Frage: Kann *ich* den niedrigsten Preis mit dem Lieferanten aushandeln (selbst wenn ich weiß, dass dieser im Laufe des Prozesses steigen wird)? Wird der CPO jedoch in die Überlegungen einbezogen und erhält eine strategische Rolle, verändert sich der Blickwinkel seiner Frage: Können *wir* mithilfe der richtigen Innovation vom richtigen Lieferanten das richtige Produkt entwickeln? Die Kosten sind unweigerlich ein Teil der Gleichung, durch die das Produkt „richtig" wird. Doch es gibt viele weitere Faktoren: Ist das Produkt zu komplex (und damit schwierig herzustellen)? Enthält es zu viele Funktionen (mehr als die Kunden wollen oder brauchen)? Ist es innovativ genug? Ist es nachhaltig genug? Sind die Lieferanten die besten auf ihrem Gebiet (oder lediglich diejenigen, mit denen die Entwicklungsingenieure gerne zusammenarbeiten)? Wie schneidet unser Produkt im Vergleich zur Konkurrenz ab?

Es ist erstaunlich, wie CEOs allein dadurch die Zukunft ihres Unternehmens verändern und profitables Wachstum erzielen können, dass sie alle an einem Tisch versammeln und andere Fragen stellen. Genau das geschieht unserer Erfahrung nach, wenn der CPO und das Einkaufsteam eine zentrale Rolle in einem funktionsübergreifenden Team einnehmen.

Illustrieren möchten wir dies am Beispiel von Alexander Dennis, dem weltgrößten Hersteller von Doppeldeckerbussen.

• • •

Der schottische Omnibushersteller, der heute zum kanadischen Busunternehmen NFI Group gehört, blickt auf eine wechselvolle Geschichte zurück. Begonnen hat alles im Jahr 1895, als die Dennis-Brüder zunächst Fahrräder bauten, gefolgt von Kraftfahrzeugen (1901), Bussen und Transportern (1904), die unter anderem von der Kaufhauskette Harrods genutzt wurden, sowie Feuerwehrautos (1908).[1] Heute stammt mehr als die Hälfte der Busse, die auf den Straßen Großbritanniens unterwegs sind, aus der Produktion von Alexander Dennis, darunter auch die berühmten roten Londoner Doppeldeckerbusse. Insgesamt befördern die Busse des Unternehmens täglich etwa 25.000 Personen.[2]

Als wir 2015 unsere Zusammenarbeit mit dem Unternehmen aufnahmen, hatte dieses im Zuge internationaler Expansionsbemühungen bereits seit mehreren Jahren seinen Absatz organisch gesteigert. Nun wollte der Omnibushersteller auch profitabler werden. Dabei sollte vor allem der Einkauf in den Blick genommen werden, da 70 Prozent der Kosten des Unternehmens auf das verwendete Material entfielen.

Wir empfahlen Alexander Dennis, ein Programm zur Steigerung der Einkaufsperformance zu starten, um die neuesten Best Practices aus verschiedenen Branchen zu nutzen und mit ihrer Hilfe den Gewinn zu verbessern und das Problem der Produktkomplexität anzugehen. Da in einem Alexander Dennis-Fahrzeug mehr als 4.000 verschiedene Teile verbaut werden, stellte die Kosteneffizienz eine besondere Herausforderung für das Unternehmen dar.

Wir rieten den Verantwortlichen außerdem dazu, dem Einkaufsteam mehr Entscheidungsbefugnisse im Produktentwicklungsprozess zu erteilen. Denn wir waren überzeugt, dass das Unternehmen so ein Produkt entwickeln könnte, das nicht nur aus entwicklungstechnischer Sicht und vom Erscheinungsbild, das dem Produktmarketing in Bezug auf die Kundenbedürfnisse vorschwebte, stimmig war, sondern auch praktische Aspekte der Fertigung und des Vertriebs berücksichtigte.

Jetzt wenden Sie vielleicht ein: Was wissen Einkaufsmanager schon von Fertigung und Vertrieb? Beherrschen sie nicht eher die hohe Kunst des Verhandelns, als dass sie sich mit Materialien, Fertigung und Massenproduktion auskennen? Tatsächlich gab (und gibt) es im Einkaufsteam von Alexander Dennis einige Beschaffungsingenieurinnen und -ingenieure, die fundiertes Wissen über Materialspezifikationen, Fertigungsprozess, mögliche Bezugsquellen und Kosten besaßen.[3] Sie waren gelernte Ingenieure, die durch ihre engen Beziehungen zu den Lieferanten außerdem über die neusten Trends, kreative Entwicklungs- und Fertigungsmethoden sowie innovative Materialien informiert waren.

Unserem Rat folgend stelle das Topmanagement des Unternehmens ein funktionsübergreifendes Projektteam zusammen, in dem Entwicklung, Produktmarketing und Einkauf neue Rollen und Verantwortlichkeiten erhielten. Der CPO und die Einkaufsmanager arbeiteten von nun an gemeinsam mit den Entwicklern und dem Marketingteam an der Produktstrategie und der Produktentwicklung. Sie unterstützten bei der Konzepterarbeitung und -überprüfung, entwickelten Spezifikationen, brachten Marktrückmeldungen in die Diskussion ein, verfeinerten die Prototypen und waren bis zum Ende in das Projekt involviert. Das Ergebnis war ein kosteneffizienter und vereinfachter Produktentwicklungsprozess, in dessen Zuge der Omnibushersteller die Time-to-Market verkürzen und seine Rentabilität entsprechend der Unternehmensziele steigern konnte.

• • •

Das funktionsübergreifende Team ist für den Erfolg eines Produkts ganz entscheidend und sollte deshalb sorgfältig zusammengestellt werden. Ist es nur auf dem Papier funktionsübergreifend und bestehen die alten Hierarchien weiter, wird es keine Wirkung entfalten. Natürlich müssen Sie einen Anreiz für die Entwicklungsingenieure und Produktmarketerinnen – die Führungskräfte, die die Produktentwicklung bislang maßgeblich verantwortet haben – schaffen, mit ihren Kollegen aus dem Einkauf zusammenzuarbeiten. Gleichzeitig müssen sich die Einkaufsmanagerinnen und -manager den Respekt und das Vertrauen der Entwicklungsingenieurinnen und Produktmarketer erarbeiten, etwa indem sie auf Basis ihrer Gespräche mit den Lieferanten frische Ideen zu Produktmerkmalen, neuen Materialien und Kundenbedürfnissen einbringen.

Unserer Erfahrung nach funktionieren diese Teams am besten, wenn sie möglichst klein sind, jegliche Hierarchien abgeschafft werden und die Mitglieder Coworking-Spaces zur Verfügung gestellt bekommen, in denen sie effizient zusammenarbeiten können. Sie können auch überlegen, ein übergeordnetes Team einzurichten, das von Anfang bis Ende Verantwortung für das Produkt übernimmt, sowie mehrere kleinere Sprint-Teams, die sich auf agile Weise und für begrenzte Zeit spezifischen Aufgaben widmen. So können Sie Produktentwicklungsprozessen, die sich häufig über mehrere Monate oder Jahre erstrecken, immer wieder neuen Schwung verleihen.

Technische und taktische Tools

Wenn der CPO und der Einkauf Teil eines funktionsübergreifenden Produktentwicklungsteams werden, können sie verschiedene Hebel entwickeln, um die Kosteneinsparungen zu verdoppeln und weitere Wettbewerbsvorteile hinsichtlich Innovation, Qualität, Nachhaltigkeit, Geschwindigkeit und Risikominimierung zu erzielen. Unserer Erfahrung nach gibt es fünf Hebel, die einen spürbaren Effekt auf den Unternehmenserfolg haben können: Teardowns, Sollkostenanalysen, Produktkliniken, strukturierte Lieferantenfragebögen und Big-Data-Analysen. In Abgrenzung zu den *kaufmännischen* Hebeln, derer sich der Einkauf normalerweise in Verhandlungen mit Lieferanten bedient, sind dies *technische* Hebel. Wenn der CPO und das Einkaufsteam wirklich etwas verändern sollen, müssen sie die Erlaubnis erhalten, diese Hebel, die in der Regel den Entwicklungsingenieurinnen und Produktmarketern vorbehalten sind, zu nutzen.

Sehen wir uns die einzelnen Hebel einmal genauer an.

Teardown und Sollkostenanalyse hängen eng zusammen. Beim Teardown zerlegt der Beschaffungsingenieur das Produkt in seine Einzelteile. Das ist im Prinzip nichts Neues. Vor fast 40 Jahren erregte Ignacio López durch die komplette Zerlegung eines Fahrzeugs die Aufmerksamkeit von Jack Smith. Seitdem sind Teardowns ein etabliertes Instrument in der Einkaufs-Toolbox – und sie haben sich definitiv weiterentwickelt, da Einkaufsprofis zahlreiche Erkenntnisse aus dem Prozess gewinnen: welche Teile nötig sind (und welche unnötig), welche Materialien verwendet werden (und durch günstigere, aber ebenso effektive Alternativen ersetzt werden könnten) und welche komplexen Mechanismen vereinfacht werden können.

Nachdem das Produkt zerlegt wurde, kann der Einkauf mit der Sollkostenanalyse beginnen. Wie der Name schon sagt, geht es bei dieser Analyse darum, zu ermitteln, wie viel ein Produkt unter Berücksichtigung der eingesetzten Materialien, der Arbeitskraft, aller Gemeinkosten und der Gewinnmargen kosten *sollte*. Wie auch der Teardown ist dieses Tool nicht neu. Bereits nach dem Zweiten Weltkrieg experimentierten einige Unternehmen mit dieser Methode, flächendeckend eingesetzt wurde sie jedoch erst Ende der 1960er Jahre, nachdem das US-Verteidigungsministerium sie übernommen hatte. Geleitet wurde das Ministerium damals von Robert McNamara, dem ehemaligen Whiz Kid, das wie bereits erwähnt der Ford Motor Company zu neuer Stärke verhalfen hatte, bevor es von Präsident Kennedy für den Posten des Verteidigungsministers abgeworben wurde.

1967 machten die drastisch gestiegenen Kosten des neuen F-111-Kampfjets McNamara Sorgen. Insbesondere war der Preis für die TF30-Motoren in die Höhe geschossen – von ursprünglich 279.000 US-Dollar, die der Flugzeughersteller Pratt & Whitney veranschlagt hatte, auf 750.000 US-Dollar. Gordon Rule, einer der Beschaffungsleiter der US Navy sollte der Sache auf den Grund gehen. „Wir möchten, dass Sie das nicht anhand der Frage untersuchen, was es kosten wird", sagten ihm die Beamten im Verteidigungsministerium. „Wir wissen, wie viel es nach Ansicht des Unternehmens kosten wird. Wir möchten, dass Sie da reingehen und uns sagen, wie viel diese Motoren kosten *sollen*." Also stellte Rule ein Team von 40 Experten zusammen, die mehrere Wochen im Werk von Pratt & Whitney in Hartford, Connecticut, verbrachten. Sie kamen zu dem Ergebnis, dass der gesamte Auftrag 100 Millionen US-Dollar weniger kosten sollte, als der Flugzeughersteller verlangte. Damit hatte die Regierung eine Grundlage, um den Vertrag neu zu verhandeln.[4]

Wenn Einkaufsexpertinnen und -experten heute bereits in die Frühphasen der Produkteinwicklung einbezogen werden und Sollkostenanalysen auf Basis der von den Lieferanten bereitgestellten Rohstoffen und Hauptkomponenten erstellen, können sie unseren Berechnungen zufolge den Lieferpreis senken: von durchschnittlich 8 Prozent über dem Sollkostenpreis auf durchschnittlich 5 Prozent über dem Sollkostenpreis. Das bedeutet erhebliche Einsparungen.

Noch mehr Wert können sie allerdings generieren, wenn sie zwei andere Arten von Teardown durchführen: einerseits indem sie Konkurrenzprodukte zerlegen und andererseits indem sie Produkte von Anbietern in angrenzenden Branchen zerlegen. Ein Autobauer, mit dem wir gearbeitet haben, hat einen sehr aufschlussreichen Teardown eines Autositzes eines Mitbewerbers durchgeführt. Das Unternehmen zerlegte den gesamten Sitz, untersuchte die einzelnen Bauteile und Materialien und führte sogar eine geometrische Analyse durch, um die Komfortfunktionen des Sitzes zu bestimmen. Davon ausgehend identifizierten die Verantwortlichen zwölf Punkte, an denen das Unternehmen Kosten bei seinem eigenen Sitz einsparen konnte, zum Beispiel 1,50 Euro durch die Vereinfachung der Rückseite, 2,52 Euro durch Änderung des Innenmaterials der Kopfstütze, 5,61 Euro durch Neugestaltung der Sitzstruktur und ganze 21,33 Euro durch Ersetzen des Leders an weniger sichtbaren Stellen des Sitzes durch günstigeres Kunstleder. Insgesamt identifizierte das Einkaufsteam Kosteneinsparungen von 55,89 Euro pro Sitz, wodurch der neue Sitz 15 Prozent günstiger wurde.

Neben Teardowns und der damit verbundenen Sollkostenanalyse kann der Einkauf außerdem sicherstellen, dass die Ansichten der Kunden und Lieferanten während der Produktentwicklung berücksichtigt werden. Man könnte meinen, dass dafür doch die Produktmarketerinnen und -marketer zuständig sind. Schließlich sollen sie dafür sorgen, dass das Unternehmen Produkte entwickelt, die die Kunden auch wollen. Wir stellen jedoch immer wieder fest, dass Unternehmen ihre Produkte übertechnisieren (Over-Engineering) und Funktionen ergänzen, die die Kunden gar nicht wollen. Das treibt die Kosten in die Höhe. Es scheint, als machten die Produktmarketer ihren Job nicht und als hätten sie nicht den nötigen Einfluss im Unternehmen. Deshalb sollte der Einkauf für die so dringend benötigte Disziplin im Prozess sorgen.

Klassischerweise kann das im Rahmen von Produktkliniken erfolgen. Hier laden Unternehmen 300 bis 1.000 Kundinnen und Kunden ein, ein neues Produkt zu bewerten. Normalerweise finden diese Tests, die in der Konzeptphase oder der späteren Pre-Launch-Phase (oder beiden) erfolgen können, an einem zentralen Ort mit hoher Sicherheitsstufe (Smartphones und Kameras sind nicht erlaubt) statt und dauern zwei bis sechs Stunden. Im Zuge der COVID-19-Pandemie und aufgrund von Kostenaspekten haben einige Unternehmen versucht, die Vor-Ort-Veranstaltungen durch eine Kombination aus Videokonferenzen und Virtual-Reality-Tools zu ersetzen. Unabhängig davon, ob Produktkliniken nun physisch oder virtuell stattfinden, besteht ihr Ziel darin, festzustellen, ob das neue Produkt die technischen, funktionalen und emotionalen Bedürfnisse der Kunden erfüllt. Durch quantitative und qualitative Interviews kann das Einkaufsteam herausfinden, welche Funktionen erforderlich sind und deshalb Standard sein sollten und welche nicht zwingend benötig werden und deshalb optional sein sollten.

Der Einkauf kann jedoch nicht nur dafür sorgen, dass die Meinung der Kunden berücksichtigt wird, sondern auch die der Lieferanten. Da er für die Lieferantenbeziehungen verantwortlich ist, könnte man meinen, er tue dies bereits. Weil er aber häufig zu spät in die Produktentwicklung einbezogen wird, können Lieferanten ihre Sichtweise selten so einbringen, die das sichtbare Auswirkung auf das neue Produkt hat. Wie wir gesehen haben, hören Unternehmen, die ein 360-Grad-Programm etabliert haben, auf ihre Lieferanten. Es gibt jedoch keinen Grund, warum nicht auch andere Unternehmen auf ihre Lieferanten hören – und von ihnen lernen – sollten. Lieferanten haben oft gute Ideen, wie einkaufende Unternehmen durch den Einsatz anderer Materialien, Komplexitätsreduktion oder den Verzicht auf unnötige Teile

Kosten sparen und Verbesserungen erzielen können. Um dieses Wissen zu heben, müssen Auftraggeber ihre Lieferanten lediglich auf strukturierte Weise um ihre Sicht bitten.

Unternehmen, die dies bereits tun, beauftragen in der Regel einen Einkaufsmanager damit, die Meinung der Lieferanten proaktiv einzuholen. Dieser versendet dann entweder Fragebögen oder veranstaltet Workshops und begleitet den anschließenden Review-Prozess. Sobald die Ideen eingeholt wurden, können sie gefiltert werden, anschließend zur Bewertung an Ingenieure, Produktionsexpertinnen sowie Vertriebs- und Marketingprofis weitergeleitet werden und – wenn für gut befunden – in einen Implementierungsplan übernommen werden.

Es gibt einen weiteren Hebel, den wir für besonders wirkungsvoll halten, wenn es darum geht, Kosten einzusparen und alle potenziellen Quellen zur Erzielung von Wettbewerbsvorteilen anzuzapfen: Big-Data-Analysen. Zahlreiche Experten sind sich einig, dass Daten das „neue Gold" oder das „neue Öl" sind, das die globale Wirtschaft der Zukunft antreibt.

Viele Unternehmen haben Zugang zu riesigen Datenspeichern, die Schätzungen zufolge jeden Tag um 2,5 Trillionen Bytes wachsen.[5] Neben produktbezogenen Daten können sie auch andere Arten von Daten nutzen, etwa Daten zum Onlinesuchverhalten, Kreditkartendaten, Vertriebsdaten und Geopositionsdaten (die zeigen, wo Menschen sich aufhalten). Doch viel zu selten machen Unternehmen von diesem entscheidenden Vorteil Gebrauch, der übrigens mit jedem Tag, den die Kunden ihre Produkte nutzen, noch größer wird.

Sie können diese fünf Hebel gentrennt voneinander einsetzen, um doppelte Einsparungen zu realisieren; einen größeren Effekt erzielen Sie jedoch, wenn Sie sie kombinieren. Ein Unternehmen, das dies erfolgreich getan hat, ist Dell Technologies.

• • •

Vor einigen Jahren unterzogen die Einkaufsmanager von Dell als Teil eines funktionsübergreifenden Teams den klassischen Computer-Tower des Unternehmens einer Analyse. Als Erstes führten sie einen Teardown durch. Dabei identifizierten sie zwei auffällige Designmerkmale des Computers: Zum einen verfügte er über ein schweres, 25 Liter fassendes Mettalgehäuse, das die Elektronik umschloss; zum anderen gab es im Inneren des Geräts eine Reihe komplexer Einbauten, die 80 Nieten und Schrauben erforderten. Aus Sicht der Ingenieure stellten diese Merkmale keine Schwierigkeit dar – der Computer *funktionierte* schließlich. Aus Einkaufsperspektive gab es jedoch eine ganze Reihe von Problemen. Erstens bedeutete die Größe des Gehäuses, dass nur die größten Lieferanten den Tower fertigen konnten, und wenn es bei diesen zu Problemen im Betriebsablauf käme (was häufig der Fall war), würde die gesamte Produktionslinie von Dell unterbrochen, was die Kosten in die Höhe treiben und sich negativ auf den Gewinn auswirken würde. Zudem war durch das Gewicht des Towers der Transport auf dem Luftweg unbezahlbar. Auch die Komplexität des Produkts stellte ein Problem dar, da die Beschaffung der verschiedenen Komponenten langwierig war, was zu Verzögerungen und Kostensteigerungen führte.

Insofern war der Teardown des Towers eine effektive Methode, um diese Probleme zu identifizieren. Noch besser wäre es natürlich gewesen, sie bereits in der Frühphase der Produktentwicklung zu berücksichtigen, denn dann hätte das Unternehmen die kostspieligen Designentscheidungen gar nicht erst getroffen. Parallel zum Teardown führte Dell eine Marktforschungsstudie durch, die zu dem Ergebnis kam, dass 80 Prozent der Kunden viele der Produktfunktionen gar nicht brauchten, etwa die sechs PCI-Express(PCIe)-Slots, über die sich der Computer mit anderen Geräten verbinden ließ.

Mit diesem Feedback im Hinterkopf fing das Entwicklerteam noch einmal ganz von vorn an und entwickelte einen Computer, der der Lieferkettenlogistik und den Kundenbedürfnissen Rechnung trug. Heraus kam ein bezahlbares Produkt mit einer leistungsstarken CPU, die in einem einfach konstruierten Plastikgehäuse untergebracht war, das mit 2 Litern Fassungsvermögen wesentlich kleiner war als vorher. Farben, Kabel und unnötige PCIe-Slots suchte man vergebens. Dadurch, dass der Computer kleiner und einfacher geworden war, konnte Dell nun eine größere Auswahl an Lieferanten in Betracht ziehen, die in der Lage wären, den Computer herzustellen, darunter auch Microfactorys, die näher beim Kunden angesiedelt sind und es Dell ermöglichen würden, seine Produkte schneller bereitzustellen. In der Vergangenheit waren kleinere Produktionsstätten zwangsläufig mit hohen Kosten verbunden, da sie nicht die gleichen Skaleneffekte erzielen konnten wie größere Werke. Doch nun da der neue Computer günstiger in der Herstellung war – mehr als 30 Prozent günstiger –, konnte es sich Dell leisten, kleine Werke auszuwählen und das Produkt doppelt so schnell an den Kunden zu bringen, und erzielte dabei immer noch deutliche Einsparungen.

Zudem konnte das Unternehmen zuversichtlich sein, einen Computer entwickelt zu haben, den die Kundinnen und Kunden wirklich wollten und der sich, weil er aufgrund seines geringeren Gewichts nun auf dem Flugweg transportiert werden konnte, zeitnah bereitstellen ließ.

Die gesamte Produktlebensdauer in den Blick nehmen

In vielen Unternehmen gilt die Arbeit des Einkaufs als erledigt, sobald der Auftrag an einen Lieferanten vergeben wurde und die Produktion begonnen hat. Tatsächlich ist zu diesem Zeitpunkt jedoch nur die halbe Arbeit getan, weshalb das Einkaufsteam bis zum Ende der Produktion wachsam bleiben sollte. (Bei manchen Produkten wie Fahrzeugen, Kampfflugzeugen oder Arzneimittel kann das mehrere Jahre bedeuten.) Warum sagen wir das? Die Praxis hat gezeigt, dass

Lieferanten in der Regel Möglichkeiten finden, das Produkt effizienter (und damit günstiger) zu machen, wobei sie die damit verbundenen Einsparungen nicht immer an das beschaffende Unternehmen weitergeben. Es gibt mehrere Gründe, warum sie in der Lage sind, Produkte effizienter zu machen. Zunächst einmal hängt das mit der natürlichen Lernkurve zusammen: Je häufiger wir etwas tun, desto besser werden wir darin. Zudem versuchen Lieferanten, ihre Gewinnmarge durch clevere Möglichkeiten der Kostensenkung zu steigern – entweder indem sie andere Materialien verwenden, überflüssige Komponenten entfernen oder effizientere Werkzeuge und Maschinen entwickeln. Manchmal profitieren sie auch von externen Faktoren, die außerhalb ihrer Kontrolle liegen, aber dennoch zu Kosteneinsparungen führen, etwa Schwankungen bei Wechselkursen oder Rohstoffpreisen.

Advanced Luxury Vehicles, dessen Namen wir aus Gründen der Vertraulichkeit geändert haben und dessen Ansatz im Umgang mit A-Lieferanten in Kapitel 2 vorgestellt wurde, nimmt in Form eines End-to-End-Fokus die gesamten Produktlebensdauer in den Blick, um von den Kosteneinsparungen, die seine Lieferanten realisieren, zu profitieren. Im Einkauf des Unternehmens arbeitet ein Team aus insgesamt 250 Kosteningenieurinnen und -ingenieuren, die nicht nur vor Produktionsbeginn Teardowns der Lieferantenprodukte durchführen, sondern auch mehrmals während der Produktion. Ihr Ziel ist es, die tatsächlichen Kosten des Produkts zu ermitteln. Dazu wiegen sie das Produkt zum Beispiel und vergleichen das Gewicht mit dem in den anfänglichen Konstruktionsspezifikationen angegebenen Wert. Dadurch kann ALV feststellen, ob der Lieferant neue, leichtere Materialien verwendet oder einfach einige Bauteile entfernt hat, die keine Auswirkungen auf die Produktleistung haben. Eine andere Methode, mit der die Kosteningenieure die tatsächlichen Produktkosten ermitteln, besteht darin, dass sie Wechselkursschwankungen und Änderungen in den sehr volatilen Preisen von Stahl und anderen Rohstoffen berücksichtigen (Änderungen, die als Rechtfertigung für unverhältnismäßig große Preiserhöhungen genutzt werden können). Mithilfe dieser Analyse kann ALV feststellen, ob die Lieferanten von Preisänderungen profitiert, diese aber nicht an das einkaufende Unternehmen weitergegeben haben.

Durch diese Produktanalyse ist ALV in der Lage, die Lücke zwischen dem vertraglich vereinbarten Preis und dem im weiteren Prozess immer weiter steigenden Preis zu schließen, der sich aus jeder neuen Änderung ergibt, die die Konstruktionsingenieure und Produktmarketerinnen in Auftrag geben. In der Regel nutzt ALV diese Informationen, um angefallene Mehrkosten zu kompensieren – entweder durch eine Pauschalrückzahlung oder einen neu verhandelten Vertrag – und um in Zukunft effektivere und effizientere Produkte zu entwickeln. Nicht jedes Unternehmen kann es sich natürlich leisten, ein Inhouse-Team von spezialisierten Kosteningenieuren zu beschäftigen. Das sollte die Verantwortlichen jedoch nicht davon abhalten, die Kosten auch nach Produktionsbeginn im Blick zu behalten. Es gibt zahlreiche externe Anbieter, die die internen Kosteningenieure ersetzen können, sie sind dann allerdings auch wieder eine Form von Lieferanten.

Die neue Beschaffungsökonomie – warum der „Tesla Weg" den „Toyota Weg" ablöst

Sie fragen sich vielleicht, warum wir so viel Zeit darauf verwendet haben, Ihnen zu zeigen, wie Unternehmen ihre Kosten senken können, indem sie dem CPO und dem Einkauf eine zentralere Rolle zuweisen. Lassen sich nicht mithilfe des von Toyota entwickelten Lean-Ansatzes (der in einem der besten Bücher aller Zeiten, *The Machine That Changed the World*, dokumentiert ist) zuverlässige und bezahlbare Produkte termingerecht entwickeln, *ohne* dass der Einkauf mehr Verantwortung erhalten muss?

Keine Frage: In den vergangenen 50 Jahren hat Toyota mit seinem Lean-Ansatz die drei kritischsten Dimensionen für Unternehmen – Zeit, Kosten und Qualität – mit Bravour gemeistert, und gleichzeitig seinen Marktanteil vergrößert. Der Erfolg des japanischen Automobilriesen basiert auf seiner Reputation für Zuverlässigkeit. „Qualität steht bei uns immer im Mittelpunkt", behauptet das Unternehmen häufig, und tatsächlich: Als die äußerst erfolgreiche BBC-Fernsehsendung *Top Gear* einen Toyota-Pick-up einem Stresstest unterzog, bestand das Fahrzeug diesen problemlos: Der Toyota Hilux wurde im Meer versunken; von einem Wohnwagen erdrückt, den man aus großer Höhe fallen ließ; von einer Abrissbirne bearbeitet, die normalerweise Gebäude zum Einsturz bringt; und in Brand gesteckt – doch jedes Mal überstand er die Tortur und konnte weiterfahren.[6]

Wie hat Toyota das bewerkstelligt? Das Unternehmen weiß, wie wichtig seine Lieferanten sind. Deshalb baut es feste – statt flexible – Beziehungen zu ihnen auf. Wie bereits erwähnt zeichnet sich das Toyota-Produktionssystem unter anderem durch *Keiretsu* aus, ein Unternehmensnetzwerk, in dem der Autobauer bedeutende Minderheitsanteile an seinen Schlüssellieferanten hält. Dadurch verbleiben die Lieferanten im „Orbit" von Toyota und werden eng in die Produktentwicklung einbezogen.

Diese bevorzugten Lieferanten arbeiten eng mit Toyota zusammen: Sie entwickeln das Produkt gemeinsam (ob das nun ein Autositz, ein Lenkrad oder ein anderer Artikel ist) und treffen finanzielle Entscheidungen gemeinsam (es gibt keine Streitigkeiten über Kosten, Preise oder Gewinnverteilung). Der gesamte Prozess wird von einem leitenden Ingenieur, einem *Shusa* oder Chef, verantwortet. Das klingt fast wie eine Utopie. Doch dadurch vermeidet Toyota viele Schwachstellen, die man häufig in US-amerikanischen oder europäischen Unternehmen antrifft: schlecht konstruierte oder fehlerhafte Komponenten, die neu konzipiert oder neu gefertigt werden müssen; unerwartet und unkontrolliert steigende Kosten; Störungen im Produktionsablauf und sogar verspätete Produktstarts.

Der „Toyota Weg“ hat jedoch einen erheblichen Nachteil: Er ist äußerst konservativ. Seit einigen Jahren wirkt Toyota ungewöhnlich schwerfällig, so als sei die Loyalität seinen Lieferanten gegenüber, die in der Vergangenheit gute Leistungen erbracht haben, mittlerweile eine Art Bürde. Als europäische Autohersteller von PCs inspirierte Unterhaltungs- und Navigationssysteme einführten, hielt Toyota an altmodischen Knöpfen und Schaltern fest. Mit der Entwicklung emissionsarmer Hybridfahrzeuge (der Prius kam 1997 auf den Markt) schien das Unternehmen kurzzeitig aufzuholen, doch es hat nur langsam auf vollelektrische Fahrzeuge umgestellt.

Mit der Kombination aus *Keiretsu*, das starke Beziehungen mit einigen ausgewählten Lieferanten sicherstellt, und *Kaizen*, das kontinuierliche inkrementelle Verbesserungen garantiert, hat Toyota in den vergangenen 50 Jahren außerordentliche Erfolge erzielt. Doch wir leben nicht länger in einer Welt des vorhersagbaren, stetigen Wandels. Veränderungen vollziehen sich heute unerwartet und turbulent, und das erfordert einen neuen Ansatz – einen Ansatz, mit dem Unternehmen nicht nur termingerecht bezahlbare und zuverlässige Produkte entwickeln können, sondern auch Produkte hervorbringen, die vor Innovation nur so strotzen. Damit das gelingt, müssen sie unsere Ansicht nach dem CPO und der Einkaufsfunktion Verantwortung für den gesamten Produktlebenszyklus übertragen.

In Kapitel 6 zeigen wir, wie einige Unternehmen durch die Bündelung ihrer F&E-Ressourcen mit denen ihrer Lieferanten *bahnbrechende Innovationen* hervorbringen. An dieser Stelle möchten wir darauf eingehen, wie CEOs ihr Unternehmen mithilfe moderner Innovationen auf Erfolgskurs bringen können – und zwar indem sie den CPO und das Einkaufsteam – und damit auch die Lieferanten – in den Mittelpunkt des Produktentwicklungsprozesses stellen.

So wie Tesla das zunehmend tut.

• • •

Im Juli 2020 löste Tesla Toyota als wertvollsten Automobilhersteller der Welt ab. Es war ein wegweisender und äußerst symbolischer Moment. Toyota hatte in dem Jahr bis März mehr Autos verkauft als Tesla – 10,46 Millionen gegenüber 367.000 – und einen höheren Umsatz erzielt – 282,2 Milliarden US-Dollar versus 24,6 Milliarden US-Dollar.[7] Und doch wurde das 2003 gegründete Start-up von den Aktionärinnen und Aktionären als wertvoller eingestuft als der 1973 gegründete japanische Autogigant. Wie aber kam es zu dieser außerordentlichen Bewertung? Ganz einfach: Die Aktionärinnen und Aktionäre waren überzeugt, dass Tesla die Zukunft des Elektroautos bestimmen werde, was angesichts der Tatsache, dass die Tage des Verbrennungsmotors gezählt sind, gleichbedeutend ist mit der Zukunft der gesamten Automobilbranche (zahlreiche Länder wie Norwegen, Frankreich, Deutschland, Großbritannien, Indien und Spanien haben sich bereits dazu verpflichtet, den Verkauf neuer Benzin- und Dieselfahrzeuge in den kommenden 20 Jahren einzuschränken oder ganz zu verbieten).[8] Doch woher rührt das Vertrauen der Investoren? Tesla ist Toyota und anderen Mitbewerbern im Hinblick auf Produktsortiment, Produktionskapazitäten und innovative Technologien weit voraus. Das liegt ganz wesentlich daran, wie das Unternehmen mit seinen Lieferanten umgeht, und an der damit verbundenen Beschaffungskompetenz.

Spontan denkt man beim Stichwort „Beschaffung“ nicht gerade an Tesla. Immerhin hat das Unternehmen einige medial gut dokumentierte Fehltritte hingelegt, zu denen fehlerhafte Produkte, verspätete Produktstarts und andere Misserfolge zählen. (Im Januar 2021 zum Beispiel, etwa eine Woche nachdem Elon Musk Amazon-Gründer Jeff Bezos als reichsten Mann der Welt im Bloomberg Billionaires Index abgelöst hatte, musste Tesla auf Drängen der US National Highway Traffic Safety Administration 158.000 Fahrzeuge mit fehlerhaften Touchscreen-Displays zurückrufen, weil diese als Sicherheitsrisiko galten.[9]) Doch der Einkauf spielt eine zentrale Rolle in der beeindruckenden Erfolgsgeschichte von Teslas innovativen Produkten. Dazu gehört sowohl die Entwicklung des vermeintlich einfachen Kabelbaums – eine Ansammlung von Kabeln, die die Strom- und Computersysteme eines Autos miteinander verbinden – als auch die Entwicklung des zweifellos coolen Mainboards, das das „Gehirn" des selbstfahrenden Autos darstellt.

Elon Musk wurde lange von dem Ehrgeiz getrieben, nicht nur *autonome* Fahrzeuge zu bauen, sondern auch *autonome* Fabriken. Er wollte „die Maschine bauen, die die Maschine baut", wie er es selbst einmal ausdrückte. Zu erreichen hoffte er dies mit dem Model 3, das 2017 auf den Markt kam; wiederholte Schwierigkeiten in der Produktion machten dem Vorhaben jedoch einen Strich durch die Rechnung. Konkret hatten die Fabrikroboter Probleme, den Kabelbaum zu handhaben, obwohl dieser bewusst leichter und kürzer konstruiert worden war als in der vorherigen Fahrzeuggeneration: Im Model S hatte der Kabelbaum noch eine Länge von unglaublichen 3 *Kilometern* gehabt, im Model 3 waren es nur noch 1,5 Kilometer. Das war aber offensichtlich immer noch zu lang. Also begann das Produktentwicklungsteam, bestehend aus Ingenieuren, Herstellerinnen und Einkaufsspezialisten, noch einmal von vorn.

Ein Merkmal des Tesla-Ansatzes sind funktionsübergreifende Teams, die „auf unkonventionelle Art interdisziplinär zusammenarbeiten", wie es das Unternehmen ausdrückt. Von jedem einzelnen Teammitglied „wird erwartet, Dinge infrage zu stellen und sich selbst infrage stellen zu lassen, zu erschaffen und Innovationen zu entwickeln".[10] Einkaufsmanagerinnen und -manager sind verantwortlich für die Beschaffung, Herstellung und Produktion aller „Komponenten, die für den erfolgreichen Betrieb des Unternehmens erforderlich sind". Insbesondere sollen sie „die Herstellbarkeit der Produkte, die Testbarkeit und die Reaktionsfähigkeit der Lieferkette beeinflussen".[11] In gemeinsamer Arbeit haben die funktionsübergreifenden Teams einen neuen Kabelbaum für die nächste Generation von Fahrzeugen, das Model Y, entwickelt, das 2020 auf den Markt kam. Der Kabelbaum ist so konzipiert, dass er von Robotern eingebaut werden kann, er hat lediglich eine Länge von 100 Metern, weist eine feste Struktur auf (im Gegensatz zu der flexiblen Struktur, die den Robotern Probleme bereitet hatte) und besteht aus weniger Komponenten. Durch diese Änderungen konnte Tesla die Herstellbarkeit seiner Autos revolutionieren.

Parallel dazu entwickelten die funktionsübergreifenden Teams eine neue Unterbodenstruktur für das Model Y. Das vorherige Model 3 hatte – wie die meisten derzeit genutzten Autos – einen Unterboden, der aus 70 oder mehr gestanzten Stahlteilen bestand, die punktgeschweißt, lasergeschweißt, genietet und geklebt wurden. Wie diese kurze Beschreibung nahelegt, ist die Herstellung eines solchen Unterbodens ein arbeitsintensiver und zeitaufwendiger Prozess. Zudem ziehen Fehler die Produktion häufig in die Länge und treiben die Kosten in die Höhe. Um diese Probleme zu lösen, entwickelten die Tesla-Teams einen neuen Unterboden, der lediglich aus zwei Druckgussteilen aus Aluminium bestand. Da sich der Unterboden nun einfacher fertigen ließ und auch ein geringeres Gewicht aufwies, konnte Tesla erhebliche Kosteneinsparungen erzielen. Unseren Berechnungen zufolge bedeutete der neue Unterboden 10 Prozent weniger Produktionskosten, 20 Prozent weniger direkte Personalkosten und 30 Prozent weniger Platzbedarf für den Einbau in der Fabrikhalle.

Den Kabelbaum und den Unterboden bekommen die Tesla-Kundinnen und -Kunden nie zu Gesicht, und sie profitieren nur insofern von diesen Verbesserungen, als dass das Fahrzeug pünktlich ausgeliefert wird (da das Unternehmen die meisten, wenn nicht alle, Kosteneinsparungen behält, die durch ein einfacheres, leichteres Fahrzeug entstehen). Auch das Mainboard bleibt ihrem Blick verborgen, bedeutet aber spürbare Vorteile für sie. Und wieder hat der Einkauf eine wichtige Rolle bei der Entwicklung dieses Tesla-eigenen Produkts gespielt.

Die meisten Autohersteller bauen Minicomputer in ihre Fahrzeige ein, um die Unterhaltungsfunktionen, das Navigationssystem und die Smartphone-Konnektivität zu unterstützen. Da sie die Herstellung dieser elektronischen Steuergeräte lange Zeit jedoch nicht als ihre Kernkompetenz betrachtet haben, griffen sie gern auf Standardprodukte der größten Automobilzulieferer wie Bosch, Continental, ZF Friedrichshafen und Harman International, einem Tochterunternehmen von Samsung, zurück. Mit der Umstellung auf Elektrofahrzeuge ändert sich das allmählich. E-Autos, genauso wie selbstfahrende Autos, erfordern leistungsfähigere Computer, und einige Unternehmen haben erkannt, dass sie Lösungen entwickeln müssen, die sich vom Markt abheben. Deshalb setzen sie nicht länger auf die großen Anbieter, die alles aus einer Hand liefern, sondern bauen ein Ökosystem spezialisierter Lieferanten auf, das vom Einkaufsteam orchestriert wird, und übernehmen die Endmontage. VW hat zum Beispiel die unabhängige Softwareeinheit CARIAD geschaffen, in der 5.000 Programmierer und andere IT-Experten arbeiten. Derzeit sind 90 Prozent der digitalen Plattformen des Unternehmens von Lieferanten abhängig. 2025 soll dieser Anteil VW-Schätzungen zufolge auf 60 Prozent sinken. In ähnlicher Weise baut Daimler derzeit ein Softwareentwicklungsteam auf, um mehr eigene Technologien zu produzieren, und etabliert ein Ökosystem von Lieferanten, dem unter anderem der US-Chiphersteller Nvidia sowie Microsoft, das Cloud-Computing-Dienste bereitstellt, angehören.[12] Damit folgen diese Unternehmen in gewisser Weise großen Technologieherstellern wie Dell, HP und Lenovo. Ein Unternehmen geht jedoch noch einen Schritt weiter. Es nimmt sich ein Beispiel am Beschaffungsansatz von Apple und entwickelt seine eigenen, individuell gefertigten Silikon-Mikroprozessoren.

Dieses Unternehmen ist Tesla.

Es ist beeindruckend, dass Apple zwei Drittel der Gewinne der globalen Smartphone-Markts auf sich vereint, obwohl es lediglich 12 Prozent Marktanteil besitzt und das iPhone gar nicht selbst herstellt.[13] Doch was tut das Unternehmen dann? Es kontrolliert in erster Linie den gesamten „Stack“, das heißt, es designt alle Komponenten des iPhones – bis hin zum Silikon-Chip, der das iPhone „smart“

macht, und es arbeitet mit spezialisierten Lieferanten, die das iPhone produzieren oder zusammenzubauen. Vor 100 Jahren stand Ford an der Spitze der Automobilindustrie, weil sich die gesamte Lieferkette *in den Händen des Unternehmens* befand. Heute dominiert Apple den Smartphone-Markt, weil es den gesamten Stack *kontrolliert* – und zwar indem es das zugrunde liegende geistige Eigentum besitzt und durch sein gekonntes Lieferantenmanagement.

Auch Tesla versucht dies. Denn das Unternehmen hat verstanden: Wenn man das geistige Eigentum besitzt, kontrolliert man den Stack, und wenn man den Stack kontrolliert, kann man seinen Marktanteil steigern und sich einen größeren Anteil des Gewinns sichern. Genauer gesagt hat Tesla verstanden, dass wenn es die Silikon-Mikroprozessoren in den Computern entwickelt, die die nächste Generation von E-Fahrzeugen antreiben, es den Markt dominieren wird. Vier Faktoren werden den Erfolg des E-Autos bestimmen: (1) die Reichweite (wie viele Kilometer das Auto mit einer Batterieladung zurücklegen kann); (2) die Effizienz seines wegweisenden Fahrerassistenzsystems (das Funktionen des autonomen Fahrens beinhaltet); (3) die Fortschrittlichkeit seiner Telematik (die dem Autobauer Daten zur Fahrzeugleistung liefert); und (4) die Qualität seiner Augmented-Reality-Funktionen (die mithilfe von Kameras, GPS und Radar die Straße scannen und Navigationsinformationen auf die Frontscheibe projizieren). Die letzten drei Faktoren sind abhängig vom Silikon-Chip. Wer sich hier differenziert, hebt sich vom Markt ab.

Deshalb stellte Tesla 2016 ein Team aus führenden Silikon-Fachleuten zusammen (viele von ihnen ehemalige Apple-Ingenieure, die die A4- und A5-Mikropozessoren mitentwickelt haben, die einige der ersten iPhones und die ersten iPads betrieben). Sie sollten den ersten maßgeschneiderten Computer für autonome Fahrzeuge entwickeln. Das Ergebnis war Hardware 3.0: ein Computer, der dazu konzipiert war, die neue Generation von E-Autos zu steuern. Diesen Computer haben wir einem Teardown unterzogen. Er enthält vier Mainboards:

Zwei kontrollieren das Informationssystem des Fahrzeugs, eines die WiFi-Verbindung und eines den Autopiloten. Nur eines dieser Mainboards wird komplett extern entwickelt, nämlich das Board, das das Infotainmentsystem steuert – und zwar von Intel. Die übrigen drei entwickelt Tesla selbst. Aas allgemeine Infotainment-Board und die WiFi-Boards enthalten allerdings Silikon-Chips von NXP Semiconductors (ein niederländisch-amerikanischer Anbieter) bzw. Intel. Das Board, das die eigentliche Innovation darstellt, steuert den Autopiloten und enthält den Tesla-eigenen Silikon-Chip.

Dieser Chip ist in dreierlei Hinsicht ein Game-Changer: Erstens ist er effektiver als alle standardmäßig verfügbaren Silikon-Chips, da er eine Reaktionszeit ermöglicht, die schneller ist als die eines Menschen (weniger als 100 Millisekunden). Konkret heißt das: Sollte ein Fußgänger vor dem Auto auf die Straße laufen, würde das Auto (vorausgesetzt der Autopilot ist aktiviert) schneller abbremsen, als der Fahrer es könnte. Zweitens ist der Tesla-Chip effektiver als Standardprodukte, weil er nur minimale Auswirkungen auf die Lebenszeit der elektrischen Batterie hat (und damit auf die potenzielle Reichweite des Autos). Drittens kostet der Chip weniger: Das vorherige Autopilot-Board, das Teil von Teslas Hardware 2.0-Computer war und vier Mikroprozessoren enthielt (die Nvidia und der deutsche Halbleiterhersteller Infineon Technologies bereitstellten) kostete das Unternehmen 280 Euro. Im Zuge der Entwicklung des neuen Autopilot-Boards halbierte Tesla die Anzahl der Prozessoren von vier auf zwei und arbeitete nur noch mit einem Lieferanten zusammen (Nvidia und Infineon wurden durch Samsung ersetzt, das den Prozessor produzieren sollte). Dadurch sanken die Kosten von 280 Euro auf 190 Euro.

Tesla lieferte seine Hardware 3.0 2019 aus. Durch die Bekanntgabe, dass es mit dem US-Softwareunternehmen Broadcom sowie TSMC an der Hardware 4.0 arbeitete, stieg der Aktienkurs des Autobauers. Die Welt befand sich infolge der Pandemie noch immer im Lockdown, doch indem Tesla die Einkaufsfunktion zu einem wichtigen Akteur bei der

Neustrukturierung seiner Lieferantenbeziehungen machte, setzte es sich an die Spitze eines von der *Financial Times* erstellten Rankings der 100 Unternehmen, die der Krise getrotzt und sich während der Pandemie erfolgreich entwickelt hatten. Die *FT* schrieb dazu: „Investoren sind der Ansicht, dass Technologie von Tesla der seiner Mitbewerber um Jahre voraus ist."[14]

Dass Tesla Wirkung erzielt, zeigt nicht zuletzt die Entscheidung von Apple (dem Unternehmen, das Tesla einst dazu inspirierte, den gesamten Stack zu kontrollieren), seine Pläne zur Produktion eines eigenen E-Autos wiederzubeleben. Erfolgen soll dies in Kooperation mit einem etablierten Automobilhersteller, der die Rolle des Lieferanten übernimmt. Das ist genau die Art von außergewöhnlicher Entwicklung, die möglich ist, wenn der CPO und das Einkaufsteam von Anfang an in die Produktentwicklung einbezogen werden.

Fazit

CEOs können die Zukunft ihres Unternehmens transformieren, indem sie ihre Lieferanten in den Mittelpunkt stellen und als praktische Konsequenz daraus dem CPO und dem Einkaufsteam ein neues Mandat erteilen, das sie zu zentralen Akteuren im Produktlebenszyklus macht. Damit diese Macht- und Verantwortungsausweitung aber Wirkung zeigt, müssen sie den Einkauf grundlegend neu aufstellen, denn in den meisten Unternehmen ist die Funktion derzeit nicht auf diese erweiterte Rolle vorbereitet.

Das Wichtigste in Kürze

Erkenntnis

Wenn Ihre Lieferanten stärker zum Erfolg Ihres Unternehmens beitragen sollen, müssen Sie Ihren CPO und das Einkaufsteam mit mehr Verantwortung ausstatten.

Strategie

Übertragen Sie Ihrem CPO die Verantwortung für den gesamten Produktlebenszyklus – von der Idee bis zur Vermarktung.

Vorgehensweise

- Stellen Sie ein funktionsübergreifendes Produktentwicklungsteam zusammen und übertragen Sie Ihrem CPO die Leitung. Erteilen Sie dem Team den Auftrag, den Status quo zu verändern.
- Versetzen Sie Ihren CPO in die Lage, alle verfügbaren technischen und taktischen Hebel nutzen zu können: Teardowns, Sollkostenanalysen, Produktkliniken, strukturierte Lieferantenfragebögen und Big-Data-Analysen.
- Halten Sie Ihren CPO dazu an, den gesamten Produktlebenszyklus im Blick zu haben. Stellen Sie sicher, dass Ihr Unternehmen von den Einsparungen, die die Lieferanten erzielen, profitiert.
- Beauftragen Sie Ihren CPO damit, ein Ökosystem von Lieferanten aufzubauen, das Ihrem Unternehmen die Freiheit gibt, eigene Produktkomponenten zu entwickeln.

4

Das Beste aus beiden Welten verbinden

Etablieren Sie eine bionische Einkaufsfunktion, die die Vorteile menschlicher Kreativität und digitaler Technologien vereint

Martin Ashborne, CPO von Apex Motors*, einem der größten Automobilunternehmen der Welt, starrte wie gebannt auf die PowerPoint-Folie, die wir ihm gerade präsentierten, und seine Augen wanderten hastig von einer Seite zur anderen in dem Versuch, die Trageweite dessen zu erfassen, was das abgebildete Diagramm ihm sagen wollte.

An der x-Achse stand *Einkaufsschwerpunkt*, und die Skala reichte von „Kostensenkung" bis „Profitables Wachstum". Die y-Achse war mit *Einkaufsmandat* beschriftet, hier verlief die Skala von „Die Unternehmensstrategie unterstützen" bis „Die Unternehmensstrategie gestalten". Im linken unteren Bereich befanden sich Apex Motors und seine

* Aus Gründen der Vertraulichkeit haben wir den Namen des Unternehmens geändert.

Automobil-Mitbewerber. Hier hätten wir jedoch auch die Namen von Unternehmen anderer Branchen eintragen können, denn die meisten CEOs beauftragen ihren CPO damit, sich allein auf die Kostensenkung und die Unterstützung der Unternehmensstrategie zu konzentrieren.

Abbildung 4.1

Wie Erfolg im Einkauf aussieht

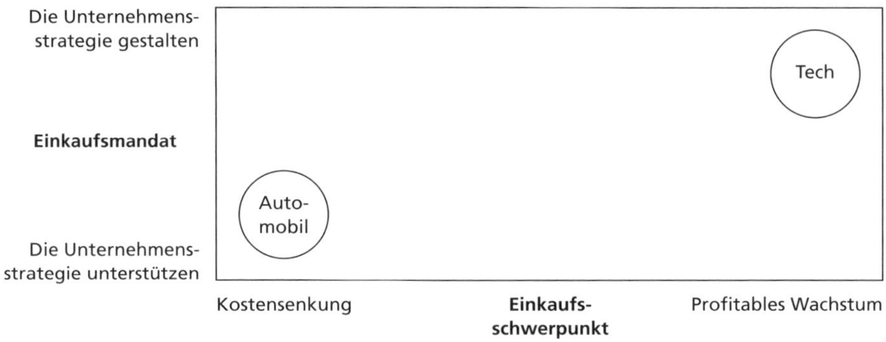

Quelle: BCG.

Die meisten CPOs an Ashbornes Stelle wären vielleicht zufrieden gewesen mit dem, was sie dem Diagramm entnahmen: Immerhin zeigte es, dass sich Apex Motors mehr oder weniger mit den anderen Automobilherstellern messen konnte. Ashborne war jedoch alles andere als zufrieden: Seine gesamte Aufmerksamkeit galt den Unternehmen, die sich rechts oben im Diagramm tummelten. Es war offenkundig, dass diese Unternehmen anders mit ihren Lieferanten umgingen. Ihre CPOs hatten offensichtlich den Auftrag erhalten, sich auf die Erzielung von profitablem Wachstum und die Gestaltung der Unternehmensstrategie zu fokussieren (siehe Abbildung 4.1).

Wenn es einen Hoffnungsschimmer für Ashborne gab, der als Führungskraft neu zu Apex Motors gekommen war, um den CEO dabei zu unterstützen, das Unternehmen zum Apple der Automobilindustrie zu machen, war es Folgendes: Das Diagramm zeigte nicht nur die derzeitige Position des Unternehmens (und damit, wie viel Arbeit vor Ashborne lag, wollte er eine Einkaufsfunktion von Weltspitze schaffen), sondern auch, was möglich war und was er als Nächstes tun musste.

Der CEO von Apex Motors hatte Ashborne damit beauftragt, seinen Schwerpunkt auf die Erzielung von profitablem Wachstum und die Gestaltung der Unternehmensstrategie zu legen. Und der CPO hatte erkannte, dass er den Einkauf neu strukturieren musste, um ihn für diese Aufgabe fit zu machen.

Einige Tage nach unserer Präsentation weihte Ashborne uns in seine Pläne ein. Er wollte eine Einkaufsfunktion schaffen, die sich auf die Kostensenkung konzentrierte und gleichzeitig für beide Seiten gewinnbringende Lieferantenbeziehungen aufbaute. Dadurch wollte er drei Dinge erreichen: (1) Innovationen entwickeln, die Apex Motors profitables Wachstum brächten; (2) Nachhaltigkeitsmaßnahmen ins Leben rufen, durch die der Autobauer weltführend in der CO2-Reduktion würde; und (3) ein modernes Frühwarnsystem etablieren, das in unsicheren Zeiten die Belieferung mit kritischen Komponenten sicherstellte. Als Ashborne uns fragte, was er zum Erreichen dieser Ziele bräuchte, empfahlen wir ihm, unserer dritten Handlungsempfehlung zu folgen: *Das Beste aus beiden Welten verbinden: Schaffen Sie eine bionische Einkaufsfunktion, die die Vorteile menschlicher Kreativität und digitaler Technologien vereint.*

Der Begriff „bionisch“ tauchte Mitte der 1970er Jahre im Rahmen der US-Blockbuster-Fernsehserie *Der Sechs-Millionen-Dollar-Mann* erstmals in der Allgemeinsprache auf. In der Serie erleidet der Astronaut Colonel Steve Austin infolge eines Flugzeugabsturzes lebensgefährliche Verletzungen und erhält im Rahmen einer Operation bionische Implantate, die ihm übermenschliche Kräfte verleihen. Bei der Boston Consulting Group beschreiben wir mit dem Begriff „bionisch“ Unternehmen, die die Vorteile der Technologie mit den Vorteilen menschlicher Kreativität, Urteilskraft, Empathie, Neugier und Intuition verbinden.[1]

Um ein bionisches Unternehmen zu schaffen, müssen Sie den Einkauf in zweierlei Hinsicht radikal neu aufstellen: Sie müssen sich erstens auf das konzentrieren, was wir die menschliche Dimension nennen, und zwar indem Sie einen CPO benennen und ihn damit beauftragen, ein Team zusammenzustellen, das über unterschiedliche Kompetenzen und Mindsets verfügt. Zweitens müssen Sie sich auf die digitale Dimension konzentrieren, indem Sie in eine Reihe neuer digitaler Einkaufstechnologien investieren.

Sehen wir uns diese beiden Merkmale einer neuartigen Einkaufsfunktion einmal genauer an. Beginnen möchten wir mit der menschlichen Dimension.

Die menschliche Dimension

Bei jeder unternehmerischen Transformation, auch einer digitalen, sollten die Menschen an erster Stelle stehen und die Technologie an zweiter. Doch wo können CEOs beginnen? Die erste Position, die Sie besetzen sollten, ist die des CPO. Wenn Sie hier die richtige Wahl treffen, kann der CPO seine Erfolgschancen deutlich steigern. In einem zweiten Schritt sollten Sie den oder die CPO damit beauftragen, eine neue Generation von Einkaufsexpertinnen und -experten einzustellen.

Den oder die richtige CPO auswählen – worauf Sie achten sollten

Da der CPO an der Spitze des Einkaufs steht, sollte er alle Eigenschaften eines zukünftigen CEO besitzen: eine strategische Vision, um ein Unternehmen zu führen, das durch neue Technologien und neue Mitarbeiter transformiert wird; Dynamik und Führungskompetenz, um herausfordernde Veränderungsprogramme voranzutreiben; einen kollaborativen Arbeitsstil, um die Führungskräfte anderer Unternehmensbereiche beeinflussen zu können; und eine dicke Haut, um auch unpopuläre Entscheidungen zu treffen.

Wenn wir mit CEOs über potenzielle CPOs sprechen, betonen wir immer wieder, dass diese als Katalysatoren fungieren sollten. Sie sollten Führungskräfte sein, die nicht von oben herab Befehle erteilen, sondern sich die Mühe machen, ihre Mitarbeiterinnen und Mitarbeiter als Individuen kennenzulernen, und sie ermutigen, befähigen und mit neuer Energie ausstatten. Wählen Sie hierfür widerstandsfähige Personen aus. Einen Wandel im Unternehmen herbeizuführen ist anspruchsvoll, und auch die Aufgabe, den Einkauf von einer unterstützenden in eine gestaltende Funktion zu transformieren, sollte nicht unterschätzt werden. Auch wenn CPOs die Change-Agenda ihres CEO vorantreiben sollen, werden sie unweigerlich auf Widerstand von Konkurrenten und Kollegen stoßen. Immer wieder werden sie unter Beweis stellen müssen, dass sie und ihre Funktion für alle Aspekte der Geschäftstätigkeit unverzichtbar sind. Selbst wenn Sie Ihrem CPO mehr Einfluss und Entscheidungsbefugnisse einräumen, wird er nicht automatisch alles auf dem goldenen Tablett serviert bekommen. Vielleicht muss er sich seinen Platz am Strategietisch sogar erst erkämpfen – und diesen später höchstwahrscheinlich mit allen Kräften verteidigen.

Sobald Sie einen CPO ernannt haben, sollten Sie ihm den Auftrag erteilen, eine neue Generation von Einkaufsexpertinnen und -experten einzustellen: Top-Performer, die sich nicht scheuen, persönlich mit Lieferanten zu verhandeln, Lieferanten auszuwählen und Geschäfte zum Abschluss zu bringen. Diese Top-Mitarbeiter sollten herkömmliche Meinungen anzweifeln und die schwierigen Fragen stellen. Es empfiehlt sich, ein internes Red Team zusammenzustellen, dass Produktideen einem Stresstest unterzieht, nach Fehlern in deren Argumentation sucht und sie auseinandernimmt. Mit anderen Worten: ein Team von unentbehrlichen Mitarbeiterinnen und Mitarbeitern.

Dieser Typ von Mitarbeiter interessiert sich normalerweise für Stellen im Bereich Finanzen, Technologie oder Marketing. Um ihn zu gewinnen, darf der Einkauf nicht länger als Sackgasse für ehrgeizige, innovative Menschen wahrgenommen werden. Hier ist der CPO gefragt. Bei Apex Motors will Martin Ashborne den Einkauf zu einem Sprungbrett für zukünftige Top-Führungskräfte machen.

Ashborne möchte, dass der Einkauf der „Place to be" wird, also die Funktion, die man durchlaufen haben muss, wenn man eines Tages an der Spitze des Unternehmens stehen will.

Wie Sie den Einkauf zum „Place to be" für unentbehrliche Mitarbeiter machen

Der oder die CPO muss sich auf die Suche nach Mitarbeiterinnen und Mitarbeitern machen, die vollkommen andere Kompetenzen besitzen als bisherige Einkaufsprofis. Unseren Schätzungen zufolge benötigt die neue Einkaufsfunktion lediglich 30 Prozent *operative* Einkäuferinnen und Einkäufer, also Schreibtischarbeiter, die so ermüdende Aufgaben ausführen wie Bestellanforderungen prüfen, Aufträge ausfüllen und Daten in Rechnungen übertragen. Sie müssen darin geschult werden, Roboter zu bedienen, die diese Aufgaben schneller, kostengünstiger und mit weniger Fehlern erledigen. Durch die Reduzierung des Anteils operativer Einkäufer um 70 Prozent können CPOs die Einkaufsfunktion insgesamt verkleinern und die damit verbundenen Einsparungen in Mitarbeitergewinnung und Schulungsprogramme investieren.

Der Großteil der *strategischen* Einkäuferinnen und Einkäufer wird nach wie vor benötigt; sie müssen ihre Kompetenzen jedoch erweitern. Der ideale strategische Einkäufer ist Diplomat, strategischer Denker und Umsetzungscoach, Verhandlungsführer, Analyst sowie Datenschürfer und -forscher. Drei dieser Rollen erfordern menschliche Fähigkeiten: Als Diplomaten müssen strategische Einkäuferinnen und Einkäufer persönlich mit den Leitern anderer Unternehmensbereiche (z. B. Engineering, Marketing, Operations und Recht) sowie mit den wichtigsten A-Lieferanten interagieren. Als strategische Denker müssen sie ihre Erfahrungen in die Diskussion um die zukünftige Ausrichtung des Unternehmens einbringen. Und als Umsetzungscoaches müssen sie Mitarbeiterinnen und Mitarbeiter in anderen Funktionen davon überzeugen, vereinbarte Einsparungsziele und andere wertschaffende Verpflichtungen einzuhalten. Drei der Rollen erfordern, dass die Einkäuferinnen und Einkäufer Experten im Umgang mit digitalen Technologien sind: Als Verhandlungsführer müssen sie KI sinnvoll einsetzen. Als Analysten müssen sie sich in den kommenden fünf Jahren verstärkt auf digitale Tools stützen. Und als Datenschürfer oder -forscher müssen sie sich darauf einstellen, in Zukunft fast ausschließlich digitale Technologien zu nutzen.

Um bestehenden Mitarbeiterinnen und Mitarbeitern den Übergang zu erleichtern, müssen CPOs ihnen die Zeit, den Raum und die Ressourcen zur Verfügung stellen, die sie brauchen, um sich auf diese neuen Rollen vorzubereiten, insbesondere wenn sie *die* Experten für bestimmte Warengruppen oder Produkte werden sollen. Bei Apex Motors baut Ashborne gerade eine Einkaufsakademie oder Corporate University auf, die intern als „Harvard of Procurement" bezeichnet wird. Hier sollen sowohl neue als auch bestehende Einkäuferinnen und Einkäufer die Skills erwerben, die sie für ihre neuen Aufgaben brauchen. Von ihnen allen wird erwartet, dass sie Datenanalysen verstehen und nutzen können, und viele müssen auch über Soft Skills wie Empathie verfügen, um Beziehungen pflegen und Konflikte lösen zu können.

Eine andere Möglichkeit zur Gewinnung von Top-Talenten besteht darin, ihnen die Gelegenheit zu geben, in Regionen der Welt zu arbeiten, in denen sie ihr Wissen erweitern, Kontakte zu wichtigen Lieferanten knüpfen und als Augen und Ohren des Unternehmens fungieren können. Das war das Ziel von General Motors, als es eine Einkaufsfunktion in Israel etablierte. Der Bereich nutzt die technologische Expertise des Landes und arbeitet eng mit dem Advanced Technical Center Israel (ATCI) von GM zusammen, das ebenfalls in Israel ansässig. Dieser experimentiert mit einer Reihe modernster Technologien, um so weitreichende Fragen wie autonomes Fahren, Cybersicherheit, Nutzererlebnis und Smart Mobility zu adressieren. Gil Golan, Executive Director des ATCI, sagt dazu: „Wir befinden uns in einem Rennen, einem Rennen um Talente und Kooperationen, die uns vom Auto 1.0 zum Auto 2.0 bringen."[2]

CPOs müssen jedoch noch eine Reihe weiterer Rollen schaffen, um den neuen, digital orientierten Einkauf zu unterstützen. Dazu gehören Forscherinnen; Superforecasters, die das Unternehmen zu künftigen Risiken beraten; Master Data Engineers; KI-Programmiererinnen, die die neuen Verhandlungstools aktualisieren; und Robotik-Ingenieure, die die Roboter instand halten und sicherstellen, dass der automatisierte Einkauf reibungslos arbeitet. Doch wo sollten Unternehmen nach diesen zukunftsträchtigen Mitarbeiterinnen und Mitarbeitern suchen? Die Antwort lautet: Wo immer sich diese befinden. Strategen finden CPOs zum Beispiel beim Militär, Nachhaltigkeitsexpertinnen bei Kampagnenorganisationen wie Greenpeace, innovative Technologen bei Computerunternehmen und Datenwissenschaftlerinnen bei der NASA. Die Herausforderung ist riesig: Vor dem Hintergrund, dass immer mehr Unternehmen ihre Einkaufsfunktion stärken, rechnet die Headhunter-Firma Odgers Berndtson mit einem „internationalen Kampf um Talente".[3]

Die Herausforderung besteht jedoch nicht allein in der Gewinnung und Weiterbildung von Mitarbeitern. Wenn Unternehmen digital versierte Talente einstellen, hat dies auch Einfluss darauf, wie der oder die CPO den Einkauf organisiert. Deshalb empfehlen wir CPOs, die Einkaufsfunktion in drei Gruppen einzuteilen: Die erste Gruppe umfasst die Digtal Creators. Sie machen etwa 10 Prozent aller Einkäufer eines Unternehmens aus. Hierbei handelt es sich um KI-Expertinnen und -Experten – die Master Data Specialists, Robotik-Ingenieurinnen und Softwareprogrammierer, die KI-Verhandlungscoaches, Lieferanten-Radarsysteme und andere Tools entwickeln, die der Einkauf braucht, um das auszuwerten, was Datenwissenschaftler „Data Lakes" (Datenseen) nennen. Zu ihnen gehören auch die Digital Change Agents – die Mitarbeiter, die die Einkäuferinnen und Einkäufer davon überzeugen, sich hinter die digitale Transformation zu stellen. Die zweite Gruppe bildet das Digital Core, das digitale Herzstück. Sie umfasst die strategischen Einkäufer, die mithilfe der neuesten digitalen Technologien Wertschöpfung generieren. Die dritte Gruppe sind die Digital Users. Hierbei handelt es sich vor allem um die operativen Einkäuferinnen und Einkäufer, die ein Grundverständnis von der Robotik-Technologie haben, die immer mehr ihrer derzeitigen Aufgaben übernehmen wird.

• • •

Mitarbeiter zu finden, die in der Lage sind, die Vorteile digitaler Technologien zu nutzen, um marktführende Insights zu generieren, die dem Unternehmen einen wichtigen Vorsprung verschaffen, ist ein entscheidender Erfolgsfaktor. Deshalb sollte der Einkauf Spezialistinnen und Spezialisten umfassen, die führende Köpfe auf ihrem Gebiet sind und aufgrund ihres Wissens und ihrer Erfahrung eingestellt werden.

Ein Unternehmen, das auf dem Fundament seiner Einkaufsfunktion ein marktführendes Business aufgebaut hat, ist voestalpine. Sie haben vielleicht noch nie von dem österreichischen Unternehmen gehört; es ist jedoch eines der wenigen dauerhaft profitablen europäischen Stahlunternehmen. Einen Teil seines außergewöhnlichen Erfolgs hat voestalpine seinem Einkaufsansatz zu verdanken, in dessen Zuge es Experten für Metallurgie, Maschinen, Telekommunikation und verschiedene weitere Spezialgebiete eingestellt hat.

Ein früher Meilenstein des Erfolgs von voestalpine bestand (und besteht) in der Fähigkeit des Unternehmens, hochwertigen Stahl aus dem Eisenerz (mit geringem Eisengehalt) zu gewinnen, das in Österreich vorkommt. Dieser metallurgische Prozess, der vor vielen Jahrzehnten entwickelt wurde, ist ein klassisches Beispiel dafür, wie Einkauf und

Produktion erfolgreich miteinander verknüpft werden können. Seitdem baut voestalpine auf diesem Erfolg auf, indem es die Zusammenarbeit zwischen Produktionstechnologie, Einkauf und Lieferanten zum Wohle aller Beteiligten fördert.

Heute verfügt voestalpine über 20 bis 30 dezidierte Einkaufsspezialistinnen und -spezialisten, die sich auf die Beschaffung von Eisenerz und anderen Rohstoffen konzentrieren. Im Zuge der Expansion in die verwandten Geschäftsfelder Verarbeitung und Technologie hat das Unternehmen seinen Pool an spezialisierten Einkäufern in verschiedenen Disziplinen erweitert. So gibt es mittlerweile neben den knapp 500 Einkäuferinnen und Einkäufern in verschiedenen Geschäftsbereichen ein Team von etwa 10 unternehmensweiten „Lead Buyers“, die sich jeweils um die Beschaffung bestimmter indirekter Waren und Dienstleistungen kümmern, etwa IT, Telekommunikation, Kräne, Maschinenwerkzeuge und Chemikalien.

Durch ihre Expertise spielen diese Lead Buyers und andere Einkaufsspezialisten – sowie die Einkäufer im Rohstoffbereich – eine wichtige Rolle bei den Innovationen, die voestalpine gemeinsam mit einigen seiner größten Lieferanten entwickelt. Eine der wichtigsten dieser Innovationen ist „greentec steel“: die Herstellung von hochwertigem Stahl im Zuge eines emissionsreduzierten und emissionsfreien Produktionsprozesses.[4] Das Unternehmen hat einen industriellen Prozess für die grüne Stahlproduktion entwickelt und sich die geistigen Eigentumsrechte daran vom Europäischen Patentamt schützen lassen. Um die Entwicklung solch zukunftsorientierter und spezifisch wertschöpfender Kompetenzen im Einkauf zu beschleunigen – nicht nur die Co-Innovation und den grünen Einkauf, sondern auch die Digitalisierung –, bildet voestalpine seine Mitarbeiterinnen und Mitarbeiter im Rahmen seiner Purchasing Power Academy fachlich weiter.

Was können andere Unternehmen von den Erfahrungen von voestalpine lernen? Durch seinen Expertise- und Exzellenzfokus im Einkauf fungiert das österreichische Unternehmen als Vorbild für die neue Generation von CPOs. Es liefert ihnen ein Modell, mit dem sie eine Funktion aufbauen können, die so wichtig für die Zukunft des Unternehmens ist, dass andere Führungskräfte die Meinung des Einkaufschef unbedingt hören wollen und ihm automatisch einen Platz am Strategietisch zuweisen.

Die digitale Dimension

Die menschliche Dimension stellt 70 Prozent der Herausforderung dar, vor der CEOs stehen, wenn Sie ihren CPO damit beauftragen, den Einkauf neu aufzustellen. Damit dies gelingt, sollten sie in Technologien investieren, die den Großteil der ermüdenden administrativen Aufgaben des Einkaufs *automatisieren*. Dadurch können sie nicht nur Produktivitätssteigerungen zwischen 30 und 50 Prozent erzielen, sondern immerhin 50 Prozent der Einkäuferinnen und Einkäufer mehr Zeit für strategischere und hochwertigere Aufgaben verschaffen. Als Nächstes sollten CEOs in Technologien investieren, die die Kompetenzen des CPOs und des Einkaufs *erweitern*, und zwar indem sie ihnen mehr Entscheidungsfreiheit bei Lieferantenverhandlungen zugestehen, eine schnelle und effektive Zusammenarbeit innerhalb des Unternehmens und darüber hinaus fördern und den Einkauf dabei unterstützen, größeren Wert zu schaffen.

Wir haben vier Mehrzweck-Technologien identifiziert, die Sie bei der Neugestaltung des Einkaufs unbedingt in Erwägung ziehen sollten: robotergestützte Prozessautomatisierung (um Tätigkeiten zu automatisieren und so die Anzahl der Mitarbeiter zu reduzieren, Effizienzsteigerungen zu erzielen und Geschäfte schneller zum Abschluss zu bringen), Big Data und Advanced Analytics (um Rohdaten zu verarbeiten und dadurch kosteneffizientere und wertsteigernde Entscheidungen zu treffen); künstliche Intelligenz und maschinelles Lernen (um die Arbeit der Mitarbeiter zu verbessern, einschließlich ihrer Kernaufgabe der Lieferantenverhandlungen); und Blockchain-Technologie (um die Legitimität und Herkunft von Produkten zu prüfen und dadurch Prüf- und Zertifizierungskosten zu sparen).

Im Folgenden sehen wir uns an, welche Erfahrungen einzelne Unternehmen mit diesen Technologien gemacht haben.

Automatisierung und digitale Transformation

Die erste zentrale Technologie für die neue Einkaufsfunktion ist robotergestützte Prozessautomatisierung (RPA). Mit RPA-Technologie können Unternehmen den arbeitsintensiven Auftragsvergabeprozess dramatisch straffen, indem sie neun von zehn Tätigkeiten automatisieren. RPA ermöglicht außerdem Zeitersparnisse bei der Rechnungsbearbeitung und beim Onboarding neuer Lieferanten. Gleichzeitig können Unternehmen so die Anzahl ihrer Mitarbeiterinnen und Mitarbeiter um 70 Prozent reduzieren. Unseren Schätzungen zufolge kann ein Roboter die Arbeit von vier Menschen übernehmen.

Ein Unternehmen, das wir bei der Automatisierung seiner Einkaufsfunktion unterstützt haben, ist National Grid, einer der weltweit größten börsennotierten Energieversorger. Das Unternehmen beliefert ganz Großbritannien und 20 Millionen Menschen im Nordosten der Vereinigten Staaten mit Strom und Gas. National Grid hat eine Digitalstrategie entwickelt, deren Ziel es ist, einen reibungslosen Prozess zu schaffen, durch den die Energie sicherer, schneller und einfacher als je zuvor bereitgestellt werden kann. Verantwortlich für die digitale Neuausrichtung des globalen Einkaufs ist CPO Vivienne Bracken.

In einem ersten Schritt unterzog der Energieversorger – der etwa 5 Milliarden britische Pfund für die Beschaffung einer breiten Palette von produktionsfremden Waren und Dienstleistungen ausgibt (von Verbindungen für neue Offshore-Windparks bis zur Tinte für Tausende Bürodrucker) – seine Lieferantenverträge einer Überprüfung. Dabei konzentrierte sich das Unternehmen auf sein britisches

Kerngeschäft und untersuchte 2.500 aktive Verträge, die von 318 Mitarbeitern (interne und externe) erstellt und verwaltet wurden, darunter 546 Verträge, die mehr als die Hälfte der Beschaffungskosten ausmachten. Dabei wurden mehrere Praktiken oder Unstimmigkeiten identifiziert, die dringend behoben werden mussten: Die Zusammenarbeit zwischen dem Einkaufs- und dem Rechtsteam, die an denselben Verträgen arbeiteten, war suboptimal; grundlegende Vertragsinformationen, Ausgabendaten oder Daten zur Lieferanten-Performance waren nur schwer zugänglich; und es gab keinen einheitlichen Prozess der Vertragserstellung (sodass die Mitarbeiter ihre eigenen Routinen entwickeln mussten).

Um diese Probleme anzugehen, entwickelte National Grid eine Strategie, in deren Zuge unter anderem der Vertragsprozess optimiert werden sollten (es ist wenig sinnvoll, eine neue Technologieplattform auf einem dysfunktionalen Prozess aufzubauen). Zudem schaffte das Unternehmen leistungsstarke digitale Tools an und schulte seine Einkäuferinnen und Einkäufer darin. Dabei verfolgt es drei Ziele: (1) die hundertprozentige Compliance aller Verträge sicherstellen (Verträge, die Fehler, Unstimmigkeiten oder andere Mängel enthalten, verursachen kostspielige Verzögerungen beim Geschäftsabschluss mit Lieferanten); (2) 30 Prozent Effizienzsteigerung erzielen (indem Mitarbeiter entweder mehr Verträge betreuen oder andere, stärker wertschöpfende Aufgaben übernehmen); und (3) die Kosten der beschafften Waren und Dienstleistungen schrittweise um 3 Prozent senken. National Grid rechnet damit, durch die Schaffung eines digitalen Auftragsvergabeprozesses potenziell 60 Millionen britische Pfund pro Jahr einsparen und etwa 146.000 Arbeitsstunden – das entspricht mehr als 10 Jahren eines Berufslebens – für stärker wertschöpfende Aufgaben einplanen zu können.

Um den Prozess zu vereinfachen, legt der Energieversorger gerade eine Sammlung standardisierter Vertragsvorlagen an. Bedenkt man, dass Verträge mitunter Hunderte von Seiten umfassen, führt dies zu einer klaren Zeit- und Kostenersparnis. Auch das Vertragsmanagement wird neu geregelt: Die Geschäftsbedingungen sollen optimiert und verhandelt werden (wodurch sich Einsparungen von 15 Prozent erzielen lassen); Überzahlungen und Rabatte zurückgefordert werden (was, wo zutreffend, die Lieferantenrechnung um 7 Prozent reduzieren könnte); Anpassungen für Inflation oder schwankende Rohstoffpreise vorgenommen werden (potenzielle Einsparungen von 4 Prozent); und es soll vom Recht auf Mengenrabatte Gebrauch gemacht werden.

In diesem Zuge implementiert National Grid die digitalen Tools, die es zur Automatisierung des Vertragsprozesses benötigt. Glücklicherweise musste das Unternehmen dazu kein neues digitales System anschaffen – es nutzt bereits eines von SAP Ariba, der kalifornischen Tochtergesellschaft des deutschen Softwareriesen SAP. Stattdessen investierte es in eine KI-Lösung – ein Produkt von DocuSign, mit dem alle am Vertragsprozess beteiligten Mitarbeiterinnen und Mitarbeiter Verträge suchen, filtern und analysieren können –, das sich mit dem bereits genutzten System verknüpfen lässt. Dadurch wird National Grid in der Lage sein, eine – wie die Datenwissenschaft es nennet – Single Source of Truth zu etablieren: einen zentralen Ort, an dem alle Vertragsvorlagen, alle Informationen zu bestehenden Verträgen und alle Daten über die Ausgaben mit und die Performance der Lieferanten gebündelt werden. In Zukunft werden die Einkaufsmanagerinnen und -manager außerdem eine Art Google Alert nutzen können, das sie benachrichtigt, wenn sie eine bestimmte Aktion ausführen müssen (einen Vertrag erneuern, einen Rabatt fordern etc.).

Die größte Herausforderung besteht jedoch darin, die Einkaufsmanagerinnen und -manager dazu zu bringen, ihre Arbeitsweise zu ändern. Viel zu häufig investieren Unternehmen in neue Tools, versäumen oder „vergessen“ dabei jedoch, sich um die Menschen zu kümmern, die diese neuen Technologien nutzen sollen. Bereits vor drei Jahren versuchte National Grid, den Prozess der Vertragserstellung und -verwaltung zu optimieren, allerdings mit mäßigem Erfolg. Es gelang dem

Unternehmen nicht, die Arbeitsroutinen der Mitarbeiter zu ändern. Selbst in den besten Zeiten lassen sich alte Gewohnheiten nur schwer abstreifen. Damals zielte das gewählte Vorgehen nicht auf grundlegende Veränderung ab: Die Teilnahme war freiwillig, es gab kein begleitendes Schulungsprogramm, und die Devise lautete „Business as usual". Diesmal ist die Teilnahme dagegen Pflicht, es finden umfangreiche Trainings statt, und das Unternehmen kommuniziert die Maßnahme als Teil einer breit angelegten digitalen Transformation des Einkaufs.

Die digitale Transformation des Unternehmens ist noch nicht abgeschlossen, doch alles deutet darauf hin, dass die RPA-Technologie die gewünschte Wirkung erzielen wird. So konnte der Energieversorger bereits einige Compliance-Risiken minimieren, etwa rechtliche Sanktionen, Reputationsschäden und die Kosten für die Behebung von Fehlern. Zudem hat das Unternehmen bereits einen beträchtlichen Teil der anvisierten jährlichen Einsparungen von 60 Millionen Pfund erzielt und einige der verlorenen Stunden im Einkauf zurückgewonnen und strategischeren, wertsteigernderen Aufgaben zugewiesen.

Big Data und Advanced Analytics

Es herrscht breiter Konsens darüber, dass Big Data das neue Öl sein wird, das die moderne Weltwirtschaft antreibt.[5] Wer im Besitz der Daten ist – oder genauer: wer sie interpretieren kann –, wird die Nase vorn haben. Wenn Unternehmen stärker auf Automatisierung setzen, was die meisten im Laufe der nächsten Jahre tun werden, gelangen sie in den Besitz eines riesigen Schatzes an Informationen – sogenannte Datenseen –, der ihnen Kosteneinsparungen und die Erschließung neuer Wertschöpfungsquellen ermöglicht. Wir alle kennen mittlerweile Begriffe zur Beschreibung riesiger Computerspeicherleistung wie „Megabytes" und „Gigabytes". Doch diese werden bald durch noch größere Zahlen ersetzt werden. Nach Angaben des Weltwirtschaftsforums wird die Welt im Jahr 2025 täglich 453 *Exabytes* an Daten generieren. Das entspricht der Datenmenge, die auf etwa 212 Millionen DVDs gespeichert ist.[6]

Das wirft einige große Frage auf: Wem gehören die Daten im Unternehmen? Und wer ist dafür verantwortlich, den Wert, der sich in diesen Daten verbirgt, zu extrahieren? Da im Einkauf mehrere Ströme von Unternehmensdaten zusammenfließen, sind der CPO und sein Team gut aufgestellt, sich diese Daten zu eigen zu machen – oder zumindest entscheidend dazu beizutragen, wie sie gesammelt, interpretiert und genutzt werden, um Führungsentscheidungen zu optimieren und zukünftiges Wachstum voranzutreiben.

Die meisten Daten, die Unternehmen erfassen, werden nicht genutzt. Laut einer Studie aus den Jahren 2018/2019 sind durchschnittlich mehr als die Hälfte der Daten eines Unternehmens „Dark Data", also nicht quantifizierte und ungenutzte Daten.[7] Damit Unternehmen Ideen und Insights aus diesen Daten gewinnen können, sollten CPOs in Mehrzweck-Technologien wie Advanced Analytics investieren. Diese haben im Zuge der Entwicklung von enorm leistungsstarken Computern zur Auswertung von Big Data an Bedeutung gewonnen. Mithilfe dieser Technologie sind CPOs in der Lage, Dark Data zu durchleuchten, Muster in riesigen und komplexen Datensätzen zu erkennen, geschäftsrelevante Schlussfolgerungen daraus zu ziehen und Entscheidungen zu treffen. Wichtig dabei: Advanced Analytics arbeiten vollkommen rational. Anders als wir Menschen unterliegen sie keinen bewussten oder unbewussten Verzerrungen; die Technologie kann jedoch durch inkonsistente und unvollständige Daten beeinträchtigt werden.

Durch den Einsatz von Advanced Analytics konnten wir einer Vielzahl von Unternehmen bei der Realisierung von Kosteneinsparungen unterstützen, und zwar indem wir die strategische Entwicklung und praktische Umsetzung des Maßnahmenplans im Einkauf optimiert haben. Advanced Analytics können bei Make-or-Buy-Entscheidungen helfen, da nur ein paar Klicks auf der Computertastatur nötig sind, um Informationen zu den Kosten verschiedener Optionen zu clustern. Die

Technologie unterstützt außerdem dabei, Lieferanten zu identifizieren, die schlechte Leistung erbringen oder zu viel berechnen. Dazu erstellt die Technologie ein Streudiagramm, das die Ausreißer in Bezug auf inakzeptabel hohe Fehlerquoten (normalerweise ausgedrückt in Parts per Million oder ppm) und Produktpreise zeigt.

Ein Unternehmen, das Advanced Analytics nutzt, ist die Global Car Corporation.*

• • •

Im Einkauf der Global Car Corporation (GCC), eines der weltweit größten und renommiertesten Automobilunternehmen, arbeiten 2.000 Mitarbeiterinnen und Mitarbeiter, die sich um 400.000 Lieferanten in allen Regionen der Welt kümmern. Um dieses komplexe Netzwerk besser zu organisieren, hat das Unternehmen eine umfassende digitale Transformation angestoßen. Eine der ersten Maßnahmen bestand darin, sich einen besseren Überblick über die Kosten der beschafften bearbeiteten Teile für die Lkw- und Bussparte des Unternehmens zu verschaffen. Diese Sparte setzt jährlich knapp 500.000 Fahrzeuge ab und hat deshalb einen enormen Bedarf an Achsen, Bremsen, Schaltsystemen, Motoren und Antriebssträngen. Um die Kosten all dieser Teile in den Griff zu bekommen, sammelte das Einkaufsteam Daten von 15 Millionen Fertigungsaufträgen über 20 weltweite Standorte, Spezifikationsdaten für mehr als 1 Millionen Teile sowie Rechnungspreise von über 250.000 Rechnungsbelegen und wertete diese mithilfe von Computern aus. Das Ergebnis: Einige Lieferanten hatten in den vorherigen drei Jahren mit dem Autobauer vereinbarte Rabatte nicht weitergegeben. Auf Grundlage dieser Informationen konnten die Einkaufsverantwortlichen die Verträge mit diesen Lieferanten neu verhandeln und Kosteneinsparungen von 10 Prozent erzielen.

* Aus Gründen der Vertraulichkeit haben wir den Namen des Unternehmens geändert.

Ausgehend von diesem frühen Erfolg weitete GCC den Einsatz von Advanced-Analytics-Technologien im Einkauf aus. Dadurch sind die Einkäuferinnen und Einkäufer nun zum Beispiel in der Lage, Berechnungen anzustellen, die verhindern, dass sie zu viel für produktionsfremde Waren und Dienstleistungen wie Fabrikmaschinen zahlen. Es ist häufig schwierig, den „echten" Preis für beispielsweise einen Roboterarm zu ermitteln, der in den hochmodernen Werken von GCC, in denen Luxusfahrzeuge gefertigt werden, zum Einsatz kommt. Ein Lieferant könnte einen Preis anbieten, ein anderer einen anderen, woraufhin der Einkauf sich in der Regel für den niedrigsten Preis entscheidet. Doch wer kann sagen, ob das der „korrekte" oder „faire" Preis für das Produkt ist? Vielleicht ist selbst der niedrigste Angebotspreis noch zu hoch? Unsere Auswertung legt nahe, dass Einkäufer in der Regel den niedrigsten Preis akzeptieren, ohne zu überprüfen, ob sie einen noch niedrigeren Preis verlangen könnten. Diese Eile ist häufig der hohen Zahl an Preisplausibilitätsprüfungen geschuldet, die sie durchführen müssen. Dabei werden jedoch nicht immer alle Preisplausibilitätsprüfungen auch erledigt.

Gut, dass das Einkaufsteam nun auf Advanced-Analytics-Technologien zurückgreifen kann.

Seit einiger Zeit sammelt GCC routinemäßig Daten aus verschiedenen internen und externen Quellen. Alle Ausgaben- und Vertragsdaten werden im zentralen Beschaffungssystem des Unternehmens erfasst. Diese Informationen kombiniert das Unternehmen mit Daten zum Umfang und Preis aller vorherigen Bestellungen. Gespeichert werden sie vom deutschen Unternehmen Newtron, einer Handelsplattform zur Auftragsvergabe an Lieferanten. Darüber hinaus führt das Einkaufsteam von GCC Sollkostenanalysen durch, die eine hilfreiche Orientierung bieten, auch wenn aus ihnen nicht hervorgeht, welchen Preis der Markt für ein Produkt zu zahlen bereit wäre. Diesen Mix reichert GCC durch Daten aus externen Quellen wie Bloomberg und der Economist Intelligence Unit an.

Dadurch konnte GCC regelmäßige Preisplausibilitätsprüfungen für Bestellungen unter 2,5 Millionen Euro durchführen. Das hat den Einkäuferinnen und Einkäufer mehr Zeit verschafft, sich auf größere Bestellungen zu konzentrieren, deutliche Preisabweichungen zu identifizieren, Angebote der Lieferanten anzufechten und Einsparungen von 3 bis 5 Prozent zu realisieren.

KI und Erweiterte Intelligenz

Die leistungsstärkste der neuen digitalen Technologien – die das Potenzial hat, die Erfolgsaussichten eines Unternehmens grundlegend zu verändern – ist KI. Im englischen Pendant „AI" steht A normalerweise für „artificial" (künstlich), wir möchten es aber lieber als „augmented" (erweitert) verstehen. Augmented Intelligence (Erweiterte Intelligenz) kann die Arbeit des Einkaufs verbessern, indem sie den Mitarbeiterinnen und Mitarbeitern nicht nur hilft, erhebliche Einsparungen zu erzielen, sondern auch weitere Quellen zur Erzielung von Wettbewerbsvorteilen zu erschließen. Eine Aufgabe, bei der sich die KI als besonders nützlich für Einkaufsverantwortliche erweist, sind die so wichtigen Verhandlungen mit Lieferanten.

Zahlreiche Unternehmen haben bereits vom Einsatz unseres selbst entwickelten KI-Verhandlungscoaches profitiert. In vielen Unternehmen nutzen der oder die CPO und das Einkaufsteam seit Jahren dieselben Verhandlungstaktiken, zum Beispiel Auktionen, um den Niedrigstbietenden zu finden, oder Ausschreibungen, bei denen sie Angebote einholen und diese anhand verschiedener Faktoren prüfen. Einkaufsverantwortlichen stehen jedoch weitaus mehr Taktiken zur Verfügung. Indem sie nur einige davon nutzen, entgeht ihnen viel Geld – nach unseren Schätzungen ganze 5 Prozent. Als Lösung für dieses Problem haben wir ein KI-gestütztes Verhandlungstool entwickelt, das auf Prinzipien der Spieltheorie basiert und die besten Go-to-Market-Verhandlungstaktiken empfiehlt sowie einen komplexen

Algorithmus des maschinellen Lernens nutzt, der seine Empfehlungen mit jedem neuen Geschäftsabschluss optimiert.

Eine Verhandlung ist per definitionem ein Gespräch zwischen einem Käufer und einem Verkäufer. Zu einem erheblichen Teil ist es jedoch auch ein Kräftemessen, beeinflusst durch das Prinzip von Angebot und Nachfrage.

Um CPOs dabei zu unterstützen, ihre Optionen in Lieferantenverhandlungen auszuloten, greifen wir gern auf die Analogie des Schachspiels – und des Schachbretts mit seinen 64 Feldern – zurück. Das Buch *Das Einkaufsschachbrett* stellt Einkäufern verschiedene Möglichkeiten der Kostensenkung und Wertsteigerung vor, jeweils abhängig vom Machtgleichgewicht zwischen Einkäufer und Lieferant.[8] Dank Spieltheorie und KI-Technologien ist es nun möglich, diese Optionen noch präziser und schneller auszuloten.

Spieltheorie ist die Wissenschaft strategischer Interaktionen, dessen Grundlage der ungarisch-US-amerikanische Mathematiker John von Neumann legte (der übrigens auch eine zentrale Rolle im strenggeheimen Manhattan-Projekt zur Entwicklung der ersten Atombombe spielte). Die Spieltheorie hat ihre Ursprünge in der Mathematik, der Psychologie und der Verhaltensökonomie und geht davon aus, dass Menschen auf rationale Weise versuchen, ihren Nutzen zu maximieren. Ein klassischer Anwendungsfall der Spieltheorie ist, wenn militärische Anführer sich ihren Gegnern stellen, nachdem sie ihre eigenen Boote in Brand gesteckt haben. In der Geschichte gibt es viele Beispiele dafür: Der arabische Anführer Tariq ibn Ziyad zündete die Boote seiner Truppe an, bevor er 711 v. Chr. den Felsen von Gibraltar einnahm. Wilhelm, Herzog der Normandie, tat das Gleiche, bevor er den Battle of Hastings gewann und 1066 König von England wurde. Ebenso der spanische Konquistador Hernán Cortés, bevor er 1519 das Aztekenreich eroberte. Jeder dieser Feldherren sah sich einem übermächtigen Feind gegenüber, doch sie veränderten die Situation zu ihren Gunsten, indem sie etwas scheinbar Selbstzerstörerisches, Irrationales taten: Sie steckten ihre Boote in Brand und kommunizierten damit zwei Botschaften: die erste an ihre Gegner, dass sie zum Kampf bereit waren; die zweite an ihre eigenen Soldaten, dass es kein Zurück gab.

Was hat das nun mit Lieferanten und Einkäufern zu tun? Indem sie die Regeln der Spieltheorie befolgen, können Einkäuferinnen und Einkäufer die Entscheidungen und Handlungen der Lieferanten vorhersagen und beeinflussen – und dadurch erhebliche Einsparungen erzielen. Dazu sind vier Schritte notwendig: (1) sich eine vorteilhafte Position verschaffen (dazu muss man nicht zwangsläufig seine eigenen Boote anzünden); (2) potenzielle Szenarien bewerten; (3) das eigene Vorgehen anpassen, sobald neue Informationen vorliegen; und (4) zügig agieren, um das Geschäft innerhalb enger Zeitfenster zum Abschluss bringen.

Im Folgenden zeigen wir, wie wir diese vier Schritte für verschiedene Unternehmen in ein KI-Tool integriert haben.

• • •

Dynamo Power Group (DPG)* ist einer der weltweit führenden Anbieter von Motoren und Antriebssystemen für U-Boote und Fregatten, Passagierschiffe und Fähren, Mega-Yachten und sogar Atomkraftwerke. Obwohl DPG ein spezialisierter Ableger eines multinationalen Luftfahrt- und Verteidigungsunternehmen ist, arbeitet er mit eigenen Lieferanten. Wir wurden hinzugezogen, als der CEO den CPO damit beauftragte, Einsparungen im Einkauf zu realisieren. Dieser Auftrag stand im Rahmen eines übergeordneten Vorhabens, die Gesamtliquidität des Unternehmens bis 2020 um weitere 1 Milliarde britische Pfund zu verbessern.

Wir empfahlen den Verantwortlichen, einen maßgeschneiderten KI-Verhandlungscoach zu entwickeln. Dazu nahmen wir zunächst den Verhandlungsansatz des Unternehmens unter die Lupe. In unserer

* Aus Gründen der Vertraulichkeit haben wir den Namen des Unternehmens geändert.

Arbeit mit anderen Unternehmen haben wir festgestellt, dass Einkäufer häufig auf dieselben Verhandlungstaktiken zurückgreifen – unabhängig von den spezifischen Merkmalen einer Verhandlung. So setzte ein globales Industrieunternehmen in 40 Prozent der Fälle auf persönliche Verhandlungen und in 37 Prozent der Fälle auf eine Kombination aus Ausschreibung und persönlicher Verhandlung. Zudem bereiteten sich die Einkäuferinnen und Einkäufer nicht adäquat auf die Verhandlungen vor: Sie nutzen Sollkostenanalysen und andere kaufmännische Taktiken nur begrenzt (in 38 Prozent der Fälle), genauso wie Produktspezifikationsvergleiche und andere technische Taktiken (in 17 Prozent der Fälle). Auch DPG hatte seine favorisierten Verhandlungstaktiken, und wir wussten, dass der KI-Verhandlungscoach den Einkäufern ein deutlich umfangreicheres Toolkit zur Verfügung stellen würde. Im Fall des global tätigen Industrieunternehmens führte der Einsatz des KI-Verhandlungscoaches zu einer Senkung des Anteils persönlicher Verhandlungen (nur noch in 10 Prozent der Fälle statt wie bisher 40 Prozent) und zu einem stärkeren Fokus auf die kaufmännische Vorbereitung (nun in 81 Prozent der Fälle statt wie bisher 38 Prozent) und die technische Vorbereitung (nun in 70 Prozent der Fälle statt wie bisher 17 Prozent).

Nachdem wir den Verhandlungsansatz von DPG einer Überprüfung unterzogen hatten, halfen wir dem Unternehmen, einen KI-Verhandlungscoach zu entwickeln, der auf die Art von Verhandlungen zugeschnitten war, die die Einkäuferinnen und Einkäufer täglich führten. Als Erstes entwickelten wir auf Basis von Prinzipien der Spieltheorie einen sogenannten Entscheidungsbaum. Dazu veranstalteten wir eine Reihe von Workshops für die Einkäufer verschiedener Rohstoffe und Komponenten, die in die Herstellung der Motoren des Unternehmens einflossen. In jedem dieser zwei- bis dreistündigen Workshops zeichneten wir einen Entscheidungsbaum auf ein Whiteboard, das die gesamte Länge einer Bürowand einnahm. Am Anfang des Baumes stand eine Anweisung: Tragen Sie die Basisausgaben und das Einsparungsziel ein. Dem folgte eine Frage: Stellt dies eine neue Markteintrittschance dar oder eine Optimierung innerhalb einer bestehenden Beziehung? Lautete die Antwort „eine neue Markteintrittschance“, folgte eine weitere Frage: Verfügen Sie über eine eindeutige und vollständige Spezifikation des Produkts oder der Dienstleistung? Lautete die Antwort dagegen „eine Optimierung innerhalb einer bestehenden Beziehung“, folgte eine andere Frage: Ist dies der einzige Lieferant, der dieses Produkt oder diese Dienstleistung anbietet? Auf jede Antwort folgte eine Ja-oder-Nein-Frage.

Am Ende des Workshops glich das Whiteboard einem Labyrinth aus Kästen und Linien, doch wenn die Einkäufer dem logischen Weg einer Entscheidung von links nach rechts folgten, erhielten sie eine klare Empfehlung für die beste Vorgehensweise. In einem zweiten Schritt wurden diese Informationen in eine Exceltabelle übertragen und anschließend in einen Algorithmus für den KI-Verhandlungscoach kodiert. Im Verlauf der folgenden Monate optimierte das Tool seine Empfehlungen, indem es in Echtzeit von den tatsächlich getroffenen Einkaufsentscheidungen lernte. Das führte dazu, dass die Einkäuferinnen und Einkäufer eine breitere Palette an Verhandlungstools nutzten und – was am wichtigsten war – deutliche Einsparungen erzielten. Doch es gab noch einen weiteren Vorteil: Der Einkauf, der so häufig als langweilige, administrative Funktion angesehen wurde, entwickelte sich allmählich zu einem coolen, smarten, Tech-affinen Center of Excellence.

• • •

Dynamo Power Group hat seinen maßgeschneiderten KI-Verhandlungscoach von Grund auf entwickelt, das ist jedoch nicht zwingend notwendig. Heidelberger Druckmaschinen, der weltgrößte Hersteller von Druckerpressen, wandte sich aufgrund eines Liquiditätsengpasses an uns. Wir sollten dem Unternehmen helfen, Einsparpotenziale zu identifizieren. Da keine Zeit war, einen maßgeschneiderten KI-Verhandlungscoach zu entwickeln, empfahlen wir dem Unternehmen eine einsatzbereite Version, die deutliche Kosteneinsparungen generieren könnte – und zwar schnell.

Wir konzentrierten uns auf etwa 60 Einkäuferinnen und Einkäufer bei Heidelberger, von denen jeder für ca. 10 Lieferanten zuständig war. Diese vereinten jährlich 750 Millionen Euro Ausgaben auf sich. Ziel war es, diese Summe um etwa 20 Millionen Euro zu senken. Zunächst veranstalteten wir mehrere Lieferantentage, bei denen zehn oder mehr konkurrierende Lieferanten zu einem eintägigen Event eingeladen wurden. Sie wurden zur strategischen Vision des Unternehmens und zum Wert der spezifischen Produkte der Lieferanten gebrieft und mit der Aussicht auf eine engere Zusammenarbeit mit Heidelberger nach Hause geschickt, wenn sie im Gegenzug deutliche Einsparungen zusagen würden. In einem zweiten Schritt nutzten wir den KI-Verhandlungscoach, um Handlungsempfehlungen dazu zu erhalten, auf welche Lieferanten wir uns konzentrieren und von welcher Verhandlungstaktik wir später im finalen Angebotsverfahren Gebrauch machen sollten.

Anschließend wurde der Algorithmus des Verhandlungstools mit den Daten zu jedem Lieferanten gefüttert. Das Ergebnis lag sehr schnell vor: Der KI-Verhandlungscoach empfahl Heidelberger, sich auf 299 Lieferanten zu fokussieren – knapp die Hälfte der Gesamtzahl seiner Lieferanten. Außerdem gab das Tool den Einkäufern einige taktische Empfehlungen: Ganz oben auf der Liste standen persönliche Verhandlungen, gefolgt vom Lieferantentag, der klassischen Auktion (die Einkäufer so häufig als standardmäßige Option wählen) sowie einer parallelen Verhandlung. Bei dieser werden zwei oder mehr Lieferanten in die Unternehmenszentrale eingeladen, in getrennte Räume gebeten (die Lieferanten wissen nichts von den anderen anwesenden Lieferanten), und es finden simultane Gespräche mit ihnen statt (wobei der Einkäufer sich von Raum zu Raum bewegt und die einzelnen Lieferanten mit den niedrigeren Angeboten der anderen Lieferanten konfrontiert, bis es keine Zugeständnisse mehr gibt).

Wichtig zu erwähnen ist, dass sich der KI-Verhandlungscoach nicht allein auf die eigentliche Verhandlung konzentrierte, sondern auch auf die kaufmännische und technische Vorbereitung der Einkäufer, bevor diese sich mit den Lieferanten treffen. Seine drei prioritären kaufmännischen Empfehlungen waren: Verhandlungssimulationen (die Einkäufer bereiten ihre Skripte vor und führen eine Probeverhandlung durch, bevor sie den Verhandlungsraum betreten), Wargaming (die Einkäufer und ihre Teams planen jeden Zug und Gegenzug in allen Einzelheiten und entwickeln daraufhin die beste Vorgehensweise) sowie Sollkostenanalysen. Als die drei wichtigsten technischen Maßnahmen empfahl das Tool: Besuche der Produktionsstätten der Lieferanten (die Einkäufer unterziehen das Werk einer eingehenden Prüfung und suchen nach Einsparpotenzialen), Kostensenkungskonferenzen (die Einkäufer laden die Lieferanten ein, ihnen kluge Möglichkeiten zu präsentieren, wie sich die Kosten spezifischer Produkte mit hohen Stückzahlen reduzieren lassen) und Anpassungen von Spezifikationen (die Einkäufer schrauben einige der technischen Anforderungen zurück, damit die Lieferanten mehr Spielraum haben, kosteneffektive Lösungen zu entwickeln).

Erwähnenswert ist, dass der Algorithmus Empfehlungen gibt, keine Anweisungen. Denn der KI-Verhandlungscoach ist genau das: ein *Coach*. Sein Zweck besteht darin, Kosteneinsparungen zu realisieren, indem er Einkäuferinnen und Einkäufer dazu animiert, ihre Komfortzone zu verlassen und herkömmliche Denkweisen infrage zu stellen. Er will sie *nicht* zu Automaten machen. Beim Kaufen und Verkaufen zählt Erfahrung nach wie vor viel, doch es steht außer Frage, dass Computer dabei helfen können, bessere Entscheidungen zu treffen.

Für Heidelberger waren die Ergebnisse der Beweis dafür. In ein oder zwei Fällen konnten die Einkäufer keine Kosteneinsparungen von den Lieferanten erzielen, doch in den meisten Fällen schon. Tatsächlich lagen die Einsparungen in einigen spektakulären Fällen im zweistelligen Prozentbereich.

• • •

KI kann CEOs nicht nur dabei helfen, deutliche Einsparungen zu realisieren, sondern auch andere Quellen zur Erzielung von Wettbewerbsvorteilen anzuzapfen. So wie im Fall von Swift Post Logistics (SPL)*. Der weltgrößte Kurierdienst hat KI und auf maschinellem Lernen basierende Technologien im Rahmen seiner Nachhaltigkeitsstrategie eingesetzt.

Das Unternehmen wollte sicherstellen, dass seine Lieferanten die hohen Standards einhielten, die es sich selbst gesetzt hatte, und seine Werte teilten. Angesichts der Tatsache, dass SPL mit mehr als 200.000 Lieferanten in über 200 Ländern zusammenarbeitet, war dies ein anspruchsvolles Vorhaben. Gemeinsam mit dem Unternehmen entwickelten wir ein KI-gestütztes, cloudbasiertes Tool zum Lieferantenrisikomanagement – das Lieferantennachhaltigkeitsradar. Dieses identifiziert Lieferanten mit hohem Risiko und empfiehlt Strategien zur Risikominderung – zügig, effizient und automatisiert.

Um das Tool zu entwickeln, mussten kritische Daten aus verschiedenen Quellen beschafft werden: Informationen, die der Einkauf manuell aus Fragebögen und Lieferantenbesuchen zusammengetragen hatte; Zahlen und Fakten aus den Enterprise-Resource-Planning-Systemen sowohl des beschaffenden Unternehmens als auch der Lieferantenunternehmen sowie Material aus Datenbanken von Institutionen wie den Vereinten Nationen, der Organisation für wirtschaftliche Zusammenarbeit und Entwicklung und der Internationalen Arbeitsorganisation. Anschließend wurden diese Daten aggregiert und der Algorithmus entwickelt, und das Einkaufsteam erhielt einen Risikowert basierend auf mehreren Variablen wie Standort, finanzieller Situation und Branche.

* Aus Gründen der Vertraulichkeit haben wir den Namen des Unternehmens geändert.

Im Hinblick auf ökologische Risiken wurde das Radar zum Beispiel mit Informationen zu 242.000 Lieferanten gefüttert. Von diesen wurden 140.000 einer weiteren Analyse unterzogen, und das Radar teilte sie in verschiedene Risikocluster ein. Dadurch rückten 7.000 Lieferanten in den Fokus. Am Ende des Prozesses wurden 357 Lieferanten als Hochrisiko-Lieferanten identifiziert. Diesen würde das Unternehmen besondere Aufmerksamkeit schenken. Für jeden Lieferanten empfahl das KI-Tool eine von 13 spezifischen Aktionen zur Risikominimierung. Diese reichten von der Kommunikation mit den Lieferanten über die Bedeutung von Risiken, das Aushändigen eines von SPL erstellten Lieferantenhandbuchs und das Hinzufügen von Haftungsklauseln in den Lieferantenverträgen bis hin zum Verschicken persönlicher Briefe mit der Bitte um Verbesserungen, der Durchführung formaler Lieferanten-Audits, der Aussetzung der Geschäftsbeziehung sowie der sofortigen Beendigung der Beziehung.

Mithilfe dieser KI-Lösung ist es dem Kurierdienst gelungen, sein selbst gestecktes Ziel zu erreichen: nur mit Lieferanten zusammenzuarbeiten, die seine Werte teilen.

Fazit

Mit einer radikal neu ausgerichteten Einkaufsfunktion, die dynamische, neue Beziehungen zu Lieferanten aufbaut und eine zentrale Rolle im Lebenszyklus der Produkte eines Unternehmens spielt, können CEOs den heutigen Herausforderungen mit neuem Optimismus begegnen. Zunächst einmal werden sie in der Lage sein, jeglichen Kostendruck zu senken. Und sie werden in der Lage sein, weitere Quellen zur Erzielung von Wettbewerbsvorteilen zu erschließen. Wie wir im dritten Teil des Buches zeigen werden, sollten CPOs und der Einkauf dabei sechs Handlungsempfehlungen folgen, um maximalen Nutzen aus den Lieferantenbeziehungen zu ziehen.

Das Wichtigste in Kürze

Erkenntnis

Wenn Sie Ihre Lieferantenbeziehungen verändern möchten, müssen Sie den Einkauf radikal neu aufstellen, damit er für diese Aufgabe gewappnet ist.

Strategie

Statten Sie Ihren CPO mit den nötigen Ressourcen aus, um eine bionische Einkaufsfunktion zu schaffen, die die Vorteile menschlicher Kreativität mit denen digitaler Technologien verbindet. Machen Sie den Einkauf zum „Place tob be“ in Ihrem Unternehmen. Investieren Sie in neue Technologien, aber kümmern Sie sich in erster Linie um Ihre Mitarbeiterinnen und Mitarbeiter, ansonsten verläuft die Transformation im Sande.

Vorgehensweise

- Ernennen Sie eine Person zum CPO, die als Katalysator fungiert und das Einkaufsteam ermutigt, befähigt und mit neuer Energie ausstattet.
- Schaffen Sie eine neue Generation von strategischen Einkäuferinnen und Einkäufern. Top-Talente gewinnen Sie, indem Sie Ihren Mitarbeitern hochwertige Schulungen anbieten und die Möglichkeit geben, wichtige Positionen im Ausland zu übernehmen.
- Stellen Sie ein vielseitiges Team zusammen, das unterstützende Aufgaben übernimmt. Dazu gehören Superforecasters, Master Data Engineers, KI-Programmiererinnen und Robotik-Ingenieure.

- Investieren Sie in die ganze Bandbreite an digitalen Technologien: robotergestützte Prozessautomatisierung, Big Data und Advanced Analytics, KI und maschinelles Lernen sowie Blockchain-Technologie.

TEIL 3

Wie sich das *Ökosystem Ihres Unternehmens* ändern muss

5

Kosten senken – und zwar schnell

Verlangen Sie doppelte Vorabeinsparungen von Ihren Top-Lieferanten und erhöhen Sie den Druck auf die anderen

Der Druck auf CEOs, Kosten zu senken, lässt niemals nach. In einer Krise wie jener, die durch die COVID-19-Pandemie ausgelöst wurde, wirkt er sogar auf die Existenz des Unternehmens: Es gilt, das Überleben des Unternehmens zu sichern. Selbst in guten Zeiten stehen CEOs unter enormem Druck, Kosten zu senken, sodass Ressourcen frei werden, um in neue Märkte vorstoßen, innovative Produkte entwickeln sowie Mergers und Acquisitions durchzuführen. In solchen Momenten wenden sich CEOs gerne an ihre CPOs. Sie sind überzeugt, dass CPOs nur aus dem einen Grund existieren, nämlich Kosten zu senken.

Das Problem ist, dass die Möglichkeiten, Kosten einzusparen, begrenzt sind – und am Ende auch schädlich für das Unternehmen. Wie wir gezeigt haben, werden die Einkaufsteams in den meisten Unternehmen im Produktentwicklungsprozess erst recht spät – in der Verhandlungsphase – involviert. Bis dahin ist ein Großteil der Kosten in das Produkt eingeflossen. Somit hat der CPO nur im begrenzten Umfang die Chance, Preise von Waren und Dienstleistungen der Lieferanten zu reduzieren.

Vor dem Hintergrund ihrer begrenzten Einflussmöglichkeiten überrascht es nicht, dass sich etliche CPOs auf knallharte Taktiken stützen und alle Lieferanten mit diesen Taktiken konfrontieren, ganz gleich, wie wichtig sie für das Unternehmen sind. Kurzfristig mag dies sogar funktionieren, aber langfristig definitiv nicht. Am Ende wird aus dem Einkauf ein unproduktives Nullsummenspiel von Katz‘ und Maus – bei dem der CPO (die Katze) permanent versucht, den Lieferanten (die Maus) zu fangen, der alles in seiner Macht Stehende versucht, um die Kosten zu senken (und die Erlöse zu behalten), während er die Spezifikationen des in Auftrag gegebenen Produkts wie im Vertrag vereinbart erfüllt. In einigen Fällen bewegt dieser aggressive Ansatz strategisch wichtige Lieferanten sogar dazu, erst gar nicht mit dem nachfragenden Unternehmen zusammenzuarbeiten. Ignacio López von General Motors transformierte den Einkauf in vielerlei Hinsicht auf positive Weise. Allerdings musste GM wegen seines kampfbetonten Verhandlungsstils, noch lange nachdem er das Unternehmen verlassen hatte, Zeit und Mühe investieren, um die zerrütteten Lieferantenbeziehungen zu kitten.

Wir haben deutlich gemacht, dass die beste Art, Kosten zu senken, darin besteht, dem CPO die zentrale Verantwortung für den gesamten Produktentwicklungsprozess zu übertragen, von der Ideenfindung bis zur Markteinführung, sodass die Kosten nicht zu früh festgelegt werden und das Einkaufsteam mit den wichtigsten Lieferanten Beziehungen aufbauen kann, von denen beide Seiten profitieren. Aber angesichts der Tatsache, dass selbst die größten Unternehmen nur zwischen 20 und 40 A-Lieferanten haben, wie sollte der CPO mit den übrigen Lieferanten verfahren, deren Anzahl in die Tausende gehen kann? Wie kann der übergreifende Ansatz eines Unternehmens zur Kostensenkung aussehen?

Bei Toyota arbeiten Einkäufer und Lieferanten – die aufgrund ihrer bisherigen Leistungen und ihrer Beziehung zum Unternehmen und nicht aufgrund einer Ausschreibung ausgewählt werden – zusammen, um die Kosten und den Preis von bestimmten Autoteilen sowie eine faire Verteilung des Gewinns zu ermitteln.[1]. Durch diesen Ansatz sind die Kosten definitiv gedeckelt – allerdings auch die Innovationen, da die Anzahl an neuen Lieferanten, mit denen das Unternehmen arbeitet, begrenzt wird. Das ist ein entscheidender Nachteil des Ansatzes von Toyota. Als Alternative dazu schlagen wir CEOs unsere fünfte Handlungsempfehlung vor: *Kosten senken – und zwar schnell: Verlangen Sie doppelte Einsparungen von Ihren Top-Lieferanten im Voraus, und erhöhen Sie den Druck auf die anderen.* Dieser Ansatz ist von Vilfredo Pareto, einem italienischen Ökonomen, der zu Beginn des 20. Jahrhunderts tätig war, inspiriert. Wenn Unternehmen diesen Ansatz beherzigen, können sie ihre Kosten schnell senken und gleichzeitig Beziehungen zu ihren Lieferanten aufbauen. Zudem werden sie von ihren Lieferanten dabei unterstützt, weitere Quellen anzuzapfen, die ihnen einen Wettbewerbsvorteil verschaffen.

Im Jahr 1896 stellte Pareto fest, dass 80 Prozent des Grund und Bodens in Italien 20 Prozent der Bevölkerung gehörten. Seitdem ist das Pareto-Prinzip, das auch als 80/20-Regel bekannt ist, ein Grundsatz der Unternehmensführung. Strategen gehen davon aus, dass 80 Prozent des Umsatzes von 20 Prozent der Kunden kommt. Wir haben herausgefunden, dass das Pareto-Prinzip im Großen und Ganzen auch auf Lieferanten angewendet werden kann.

Nach unserer Erfahrung fließen ungefähr 85 Prozent der Ausgaben des Einkaufs von weltweit agierenden Unternehmen den wichtigsten 120 bis 240 Lieferanten von Rohstoffen, Bauteilen und anderen Waren und Dienstleistungen zu (in Abhängigkeit von der Unternehmensgröße). Die restlichen 15 Prozent verbleiben den unzähligen anderen, auf der ganzen Welt verstreuten Lieferanten. Daher liegt es auf der Hand, dass sich der CPO überproportional auf die wichtigsten Lieferanten konzentrieren sollte. Aus diesem Grund empfehlen wir Unternehmen, ihre Lieferanten in drei verschiedene Kategorien einzuteilen: A-Lieferanten, auf die ungefähr 50 Prozent des Einkaufsbudgets allokiert werden, B-Lieferanten, deren Anzahl sich auf 100 bis 200 beläuft und auf die 35 Prozent des Budgets entfallen, und schließlich C-Lieferanten, die zahlenmäßig größte Gruppe (häufig mehrere Tausende), auf die jedoch nur 15 Prozent des Budgets entfallen.

Wenn Unternehmen ihre Lieferanten auf diese Art eingeteilt haben, können sie damit anfangen, individuelle Strategien für jeden dieser drei Typen von Lieferanten zu entwickeln. Wir werden uns zwei Unternehmen ansehen, die mit ihren Lieferanten differenziert und auf unterschiedliche Weise zusammenarbeiten: Advanced Luxury Vehicles (ALV), das Unternehmen, das wir im Kapitel „Lieferanten wie Freunde behandeln" bereits erwähnt haben, und Malleable Containers Group, eines der weltweit führenden Unternehmen bei der Herstellung von nachhaltigen und flexiblen Verpackungen für die Konsumgüter- und Pharmabranche.*

Wie Sie an einen A-Lieferanten herantreten

A-Lieferanten verschlingen einen überproportional großen Anteil des Einkaufsbudgets eines Unternehmens. Zudem haben sie einen unverhältnismäßig großen Einfluss auf die Erfolgsaussichten des Unternehmens. Daher ist es naheliegend, sie unterschiedlich zu behandeln. Sowohl ALV als auch die Malleable Containers Group, ein relativ kleines Unternehmen in privater Hand, dessen Umsatz sich im Jahr 2020

* Aus Gründen der Vertraulichkeit haben wir den Namen des Unternehmens geändert.

auf 1,5 Milliarden Euro belief, nutzen das 360-Grad-Programm. Man könnte nun davon ausgehen, dass der Pareto-Ansatz ausschließlich für große, mächtige Unternehmen wie ALV eine Lösung darstellt, die die unternehmerische Stärke besitzen, mächtige Lieferanten in die Knie zu zwingen. Tatsächlich zeigt aber die Erfahrung von Malleable Containers, dass sogar kleine Unternehmen in der Zusammenarbeit mit ihren viel größeren Lieferanten Kosten einsparen können.

Malleable Containers mit Sitz in Mitteleuropa ist zwar relativ klein, hat aber in mehr als 20 Ländern Standorte. Zudem werden seine Produkte stark nachgefragt, denn es stellt Verpackungen für Konsumgüter und Medikamente her, die von einigen der weltweit größten Unternehmen produziert werden. Mit anderen Worten nimmt es einen wichtigen Platz in der Lieferkette dieser Unternehmen ein und hat somit eine echte Machtposition auf dem Markt. Die Investoren von Malleable Containers fanden besonders attraktiv, dass das Unternehmen von einer Reihe von Megatrends profitieren könnte, die vermutlich zu steigender Nachfrage nach einer immer größer werdenden Anzahl von Verpackungstypen führt. Zu diesen Trends zählen Urbanisierung, das Wachstum der Mittelschicht und der zunehmende Konsum von Einzelportionen (wodurch mehr, aber auch kleinere Verpackungen benötigt werden).

Wir wurden gebeten, den Führungskräften von Malleable Containers dabei unter die Arme zu greifen, Kosteneinsparungen zu erzielen, als sie es mit Problemen zu tun bekamen. Die Kaufgewohnheiten der Konsumentinnen und Konsumenten veränderten sich allmählich. Sie verlangten zunehmend nach einfacheren Produkten mit einfacheren Verpackungen. Bunte Fruchtjoghurts mit ebensolchen Verpackungen wurden durch gesünderen, einfachem Naturjoghurt mit entsprechend schlichter Verpackung abgelöst. Außerdem nahm die Vorliebe für nachhaltige Produkte zu. Da sich das Unternehmen auf beschichtete Folienverpackungen konzentrierte, die bekanntermaßen nur schwer recycelt werden können, hatte es einen Nachteil. Obwohl es Maßnahmen ergriffen hatte, um dieses Problem anzugehen – die Eröffnung eines Werks, um recyclebare flexible Verpackungen herzustellen, was Teil seines Plans war, bis 2025 ausschließlich recycelbare Produkte anzubieten –, musste es noch mehr tun, um für finanziellen Spielraum zu sorgen. Dieser war nötig, um in neue Maschinen zu investieren, mit denen die neuen Verpackungsarten produziert werden konnten, und um die Versprechen, die das Unternehmen den Aktionären gegeben hatte, einzuhalten.

Um Geld aufzubringen, entschied sich die Geschäftsleitung von Malleable Containers dazu, in erheblichem Umfang Kosten zu sparen. Wir schlugen vor, dass ihr CEO zu den CEOs von einigen Lieferanten, darunter auch Großunternehmen wie Dow Chemical, persönlich Kontakt aufnehmen sollte. Zunächst wurde unser Vorschlag mit gewisser Skepsis aufgenommen. Warum sollten sich die meistbeschäftigten CEOs der Welt die Mühe machen, dem CEO eines relativ kleinen Unternehmens zu antworten? Trotzdem sendete der Chef von Malleable Containers kurz vor seinem Urlaub persönliche E-Mails an seine Pendants bei ca. 40 A-Lieferanten – und dachte nicht mehr daran. Aber dann rief ihn seine Assistentin nach ein paar Tagen auf dem Handy an. Sie musste ihn unbedingt erreichen, weil sich mehrere CEOs zurückgemeldet hatten, um *mit ihm zu sprechen*. Malleable Containers ist zwar nur ein winziger Fleck in der Unternehmenslandschaft, aber die CEOs erkannten die Chance, direktes Feedback von einigen *ihrer* Kunden zu erhalten.

Malleable Containers machte sich daran, seine Beziehung zu diesen A-Lieferanten neu zu gestalten, und entwickelte ein auf Gegenseitigkeit beruhendes 360-Grad-Programm, bei dem eine Reihe von Benefits und günstigen Konditionen als Gegenleistung für Vorabeinsparungen angeboten wurden. Auf der anderen Seite fand ALV heraus, dass nicht jeder A-Lieferant an dem 360-Grad-Programm teilnehmen wollte. Und auch an jene, die daran teilnahmen, wurden deutliche Worte gerichtet. Beispielsweise musste Malleable Containers einem Hauptlieferanten von Aluminium deutlich zu verstehen geben, dass ein gewisser Teil seines Geschäfts anderen Lieferanten zufließen würde, wenn die Preise nicht gesenkt würden.

Am Ende senkte dieser Lieferant seine Preise, und eine hinreichend große Anzahl an A-Lieferanten ließ sich darauf ein, Malleable Containers das zu geben, was es wollte: doppelte Einsparungen.

Wie Sie an einen B-Lieferanten herantreten

Die Ansprache eines B-Lieferanten muss ganz anders gestaltet werden als die eines A-Lieferanten, da es mehr B-Lieferanten gibt, auf diese aber nur ein kleinerer Anteil des Einkaufsbudgets allokiert wird – was ein Hinweis darauf ist, dass sie weniger wichtig für das Unternehmen sind. Wir vertreten die Meinung, dass es bei dem Ansatz für A-Lieferanten typischerweise um den *Lieferanten* gehen soll, wohingegen es bei dem Ansatz für B-Lieferanten um die *Kategorie* gehen soll. Auch sollte das Ziel dieses Ansatzes weniger darin bestehen, eine für beide Seiten zuträgliche Beziehung zu unterhalten, sondern eher darin, den besten Deal in monetärer Hinsicht zu machen. In diesem Zusammenhang ist das Beispiel von Apple erwähnenswert. Das Unternehmen nimmt weltweit eine Vorreiterrolle dabei ein, wie es seine Partnerschaften mit den wichtigsten Lieferanten aufgebaut und dennoch sein Augenmerk konsequent darauf gerichtet hat, alle unnötigen Kosten auf Lieferantenseite einzusparen. Die Aufgabe des Apple-Chefeinkäufers besteht angeblich darin, „die Lieferanten niederzustarren und die Preise bis zum Anschlag zu senken“.[2]

Bei ALV wurden die ca. 200 Lieferanten jeweils einer Einkaufsmanagerin bzw. einem Einkaufsmanager zugeordnet. Diese sind Spezialisten auf diversen Gebieten wie Scheinwerfer, Stoßstangen, Lenkräder oder Autositze. Die Manager, die besonders an der Leistung der Lieferanten interessiert sind, übernahmen die Verantwortung dafür, die Bedingungen für alle Verträge auf ihrem Gebiet auszuhandeln. Wir schulten sie darin, eine breite Palette an Verhandlungsinstrumenten zu nutzen, um in schwierigen Verhandlungsgesprächen das Beste für ALV herauszuholen. Für gewöhnlich nutzen Einkaufsmanager nur eine Handvoll Verhandlungsmethoden, wenn sie einen Deal mit Lieferanten aushandeln wollen. Folglich zahlen sie am Ende viel zu viel und lassen im Durchschnitt 3 bis 4 Prozent an Geld liegen. Wie wir in Kapitel 4 gezeigt haben, haben wir ein KI-gestütztes Verhandlungstool entwickelt, das den Einkaufsmanagern hilft, noch zugeschnittenere Verhandlungsmethoden auf ihre Beschaffungssituationen anzuwenden. Auf Grundlage dieser Vorgehensweise konnte ALV das Niveau der Kosteneinsparungen im Vergleich zu dem, was B-Lieferanten zuvor willens waren anzubieten, verdoppeln. Malleable Containers verfolgte einen ähnlichen Plan, als das Unternehmen seine Bemühungen bei der sogenannten Kategorie-Optimierung verstärkte. Es identifizierte 118 Lieferanten in 11 Kategorien, über Folien und Harze bis hin zu Chemikalien, Papier, Logistik, Verpackungen und Versicherungen. Eine angestrebte Preissenkung wurde ausgearbeitet, und anschließend wurden die Lieferanten eingeladen, ein Angebot abzugeben, um ihren bisherigen Auftrag zu halten, und auch, wenn sie wollten, Aufträge, die ansonsten an ihre Konkurrenten gegangen wären, zu bekommen. Die Devise lautete: Alles wird neu verteilt. Dann nahm Malleable Containers direkte Verhandlungen mit den Lieferanten auf. In einigen Fällen wurden auch Online-Auktionen durchgeführt, bevor die Lieferanten endgültig ausgewählt wurden.

Nicht alle Lieferanten reagierten auf die neuen Anforderungen von Malleable Containers positiv. Dennoch konnte das Unternehmen mit etlichen Lieferanten neue Verträge aushandeln und somit ungefähr 3 Prozent bzw. mehrere Millionen Euro einsparen.

Wie Sie an einen C-Lieferanten herantreten

Ein Großteil der Kosteneinsparungen von ALV – 470 Millionen US-Dollar – wurde mit A- und B-Lieferanten erzielt. Allerdings wird auch ein beträchtlicher Betrag – 30 Millionen US-Dollar – mit Tausenden von C-Lieferanten erzielt, die allzu häufig von den CEOs übersehen werden. Für gewöhnlich fliegen sie unter dem Radar, da ihre Anzahl so groß ist, dass es sehr umständlich ist, mit ihnen umzugehen. Da nur ein relativ kleiner Anteil des gesamten Einkaufsbudgets auf sie allokiert wird (was bei jedem Unternehmen, mit dem sie zusammenarbeiten, der Fall ist), stellen sie eine große Chance für jene Unternehmen dar, die Kosten einsparen wollen. Wir haben ALV empfohlen, einer einzigen Einkaufsmanagerin bzw. einem einzigen Einkaufsmanager die Verantwortung für alle C-Lieferanten zu übertragen. Eine derart komplexe Aufgabe wäre für eine einzelne Person ohne ein digitales Tool unmöglich gewesen. ALV nutzte daher das sogenannte KI-Haircutter-Tool, mit dem das optimale Einsparungsziel für jeden Lieferanten ermittelt werden kann. Mit diesen Informationen konnte der Verantwortliche nicht nur die gewünschte Preissenkung verlangen (es gab keine Verhandlung), sondern auch innerhalb einer bestimmten Anzahl an Werktagen Feedback erhalten und einen Eskalationsplan entwerfen, falls der Lieferant nicht mit der Preissenkung einverstanden war oder damit drohte, rechtliche Schritte gegen ALV einzuleiten, was zuweilen tatsächlich vorkommt.

Zunächst wollte ein recht hoher Prozentsatz dieser C-Lieferanten die gewünschten Preissenkungen nicht vornehmen: 15 Prozent derjenigen, die Aufträge von ALV mit einem Volumen von 20 bis 30 Millionen US-Dollar erhalten und sogar 67 Prozent der Lieferanten mit einem Gesamtauftragsvolumen von 5 Millionen US-Dollar oder weniger. Als sie jedoch merkten, dass sie ALV tatsächlich als Kunden verlieren könnten, gaben sie klein bei und akzeptierten die Preissenkungen. Zum Preis eines Gehalts für einen Einkaufsverantwortlichen konnte ALV die übrigen Kosten einsparen und das Gesamtziel von 500 Millionen US-Dollar erreichen.

Malleable Containers ging bei seinen C-Lieferanten ähnlich vor. Insgesamt hat das Unternehmen ungefähr 9.000 Lieferanten. Es wählte die wichtigsten 300 davon aus – diejenigen, die Aufträge von mindestens 150.000 US-Dollar pro Jahr erhielten – und wollte mit ihnen ausreichend große Einsparungen erzielen, sodass sie in einen neuen Verpackungstyp investieren konnten. Genau wie ALV nutzte Malleable Containers das KI-Haircutter-Tool. Mithilfe dieses Tools konnten die Einkaufsmanager nicht nur die passende Preissenkung bei jedem Lieferanten ermitteln, sondern auch den richtigen Ton in ihren Briefen an die Lieferanten wählen. Statt ihnen Briefe zu schicken, die persönlich vom CEO unterzeichnet wurden (wie das Unternehmen bei seinen größten Lieferanten vorging), sendete Malleable seinen C-Lieferanten automatisierte Briefe von einem Einkaufsmanager auf einer mittleren Hierarchieebene, passte sie jedoch anhand bestimmter Kriterien, die vom Haircutter-Tool gelieferte wurden, an. Wenn ein Lieferant beispielsweise seinen Sitz in der Nähe von Malleable Containers hatte und eine langjährige Zusammenarbeit bestand, war der Ton des Briefes freundlich. Falls der Lieferant zwar einen beträchtlichen Anteil seines Geschäfts mit Malleable machte, aber innerhalb der vorangegangenen 5 Jahre keine Preissenkungen angeboten hatte, war der Ton entschieden und kompromisslos. Auch gab das Haircutter-Tool Hinweise zu Nuancen vor dem Hintergrund kultureller Unterschiede in Abhängigkeit davon, ob der Lieferant seinen Sitz in Europa, Asien oder Nordamerika hatte.

Insgesamt nimmt das KI-Haircutter-Tool eine Bewertung auf der Grundlage von 12 Variablen vor, von denen 7 eine entscheidende Bedeutung zukommt: (1) der Anteil Ihres Unternehmens am Umsatz des Lieferanten; (2) die Summe der Einsparungen, die bei diesem Lieferanten in den vergangenen 3 Jahren erzielt werden konnten; (3) wie viele Wettbewerber des Lieferanten existieren; (4) wo der Lieferant seinen

Sitz hat; (5) ob der Lieferant seinen Sitz in der Nähe Ihres Unternehmens hat; (6) seit wie vielen Jahren der Lieferant schon mit Ihrem Unternehmen zusammenarbeitet; (7) die Größe des Lieferanten gemessen am Umsatz. Die übrigen Variablen sind optional: (8) die Gefahr, dass der Lieferant bankrottgeht; (9) das Potenzial, gemeinsam Innovationen zu entwickeln; (10) die Qualität Ihrer Beziehung mit dem Lieferanten; (11) die Kapazitäten des Lieferanten, die Produktionsmenge zu steigern; (12) die Qualität der Bauteile und Komponenten des Lieferanten.

Das zentrale Einkaufsteam von Malleable Containers verschickte Briefe mit der gewünschten Preisreduzierung. Das Unternehmen nutzte dafür zehn verschiedene Vorlagen, die vom KI-Haircutter-Tool vorgeschlagen wurden, und übersetzte sie in die entsprechenden Sprachen. Die Verantwortung für das Follow-up mit den Lieferanten vor Ort lag hingegen bei den Einkäufern in den 40 Werken, die über ganz Europa verstreut waren. Danach gaben sie eine Rückmeldung an das zentrale Team, wofür jede Woche eine Telefonkonferenz mit den Einkäufern in den Werken vorgesehen war. So konnte das zentrale Team den Druck aufrechterhalten. Die Strategie ging auf: Durch das Kosteneinsparungsprogramm konnten bei diesen Lieferanten Einsparungen in Höhe von nahezu 4 Prozent erzielt werden.

Fazit

Jeder CPO muss Kosteneinsparung zu seinem obersten Ziel machen. Denn wenn sie an dieser Stelle nicht abliefern, haben sie keinerlei Glaubwürdigkeit bei ihren CEOs. Für kluge CPOs sind Kosteneinsparungen der Anfang und nicht das Ende einer dauerhaften gegenseitigen Beziehung mit Lieferanten, die einen unglaublich großen Wert für ihr Unternehmen und die Lieferanten liefern können. Sie wissen, dass die erfolgreichsten Unternehmen in der Zukunft den Dreh- und Angelpunkt eines florierenden Ökosystems des Unternehmens bilden werden, das mit einer Vielzahl von Lieferanten zusammenarbeitet, um gemeinsam rentable Geschäfte zu machen. Die Kosten machen nur einen Teil der Verhandlungen aus, aber wie wir noch zeigen werden, ist das bei Weitem nicht die ganze Geschichte.

Das Wichtigste in Kürze

Erkenntnis

Wenn Sie das Ziel von doppelte Kosteneinsparungen erreichen wollen, müssen Sie eine neue Art der Zusammenarbeit mit Ihren wichtigsten Lieferanten etablieren und auf jedes Lieferantencluster mit einem zugeschnittenen Ansatz zugehen.

Strategie

Geben Sie Ihren CPOs die Anweisung, eine Vorabverpflichtung zu doppelten Einsparungen als Bedingung für eine neue Partnerschaft zu fordern: ohne doppelte Einsparungen kein Deal.

Vorgehensweise

- Unterstützen Sie, dass Ihr CPO das Pareto-Prinzip anwendet. Sorgen Sie dafür, dass der CPO Ihre Lieferanten in drei Gruppen einteilt (A-Lieferanten, B-Lieferanten, C-Lieferanten).
- Übernehmen Sie persönlich mit Ihrem CPO die Verantwortung für Ihre A-Lieferanten (auf die ungefähr 50 Prozent Ihres Einkaufsbudgets allokiert werden).
- Bitten Sie Ihren CPO, den Category Managern die Verantwortung für die Kosteneinsparungen bei Ihren B-Lieferanten zu übertragen (jenen Lieferanten, auf die ca. 35 Prozent Ihres Ein-

kaufsbudgets entfallen). Stellen Sie diesen Managerinnen und Managern ein KI-Verhandlungstool zur Verfügung.

- Lassen Sie Ihren CPO einen Verantwortlichen für alle C-Lieferanten bestimmen (die restlichen Anbieter, auf die trotz ihrer großen Zahl, die in die Tausende geht, nur ungefähr 15 Prozent des Budgets allokiert werden). Stellen Sie das KI-Haircutter-Tool zur Verfügung, um die Preisreduzierungsempfehlungen zu automatisieren.

6

Sich gemeinsam hohe Ziele stecken

Bündeln Sie Ihre F&E-Ressourcen mit denen Ihrer Lieferanten, um erfolgreiche Innovationen zu entwickeln

Innovationen befördern nicht nur Transformationen. Vielmehr erhöhen sie die Produktivität und befeuern das Wachstum. Jedoch finden es Unternehmen immer schwieriger, bahnbrechende Technologien zu entwickeln. In den Vereinigten Staaten kann das eindeutig an der Verlangsamung des Produktivitätswachstums, das in der Vergangenheit durch Innovationen erzeugt wurde, abgelesen werden. Von 1948 bis 1973 wuchs der Output pro Stunde durchschnittlich um 3,3 Prozent pro Jahr. In den darauffolgenden Jahren verlangsamte er sich auf 1,6 Prozent. Von 1995 bis 2004 beschleunigte sich das Wachstum kurzzeitig auf 3,3 Prozent, sank jedoch in den folgenden 11 Jahren wieder auf 1,2 Prozent. Heute liegt das Produktivitätswachstum auf einem Niveau, das niedriger ist als vor 100 Jahren.[1]. Manche Ökonomen wie Larry Summers behaupten, dass sich die Welt auf dem Weg in das

Zeitalter einer säkulären Stagnation befinde.[2] Für andere wie Robert Gordon sind die Aussichten noch düsterer. Sie sind der Meinung, dass sich das Zeitalter der Innovationen von 1870 bis 1970, das durch Innovationen wie elektrisches Licht, Kraftfahrzeuge, Flugreisen, Telefon, Radio und Fernsehen sowie andere transformative Innovationen geprägt war, nicht wiederholen werde.[3]

Wir sind jedoch nicht so pessimistisch.

In der gesamten Menschheitsgeschichte war der Innovationstreiber die Notwendigkeit. Wie man so schön sagt: Not macht erfinderisch. Die Notwendigkeit, dass Unternehmen Innovationen entwickeln, ist heute so groß wie noch nie. Konsumentinnen und Konsumenten sind unersättlich und streben immerzu nach neuen Dingen. Laut einem Bericht ist die Anzahl an verpackten Produkten, die jedes Jahr am Markt eingeführt werden, in den letzten 50 Jahren um das Dreißigfache gestiegen – und liegt mittlerweile bei über 30.000 Produkten.[4] Und obwohl sich die Globalisierung durchaus verlangsamt hat, ist ein Globalisierungsansatz für Unternehmen, die darauf hoffen, ihre Produkte und Dienstleistungen an neue und andere Märkte anpassen zu können, nach wie vor notwendig.

Ein weiterer Faktor ist die Geschwindigkeit des technologischen Wandels und die Geschwindigkeit, mit der Konsumentinnen und Konsumenten neue Technologien annehmen. Folglich dürfen Unternehmen zwangläufig nicht nachlassen, über die nächste Innovation nachzudenken. Selbst vor der COVID-19-Pandemie war die Geschwindigkeit, mit der Innovationen auf den Markt kamen, atemberaubend. Es dauerte 50 Jahre, bis 50 Millionen Konsumentinnen und Konsumenten einen Telefonhörer in die Hand nahmen. Im Gegensatz dazu dauerte es nur 22 Jahre, bis dieselbe Anzahl an Konsumenten ein Fernsehgerät nutzten. Für Computer, Mobiltelefone und das Internet dauerte es 14 Jahre, 12 Jahre bzw. 7 Jahre.[5] Mit dem Einsetzen der Pandemie im März 2020 nahm die Geschwindigkeit erneut zu, als die ganze Welt dazu überging, alles online zu machen, was es vorher so noch nicht gegeben hatte. Dass dies passieren würde, zeichnete sich schon zu Beginn der Pandemie ab. Im April 2020, als sich die Menschen langsam an die Sprache der Lockdowns gewöhnten, schlossen die Unternehmen ihre Büros und die Angestellten arbeiteten von zu Hause aus. Sie nutzten Microsoft Teams, Zoom und andere Videokonferenz-Plattformen, um miteinander in Kontakt zu bleiben. Wie Microsoft-CEO Satya Nadella zu jener Zeit sagte: „Wir haben eine digitale Transformation in zwei Monaten erlebt, die sonst zwei Jahre gedauert hätte."[6]

Für erfolgreiche Innovationen sind Notwendigkeit und Geschwindigkeit nicht ausreichend. Es gibt noch zwei weitere entscheidende Elemente: Kapital und die Bereitschaft zusammenzuarbeiten, um auf beiden Seiten davon zu profitieren. Über die Jahre haben Unternehmen unterschiedliche Methoden genutzt, um sich dieser anderen Elemente zu bedienen. AT&T hat Bell Labs gegründet und konnte damit viele begnadete Forscher ins Boot holen (darunter auch einige, die für ihre Arbeit in den Laboren einen Nobelpreis gewonnen haben). Zudem hat Bell Labs aufgrund des von der Regierung zugesicherten Telefon-Monopols von umfangreichen Fördergeldern profitiert.[7] In jüngster Zeit haben Unternehmen mit einigen Start-ups, die ursprünglich Ressourcen von Risikokapitalgebern erhalten hatten, zusammengearbeitet oder diese in einigen Fällen sogar übernommen. Procter & Gamble, das Unternehmen, dass sich seit den Tagen von A.G. Lafley der Zusammenarbeit mit innovativen Lieferanten verschrieben hat, ist eines davon. „Es ist eine Tatsache, dass durch Zusammenarbeit Innovationen beschleunigt werden. In einer zunehmend vernetzten Welt werden die größten geschäftlichen Erfolge durch Zusammenarbeit erzielt", so P&G.[8] Das Unternehmen positioniert sich selbst als ein solches, das „das Herz eines Start-ups und die Ressourcen eines weltweit agierenden Konzerns" hat. Die Investment-Tochter des Unternehmens P&G Ventures hat die Mission, „die großen Probleme der Konsumentinnen und Konsumenten zu identifizieren, denen man sich bisher noch nicht gewidmet hat, um neue Geschäfts- und Technologiepartner zu finden, um die Probleme gemeinsam mit ihnen zu lösen."[9] Zudem unterhält das Unternehmen ein Programm zur Zusammenarbeit mit externen Partnern, Connect + Develop, um Patentinhaber und andere Innovatoren zu finden, die einem Unternehmen dabei helfen können, neue Produkte und Prozesse in einer Reihe von Geschäftskategorien zu entwickeln: alles, von Schönheits-, Körperpflege- und Haushaltsprodukten bis hin zu Verpackungen und Herstellung.[10]

Heutzutage sind es die großen Technologieunternehmen, die die besten Modelle dafür anbieten, bahnbrechende Technologien zu entwickeln. Wie wir bereits erwähnt haben, *machen* sie eigentlich nichts. Und doch sind sie die erfolgreichsten, die am höchsten geschätzten und die innovativsten Unternehmen auf der ganzen Welt.

Wie ist das möglich?

Die Antwort lautet, dass sie unsere sechste Handlungsempfehlung befolgen: *Sich gemeinsam hohe Ziele stecken: Bündeln Sie Ihre F&E-Ressourcen mit denen Ihrer Lieferanten, um erfolgreiche Innovationen zu entwickeln.*

Das Geheimnis der Produkt- und Prozessentwicklung von nachfragenden Unternehmen in Zusammenarbeit mit ihren Lieferanten: nachfrageorientierte Innovationen

In der erfolgreichsten Phase von Bell Labs führten einige brillante, wenngleich exzentrische, Wissenschaftler von Neugier getriebene Forschungen durch, die am Ende erstaunliche Innovationen hervorbrachten, unter anderem den Transistor, die solarbetriebene Batteriezelle, den Laser, Mobiltelefone, Kommunikationssatelliten sowie Unix und C, die Technologien, die die Grundlage für die meisten wichtigen Computer-Betriebssysteme und -Sprachen bilden. Einige dieser Innovationen waren für AT&T nützlich, andere wurden in der Folge von anderen Unternehmen übernommen. Das Modell, als Drehscheibe der eigenen Innovationen zu fungieren, wurde auch von anderen Unternehmen angewendet. In vielen Fällen waren sie jedoch nicht in der Lage, einige ihrer spektakulärsten Innovationen zu kommerzialisieren. Beispielsweise gründete Xerox das Palo Alto Research Center, wo zwar einige bedeutende Innovationen – u.a. Laserdruck und elektronisches Papier – entwickelt wurden.[11] Aber das Unternehmen hat auch Erfindungen gemacht, die es nicht effektiv kommerzialisiert hat. Beispielsweise entwickelten die Wissenschaftler dort den ersten Personal Computer – den Xerox Alto – mit der ersten Maus, Ethernet-Verbindung und grafischer Benutzeroberfläche (graphical user interface, GUI). Steve Jobs sagte einmal: „Xerox hätte die gesamte Computer-Branche dominieren können." Aber die Manager des Unternehmens waren zu sehr damit beschäftigt, sich um den Erfolg mit ihren Kopierern zu kümmern. „Im Grunde waren sie Meister der Kopiergeräte: Sie hatten keine Ahnung von Computern, und davon, was man alles damit machen konnte", sagte Jobs (Apple hat die GUI-Technologie übernommen).[12] Ähnliches passierte bei Kodak. Sie finanzierten eine der aktivsten F&E-Einrichtungen – eine, die zwischen 1900 und 1999 ungefähr 19.576 Patente in den USA angemeldet hat. Aber das Unternehmen verpasste die Chance, das erste zu sein, das die Digitalkamera kommerzialisierte, die von einem seiner Ingenieure Mitte der 70. Jahre erfunden wurde.[13]

Das große Problem mit diesen Innovationsdrehscheiben war, dass sie *herstellerorientiert* waren. Ohne jegliche Kostenbeschränkungen konnten die Wissenschaftler alles erforschen und brillante Ideen und Erfindungen entwickeln, für die das Unternehmen entweder einen kommerziellen Nutzen hatte oder auch nicht. Selbstverständlich gibt es einen Ort für herstellerorientierte, von Neugier getriebene Forschung und Entwicklung, aber dieser Ort ist vermutlich eine Universität. Wie große Tech-Unternehmen sind wir der Meinung, dass F&E in einem Unternehmen *nachfrageorientiert* sein sollte. Mit anderen Worten sollte F&E sich darauf konzentrieren, die Nachfrage zu decken, die Bedürfnisse zu befriedigen und die realen Probleme einerseits der Konsumentinnen und Konsumenten und andererseits der Gesellschaft im Allgemeinen zu lösen.

Was ist nun unter Nachfrage, Bedürfnissen und Problemen zu verstehen? Eine Möglichkeit, das herauszufinden, besteht darin, dass Marketing und Vertrieb die Konsumenten befragt. Aber es reicht nicht aus, sie nur nach ihren Ansichten zu befragen, und zuzuhören, was sie zu sagen haben. Es muss auch das, was sie tatsächlich *tun*, analysiert werden. Im Zeitalter des Internet of Things ist es möglich zu ermitteln, welche Produkteigenschaften die Konsumenten nutzen (die in der Folge weiterentwickelt werden könnten), und welche sie nicht nutzen (die aufgrund dessen eliminiert werden könnten, woraus sich eine Kostenersparnis ergibt).

Damit Unternehmen jedoch ständig Innovationen entwickeln können, müssen sie mehr tun, als nur auf die Stimme der Konsumenten zu hören. Wie Henry Ford angeblich einmal sagte: „Wenn ich die Menschen gefragt hätte, was sie wollen, hätten sie ‚schnellere Pferde' gesagt."[14] Was müssen die Unternehmen also noch tun? Nach unserer Erfahrung müssen sie auf die Stimmen aus zwei weiteren Richtungen hören, wenn sie ihren Konkurrenten einen Schritt voraus sein wollen, und die nächste Innovationswelle *antizipieren*.

• • •

Eine der zwei anderen Stimmen, die dazu beitragen, dass das Unternehmen die nächste Innovationswelle vorhersagen kann, ist das, was wir als die Stimme der Gesellschaft bezeichnen. Diese Stimme wird durch eine Flut von ESG-Faktoren (ökologische, soziale und Governance-Faktoren) ausgedrückt. Die Veränderung der öffentlichen und politischen Meinung zu einer Reihe von Themen – zu denen CO2-Ausstoß,

Menschenrechtsverletzungen, soziale und Geschlechterungleichheit gehören – müssen nicht nur beobachtet, sondern auch berücksichtigt werden, wenn Unternehmen mit dem Produktentwicklungsprozess beginnen. Die öffentliche Meinung ist bekanntermaßen wechselhaft und neigt dazu, sich ohne Vorwarnung mal in die eine und mal in die andere Richtung zu entwickeln. Demgegenüber sind sowohl die politische Meinung als auch die entsprechende Umsetzung der politischen Maßnahmen vorhersehbarer. Wir wissen beispielsweise, dass etliche Länder angekündigt haben, ab wann sie den Verkauf von Verbrennungsmotoren verbieten werden. Den Anfang macht Norwegen im Jahr 2025. Dadurch haben die Unternehmen einen Zeitrahmen für die Entwicklung von Elektroautos.

Auf die Stimme der Gesellschaft zu hören ist eine wirkungsvolle Methode, jene Art von Innovationen zu identifizieren, die die Konsumentinnen und Konsumenten womöglich in der Zukunft nachfragen. Eine andere Methode besteht darin, auf die von uns so bezeichnete Stimme des Produkts zu hören. Selbstverständlich gibt es einige Produkte, die buchstäblich sprechen, zum Beispiel Siri von Apple oder Alexa von Amazon. Zudem gibt es viele Produkte, die eingebaute Sensoren haben, mit denen sie Daten darüber, wie sie funktionieren und wie die Konsumenten sie nutzen, erfassen und übermitteln. Wir verstehen jedoch unter der Stimme des Produkts etwas anderes, etwas Spezifischeres. Wenn Sie gut zuhören, ist es möglich, zwei Dinge zu erfahren: Erstens, wo sich Ihr Produkt im Entwicklungszyklus befindet, und zweitens, inwieweit Sie Innovationen entwickeln müssen, um Ihr Produkt weiterzuentwickeln oder ein gänzlich anderes Produkt zu erschaffen. Dieses Wissen verdanken wir der Arbeit von Genrich Altshuller, einem brillanten sowjetischen Militäringenieur.

Zu Beginn des Kalten Krieges Ende der 1940er Jahre arbeitete Altshuller als junger Leutnant bei der sowjetischen Marine und unterstützte Militäringenieure dabei, Patente für ihre Erfindungen zu bekommen. Er selbst hatte das bereits getan und in der Sowjetunion ein Patent für ein Unterwasser-Atemgerät erhalten, als er erst 14 Jahre alt war.[15] Während seiner Zeit beim Marine-Patentamt für das Kaspische Meer analysierten Altshuller und seine Kolleginnen und Kollegen mehr als 200.000 Patente. Dabei stellten sie Erstaunliches fest. Erstens waren die meisten Erfindungen gar keine Erfindungen, sondern lediglich Veränderungen und Verbesserungen. Zweitens waren die Erfindungen keine willkürlichen Entwicklungen, sondern sie waren vielmehr Schritt für Schritt in einem stetigen, vorhersehbaren Prozess entstanden. Drittens waren die Erfindungen nicht das Ergebnis von kreativen Gehirnströmen – einer Art Archimedischer Heureka-Moment –, sondern das Ergebnis eines erkennbaren Problemlösungsmusters.

Altshuller bezeichnete diesen Innovationsansatz mit dem russischen Akronym TRIZ (*Teoriya resheniya izobretatelskikh zadatch*). Bis zum Fall der Berliner Mauer im Jahr 1989 und dem Ende des Kalten Krieges war dieser Ansatz ein gut gehütetes Geheimnis. Ab dann ging er allerdings um die ganze Welt und wird gemeinhin mit „Theorie des erfinderischen Problemlösens" ins Deutsche übersetzt. Es handelt sich jedoch weniger um eine Theorie, sondern vielmehr um Empfehlungen zur Entwicklung von Innovationen, die Unternehmen nutzen können, um ihre Innovationsprogramme zu planen und nach vorne zu bringen. Diesen Empfehlungen liegt die Überzeugung zugrunde, Probleme am besten als Widersprüche anzusehen, die aufgelöst werden können, ohne Kompromisse schließen zu müssen. Beispielsweise wird eine dieser Empfehlungen folgendermaßen beschrieben: „Wenn das Leben dir Zitronen gibt, mach' Limonade draus." Hier geht es darum, etwas Negatives in etwas Positives zu verwandeln. Beim Militär gilt der Flaggschiff-Torpedo der russischen Marine, der VA-111 Shkwal als typisches Beispiel für diese Denkweise.

Aufgrund der Naturgesetze hat ein herkömmlicher Torpedo eine Höchstgeschwindigkeit von ungefähr 80 Kilometern pro Stunde. Wie könnte man die Geschwindigkeit eines Torpedos aber erhöhen? Russische Wissenschaftler haben herausgefunden, dass sie dies schaffen, wenn sie ihn in eine Blase oder einen Hohlraum aus Gas steckten. Solche Hohlräume können sich nämlich schneller durch Wasser bewegen als feste Objekte. Auf diesem Grundsatz statteten sie den Torpedo mit einem Raketenantrieb aus und nicht mit dem üblichen Propeller oder Pumpstrahl. Sie leiteten die Abgase des Raketenantriebs (die Zitrone) an die Spitze des Torpedos, wo das Wasser zu Gas verdampft wird (die Limonade). So lösten sie das Problem des hohen Reibungswiderstands unter Wasser; das Ergebnis ist als superkavitierender Torpedo bekannt, der bis zu 400 Kilometern pro Stunde zurücklegen kann – das ist fünfmal schneller als ein herkömmlicher Torpedo.

Der Shkwal war ein Game-Changer, und die Vereinigten Staaten sowie andere militärische Gegenspieler waren gezwungen aufzuholen, um den Anschluss nicht zu verpassen. Unternehmen können sich ebenso sprunghaft weiterentwickeln, wenn sie den TRIZ-Ansatz anwenden und auf die Stimme des Produkts hören. Richtig angewendet kann er den Unternehmen dabei helfen, nicht nur die Richtung der nächsten Innovation zu bestimmen, sondern auch die Maßnahmen, die dafür notwendig sind. In seiner einfachsten Form kann der TRIZ-Ansatz dazu beitragen, dass Unternehmen auf der S-Kurve der Innovationen einen Schritt nach oben machen: von der Funktionsfähigkeit des Produktes, über die Verbesserung der Funktionsfähigkeit, der Optimierung der Performance, der Effizienz und der Verlässlichkeit bis hin zu Minimierung der Kosten. Wenn der Ansatz umfänglicher angewendet wird, kann er dazu dienen, dass Unternehmen einen riesigen Schritt hin zu einer neuen S-Kurve mit einem neuen Produkt und einem neuen Prozess machen.

• • •

Unternehmen sollten Innovationen nachfrageorientiert entwickeln, indem sie auf die Stimme der Konsumentinnen und Konsumenten, auf die der Gesellschaft und auf die des Produkts hören. Unternehmen hören oft auf diese Stimmen: Marketing und Vertrieb erfasst, was die Konsumenten sagen und tun; diejenigen, die sich um Nachhaltigkeit kümmern, sammeln die entscheidenden ESG-Daten; und jene, die Planungs-, Entwicklungs- und Herstellungsaufgaben übernehmen, überwachen die Performance eines Produkts. Aber es gibt so gut wie keine Funktion, die all diese Informationen bündelt und sie in ein Innovationsprogramm umwandelt.

Manche mögen der Meinung sein, dass F&E der am besten geeignete Ort sei, um diese äußerst wichtige Aufgabe zu erfüllen. Wir sind jedoch davon überzeugt, dass der CEO die Verantwortung dem CPO und dem Einkauf übertragen sollte. Aufgrund unserer Erfahrung finden jene Unternehmen, die den Einkauf und die Lieferantenbeziehung priorisieren, die besten Lösungen für die Probleme, die durch das Hören auf die Stimme der Konsumentinnen und Konsumenten, der Gesellschaft und des Produkts identifiziert wurden.

Wenden wir uns nun den Erfahrungen einiger dieser Unternehmen zu und machen den Anfang mit Apple.

Produktinnovation

Wenngleich Apple mehr für F&E ausgibt als je zuvor – bis Ende 2019 ungefähr 16 Milliarden US-Dollar – gibt das Unternehmen gemessen an den jährlichen Einnahmen weniger aus als Microsoft oder Google.[16] Wie kommt es nun, dass Apple seinen Konkurrenten nach wie vor einen Schritt voraus ist? Eine Methode, wie das Unternehmen dies schafft, besteht darin, eine Kultur der Zusammenarbeit mit den Lieferanten zu pflegen – eine Kultur, die vom Einkauf und von führenden Experten, einer Gruppe von unverzichtbaren Personen, befördert wird. Diese Spezialisten haben die Aufgabe, alles zu wissen, was es in ihrem Fachgebiet zu wissen gibt, sich in die kleinsten Details zu vertiefen und mit den Kollegen anderer Funktionen und mit Lieferanten über eine Zusammenarbeit zu sprechen. Wie Joel Podolny, Dekan der Apple University, und Morten Hansen, Professor der University of California Berkeley, es ausdrücken, spiegelt dieses Vertrauen in „das Urteilsvermögen und in die Intuition der Menschen mit umfassenden Kenntnissen der Technologien, die für Disruption sorgen, wider, dass Apple den Konsumentinnen und Konsumenten unbedingt die bestmöglichen Produkte anbieten möchte und auf Märkten agiert, wo das Tempo des technischen Wandels und der Disruption hoch ist.[17]

Apples Vertrauen in die führenden Experten veranschaulicht, wie eine seiner großartigsten, wenn auch unauffälligen, Innovationen entwickelt wurde: das Unibody-Gehäuse für seine Notebooks. Ein herkömmliches PC-Notebook wird aus ungefähr 5 bis 15 unterschiedlichen Plastik- und Metallkomponenten hergestellt, die miteinander verklebt oder verschraubt werden. Das ist aus mehreren Gründen problematisch. Wie Apple es in seinem Patentantrag formulierte, „sorgen Gehäuse, die aus verschiedenen Teilen hergestellt werden, dafür, dass das Gerät größer und schwerer wird. Sie tragen zu höherer Komplexität bei, können relativ teuer sein und für die Montage kann ein erheblicher Zeitaufwand erforderlich sein“. Zudem gibt es „eine hohe Fehleranfälligkeit, da das komplette Gehäuse ausfällt, wenn eine einzelne Komponente ausfällt“, und sie „sind nur mit erheblichem Aufwand recyclebar und können daher die Umwelt belasten“, da einige der Teile aus nicht recyclebaren Materialien hergestellt werden.[18]

Apple machte sich auf die Suche nach Methoden zur Produktion von „Gehäusen, die kosteneffizienter, kleiner, leichter, robuster und optisch ansprechender als aktuelle Gehäuse-Designs waren“. Unter Berücksichtigung dieser Kriterien konnten die Experten Aluminium als perfektes Material identifizieren – also wurden sie losgeschickt, um mehr darüber zu erfahren, wie es in die Form eines Gehäuses gebracht werden könnte. Nachdem die Einkaufsexperten mit den großen Aluminium-Lieferanten gesprochen hatten, waren sie in der Lage, eine Antwort darauf zu liefern: CNC-Fräsmaschinen (Computerized

Numerical Control, rechnergestützte numerische Steuerung). Mit diesen Maschinen wurden ursprünglich Kleinserien von komplexen Teilen produziert wie die Hauptstrukturkomponenten des F-35-Kampfjets aus Titanium. Da CNC-Maschinen an einem massiven Metallblock Fräsarbeiten durchführen – so wie ein Bildhauer einen Marmorblock bearbeitet –, sind sie recht teuer und langsam. Sie für die Herstellung von Millionen von Notebooks zu nutzen, leuchtete gelinde ausgedrückt nicht ein. Aber es war auch typisch für die Entschlossenheit von Apple, über das Offenkundige hinauszuschauen.[19]

Die Aluminium-Experten von Apple baten die Führungskräfte eindringlich, den Einsatz von CNC-Maschinen in Erwägung zu ziehen. Nachdem einige Versuche zu vielversprechenden Ergebnissen geführt hatten, wandte sich das Unternehmen an seine Top-Lieferanten, um deren Fertigungskenntnisse anzuzapfen, da sie herausfinden wollten, ob sie den Prozess industrialisieren konnten. Sie fanden tatsächlich eine Methode dafür, und ab 2010 kaufte Apple fast alle CNC-Maschinen auf, die weltweit angeboten wurden, und installierte diese in den Werken seiner Lieferanten, vor allem bei Foxconn und Catcher Technology. Dadurch und durch einen Patentantrag beim US Patent and Trademark Office sicherte Apple seine Lieferkette ab. Das bedeutete, dass seine Konkurrenten nicht in der Lage waren, rasch diesem Beispiel zu folgen, als das Unibody-Gehäuse zu einem Hit bei den Verbraucherinnen und Verbrauchern wurde.

Es ist höchst unwahrscheinlich, dass die Lieferanten ohne die Unterstützung von Apple auf die Idee gekommen wären, CNC-Fräsen als geeignete Methode zur Herstellung eines Gehäuses einzusetzen. Gleichermaßen war Apple auf seine Lieferanten angewiesen, um herauszufinden, wie Aluminium-Gehäuse in großer Stückzahl produziert werden konnten – nicht nur für Notebooks, sondern auch für Desktops, Laptops, Smartphones, Tablets und Smartwatches.

Prozessinnovation

Bei Apple ging es um die Zusammenarbeit mit innovativen Lieferanten, um seine erfolgreichen Computer-*Produkte* weiterzuentwickeln und zu verbessern. Andere Unternehmen wollen auf der Grundlage der Zusammenarbeit ihre *Prozesse* verbessern. Siemens Gamesa arbeitet beispielsweise mit dem japanischen IT-Unternehmen Fujitsu zusammen, um sein Programm für Sicherheitschecks an den 28.000 Windkraftanlagen auf der ganzen Welt zu beschleunigen.

Siemens Gamesa, eine Tochtergesellschaft des deutschen Industriekonzerns mit Sitz in Spanien, ist der weltweit größte Hersteller von Windturbinen und Pionier auf dem Gebiet erneuerbarer Energien. Die Türme der Windkraftanlagen sind 120 Meter hoch und die Rotorblätter aus Glasfaser an der Spitze der Türme 76 Meter lang. Diese Rotorblätter sind nicht nur die teuersten Teile der Turbine, sondern auch die empfindlichsten, da sie extremen Belastungen und Wetterbedingungen ausgesetzt sind. Die Durchführung von Sicherheitsinspektionen ist zeitaufwändig und zuweilen sogar gefährlich, denn einige der Windkraftanlagen befinden sich auf hoher See oder in entlegenen Gegenden. Im Jahr 2017 begannen die Führungskräfte des Unternehmens zu hinterfragen, ob es möglich sei, die Arbeiten sicherer, schneller und effektiver durchzuführen.

Der Einkauf wurde damit beauftragt, den Standpunkt der Lieferanten zu erfragen. Die externen Anbieter schlugen eine praktikable und kostengünstige KI-Lösung vor. Der CPO und das Einkaufsteam nahmen dann eine Überprüfung der Unternehmen durch, die sich auf maschinelles Lernen spezialisiert hatten, bevor sie eine Allianz mit Fujitsu, einem der langjährigen Lieferanten von Siemens Gamesa, vorschlugen. Zusammen entwickelten die beiden Unternehmen das KI-Programm Hermes zur Erkennung von Fehlern in Bildern. Für die Entwicklung dieses Programms wurden gemeinsame Workshops durchgeführt und ein Proof of Concept festgelegt, bevor sie es schlussendlich zur echten Nutzung empfahlen. Hermes kombiniert Bild- und Signalverarbeitung mit Deep-Learning-Technologien und greift auf das Datenarchiv von Siemens Gamesa zurück. Hierin sind Daten zur Wartung von 50.000 Rotorblättern über einen Zeitraum von 20 Jahren enthalten.[20]

Siemens Gamesa verfügt mittlerweile über eine Drohnenflotte, die in nur 20 Minuten 400 fotografische Aufnahmen der drei Rotorblätter einer Windturbine aufnehmen kann. Diese Bilder werden dann auf der Cloud-Plattform Azure von Microsoft hochgeladen und mit dem KI-Programm Hermes analysiert. Zunächst werden die Bilder zusammengeschnitten (dieser Prozess dauert keine Stunden, sondern lediglich ein paar Sekunden), danach werden sie bearbeitet, sodass sich die Rotorblätter klar vom Hintergrund des Himmels, des Meeres und des Landes abheben. Anschließend werden die Bilder nach Fehlern abgesucht, wobei eine Variante der Gesichtserkennung Anwendung findet. Die Fehler werden auf einer Skala von 1 bis 5 eingeteilt, wobei eine 5 bedeutet, dass sofort gehandelt werden muss. Mit diesen Informationen können erfahrene Qualitätsprüfer eine gründliche Prüfung durchführen. Der Prozess dauert nur noch 1,5 Stunden und nicht mehr 6 bis 8 Stunden wie früher. Wie Kenneth Lee Kaser, der Verantwortliche für Supply-Chain-Management bei Siemens Gamesa es ausgedrückt: „Fujitsus bahnbrechende KI-Technologie verkürzt die Zeit, die für die Überprüfung der Rotorblätter nötig ist, erheblich.“[21]

Die durch die Windkraftanlagen von Siemens Gamesa vor der deutschen Nordseeküste erzeugte Elektrizität wird von mehreren Übertragungsnetzbetreibern (ÜBN) zu den Konsumentinnen und Konsumenten befördert, darunter auch die 50Hertz Transmission GmbH. 50Hertz ist eine Tochtergesellschaft der Elia Group, die ihren Sitz in Belgien hat, und beliefert Nord- und Ostdeutschland, unter anderem auch Berlin und Hamburg. Zudem spielt das Unternehmen eine zentrale Rolle bei der Energiewende in Deutschland. So wird der radikale und schnelle Übergang von fossilen Energien hin zu erneuerbaren

Energien bezeichnet. Bis zum Jahr 2045 soll Deutschland klimaneutral sein. Um dieses ehrgeizige Ziel zu erreichen, überwacht Hertz50 zusammen mit TenneT, einem weiteren ÜBN den Bau des SuedOstLinks, einer 540 Kilometer langen unterirdischen Übertragungsleitung, um Strom zwischen Wolmirstedt in der Nähe von Magdeburg in Sachsen-Anhalt und Isar im Norden von München zu transportieren.[22]

Dabei handelt es sich um ein 5 Milliarden Euro schweres Projekt. Die Kosten für das Ausheben der Gräben und die Verlegung des Kabels verschlingen ca. 20 Prozent des Gesamtbudgets, was das 50Hertz-Team dazu veranlasste, eine günstigere Methode zu finden, um beides zu machen, statt nach herkömmlicher Art den Boden mit mechanischen Baggern aufzureißen, die Kabel zu verlegen und die Löcher wieder aufzufüllen. Mit unserer Unterstützung machte sich das Einkaufsteam auf die Suche nach alternativen Methoden. Eine dieser Methoden besteht darin, mittels eines Grabenschlittens (Trench Sledge) die Kabel zu verlegen. Dabei hebt ein Bagger den Graben vor der Kabelführungsbox aus und bringt sie in Position. Eine weitere Methode ist das Pflügen. Dabei zieht ein Pflug die Verlegemaschine, mit der die Kabel in die entstehenden Hohlräume verlegt werden, die sich anschließend fast unmittelbar wieder schließen. 50Hertz hatte bereits ein Jahr zuvor bewiesen, dass die Kabelprojekte als gemeinsames Unterfangen mit Lieferanten technisch durchführbar waren. Beide Technologien sorgen für eine Reduzierung der Kosten um bis zu 15 Prozent, da sie weniger arbeitsintensiv sind und die unterirdischen Kabel schneller verlegt werden können.

Da es nur wenige Zulieferer für beide Technologien gibt, entschied sich 50Hertz dazu, einen neuen Markt für Lieferanten der Grabenschlitten-Technologie aufzubauen. Tatsächlich fungierte 50Hertz selbst als Anbieter auf dem Markt: Das Unternehmen bot an, gemeinsam mit mehreren Tiefbauunternehmen in die Entwicklung der Technologie zu investieren, um den speziellen Anforderungen von Projekten mit Hochspannungsleitungen gerecht zu werden. Für die Pflugtechnologie hatte 50Hertz zwei andere Optionen: sich mit einem Lieferanten zusammenschließen, um die Pflugmaschinen, die jeweils ca. 2 Millionen kosten, zu kaufen oder zusammen mit einem auf Pflugmaschinen spezialisierten Hersteller in die Entwicklung dieser Maschinen zu investieren. Ohne diese Anreize wären die Lieferanten vermutlich nicht willens gewesen, das Risiko einzugehen, eigene Kapazitäten in diesem Geschäftsfeld aufzubauen.

Zusätzlich zu gemeinsamen Investitionen versprach 50Hertz, dass diese Lieferanten bereits in die Vorauswahl der deutschlandweiten Ausschreibung nach den Bestimmungen der Bundesregierung kämen, wenn sie die Technologie und die dazugehörigen Maschinen erfolgreich entwickelten. Zum Zeitpunkt der Erstellung dieses Buches ist das gemeinsame Programm für die Entwicklung der Grabenschlitten-Methode noch nicht abgeschlossen.

Produkt- und Prozessinnovation

Ein Beweis dafür, dass das Zeitalter der transformativen Innovationen noch längst nicht vorbei ist, kann im Erfolg der weltweiten Anstrengungen, nicht nur einen, sondern gleich mehrere hochwirksame COVID-19-Impfstoffe zu entwickeln und zu verteilen, gefunden werden. Diese Leistung verdeutlicht, dass Unternehmen gemeinsam Großes erreichen können, wenn die Notwendigkeit besteht und die Ressourcen sowie die Bereitschaft zur Zusammenarbeit vorhanden sind. Vor allem verdeutlicht diese Errungenschaft die Macht der hoch entwickelten Kompetenz des Einkaufs in Unternehmen, um Transformationen zu befördern.

Im Januar 2020 kamen die ersten Meldungen von einer zuvor unbekannten Atemwegserkrankung aus China. Anfänglich war nicht klar, ob der virulente Stamm des Coronavirus‘, der die Erkrankung verursachte – SARS-CoV-2 –, eine lokal begrenzte Epidemie wie SARS,

MERS oder Ebola auslösen würde.[23] Bis Anfang März wurde aufgrund der steigenden Zahl an Neuerkrankungen und Toten in ganz Asien, Europa und Nordamerika deutlich, dass sich COVID-19 sehr schnell zur schlimmsten Gesundheitskrise seit der Spanischen Grippe, an der ca. 50 Millionen Menschen nach dem Ersten Weltkrieg gestorben waren, entwickeln würde. Daher rief die Weltgesundheitsorganisation COVID-19 zur weltweiten Pandemie aus.[24]

Das veranlasste die großen Pharmaunternehmen, ihre Anstrengungen zu beschleunigen. Die Aufgabe, die sich ihnen stellte, bestand darin, einen wirksamen Impfstoff zu entwickeln, mit dem die gesamte Weltbevölkerung (7 Milliarden Menschen) geimpft werden konnte. Wenn man bedenkt, dass die Unternehmen in der Pharmabranche jährlich nur 5 Milliarden Impfdosen für ansteckende Krankheiten wie Grippe, Lungenentzündung und Gelbfieber herstellen, war dies eine gewaltige Herausforderung, für die eine radikale und innovative Denkweise gefordert war.

Wer sollte der Erste sein, der das Rennen um die Herstellung eines Impfstoffs gewann?

Die Vorreiter waren die drei größten Impfstoff-Hersteller der Welt: GlaxoSmithKline (GSK), Merck und Sanofi. Im Mai 2020, nachdem etliche Länder bereits Lockdowns als Maßnahme verhängt hatten, drückte Ken Frazier, CEO von Merck, seine Skepsis aus, dass der COVID-19-Impfstoff in den von Politikern geforderten 12 bis 14 Monaten entwickelt werden könne. Er sagte: „Nach unserer Erfahrung sind diese im Entwicklungszeiträumen für einen sicheren und wirksamen Impfstoff sehr ambitioniert sind."[25] GSK und Sanofi kündigten hingegen an, ihren bestehenden Konkurrenzkampf für den Moment hintanzustellen und die proprietären Technologien beider Unternehmen zu bündeln, um gemeinsam einen Impfstoff zu entwickeln.

Der Waffenstillstand zwischen GSK und Sanofi war außergewöhnlich. „Da die Welt mit einer noch nie dagewesenen Gesundheitskrise konfrontiert wird, ist klar, dass kein Unternehmen es allein schafft", sagte der CEO von Sanofi Paul Hudson. Emma Walmsley, CEO von GSK, war derselben Meinung: „Wenn wir unsere Wissenschaft und unsere Technologien bündeln, können wir unserer Meinung nach zur Beschleunigung der weltweiten Bemühungen beitragen, um einen Impfstoff herzustellen, der so viele Menschen wie möglich vor COVID-19 schützt.“[26]

War diese Maßnahme mutig genug? Wie wir heute wissen, lautet die Antwort darauf: Nein.

Während sich GSK und Sanofi darauf konzentrierten, ihre bestehenden Impfstoff-Technologien anzuwenden, waren Pharmaunternehmen mit einer kleinen und in einigen Fällen sogar minimalen Präsenz im weltweiten Impfstoff-Markt recht schnell dazu entschlossen, mit Lieferanten von innovativen, wenngleich auch ungetesteten Impfstoff-Technologien zusammenzuarbeiten, da sie einen ernsthaften Beitrag zur Lösung der schlimmsten Gesundheitskrise seit einem Jahrhundert leisten wollten.

Diese Suche wurde von ihren externen Lieferanten-Experten durchgeführt, den Verantwortlichen für die Beziehungen der Unternehmen mit ihren Lieferanten. Pfizer, der viertgrößte Impfstoff-Hersteller der Welt, schloss sich mit BioNTech, einem deutschen Life-Science-Unternehmen, mit dem es bereits an der Entwicklung eines innovativen Grippeimpfstoffs arbeitete, zusammen. Die Führungsmannschaft von Pfizer war von BioNTechs weitsichtigem Ansatz überaus angetan. Uğur Şahin, der aus der Türkei stammende Mitbegründer und CEO von BioNTech, ordnete an, dass in seinem Unternehmen die Prototyp-Technologie für die Herstellung des Grippeimpfstoffs – die auch als messenger-RNA oder kurz mRNA bekannt ist – zur Herstellung des neuen COVID-19-Impfstoffs zu nutzen.

Mikael Dolsten, der wissenschaftliche Leiter bei Pfizer, erklärte die Partnerschaft mit folgenden Worten: „Wir sind davon überzeugt, dass wir mit noch mehr Entschlossenheit alles in unserer Macht Stehende tun, um diese sich ausweitende Pandemie so schnell wie möglich zu bekämpfen, wenn wir unsere Kompetenzen auf den Gebieten der Entwicklung, der Regulierung und des Kommerzes mit der mRNA-Impfstoff-Technologie von BioNTech bündeln.“[27]

Als Pfizer die Zusammenarbeit ankündigte, traf AstraZeneca, ein schwedisch-englisches Unternehmen, eine Vereinbarung mit einem Team von Wissenschaftlern der Oxford University.[28] Pfizer hatte schon einmal versucht, AstraZeneca im Rahmen einer feindlichen Übernahme zu erwerben und dafür ein Gebot von 69 Milliarden US-Dollar abgegeben. AstraZeneca mit Sitz in Cambridge hatte zwar noch keine Erfahrung auf dem Gebiet der Impfstoff-Herstellung, war aber von der Arbeit von Sarah Gilbert und ihrem Team am Jenner Institute, das nach dem englischen Arzt und Vorreiter der Schutzimpfung in den 1790er Jahren Edward Jenner benannt ist, äußerst beeindruckt. Ebenso wie BioNTech arbeitete das Oxford-Team an einer experimentellen Impfstoff-Technologie, um die Ausbreitung von Ebola zu verhindern, als es sich dem COVID-19-Virus zuwandte.

Die Partnerschaften zwischen Pfizer und BioNTech sowie Oxford und AstraZeneca werfen die folgende Frage auf: Wer ist eigentlich der Lieferant? Die Expertise ist gleichmäßig verteilt, wobei jeder der Partner einen entscheidenden Beitrag zur Partnerschaft leistet. Pfizer ist wohl das einkaufende Unternehmen, da es zuvor die Arbeit von BioNTech zum Grippeimpfstoff finanziert hat. Das Unternehmen beschreibt sich selbst allerdings auch als Mitentwickler des COVID-19-Impfstoffs. Bei der Partnerschaft zwischen Oxford und AstraZeneca war die Universität in der starken Position und sie bestand darauf, dass der gemeinsam entwickelte Impfstoff ein „Impfstoff für die ganze Welt“ sein sollte, der den ärmeren Ländern verkauft wird, um die Pandemiedauer zu verkürzen.[29] AstraZeneca war mit diesen Bedingungen einverstanden – und übernahm die Verantwortung für die klinischen Studien, die Herstellung des Impfstoffs und die Verteilung in der ganzen Welt.

• • •

Es stellte sich heraus, dass sich die Entscheidung von Pfizer und AstraZeneca, mit Lieferanten zusammenzuarbeiten, auszahlte, als die ersten Anzeichen des Erfolgs sichtbar wurden. GSK und Sanofi hingegen hatten plötzlich Schwierigkeiten. Ende 2020 kündigte das Unternehmen aufgrund von Problemen im Entwicklungsprozess eine Verzögerung der Auslieferung seines Impfstoffs an.[30] Einen Monat später ließ Merck verlauten, dass es seine Bemühungen um die Entwicklung eines COVID-19-Impfstoffs aufgebe.[31] Die Entwicklung eines wirksamen Impfstoffs war jedoch nur ein Teil der Herausforderung. Genauso wichtig war es, einen effizienten Prozess zu entwickeln, um drei Ziele zu erreichen: erstens die Lieferung einer ausreichend großen Menge an Inhaltsstoffen, um eine ausreichend große Menge an Impfdosen herzustellen (eine enorme Herausforderung, wenn man bedenkt, dass ein herkömmlicher Impfstoff aus bis zu 280 Inhaltsstoffen besteht, die von verschiedenen Orten bezogen werden müssen); zweitens die Herstellung des Impfstoffs auf eine Art, die die Einhaltung höchster Sicherheitsanforderungen gewährleistet; drittens die Verteilung des Impfstoffs auf der ganzen Welt.

Die Lieferkette, die AstraZeneca dafür geschaffen hat, zeigt ganz deutlich, wie komplex die Abläufe sind. Der Impfstoff selbst – der Wirkstoff – wird von Vertragsherstellern, die auf der ganzen Welt verstreut sind, produziert. Zu diesen zählen Henogen in Belgien, Catalent in den Vereinigten Staaten, Halix in den Niederlanden, Oxford Biomedica in Großbritannien und der größte Impfstoff-Hersteller – das Serum Institute of India.[32]

Nach der Herstellung des Impfstoffs wird er für den sogenannten Fill-and-Finish-Prozess an verschiedene Orte verschickt. Darunter versteht man das Befüllen der Ampullen mit dem Impfstoff und das Verpacken für den Versand. In Großbritannien wird der Impfstoff von AstraZeneca an CP Pharmaceuticals mit Sitz in Wales und Tochtergesellschaft von Wockhardt, einem weltweit agierenden Biotechnologie-Unternehmen mit Hauptsitz in Indien gesendet. In der Europäischen

Union wird der Impfstoff unter anderem an IDT Biologika in Deutschland, Catalent in Italien und Insud Pharma in Spanien geschickt.[33]

• • •

Durch die Partnerschaft mit innovativen Lieferanten waren Pfizer und AstraZeneca ihren größeren Konkurrenten weit voraus. Für Pfizer wurde ein Umsatz von 15 Milliarden US-Dollar mit dem COVID-19-Impfstoff für das Jahr 2021 prognostiziert. Dadurch würde das Unternehmen an die Spitze der Impfstoff-Rangliste katapultiert.[34] Indes mussten GSK, Merck und Sanofi gezwungenermaßen aufholen und in einigen Fällen fungierten sie sogar als Lieferant für Pfizer, AstraZeneca und andere Impfstoff-Hersteller, für die sie Basisproduktionsleistungen erbrachten. Viel zu spät kündigte GSK eine Vereinbarung zur Zusammenarbeit mit dem deutschen Biopharma-Unternehmen CureVac an, um unter Verwendung der mRNA-Technologie einen COVID-19-Impfstoff zu entwickeln.[35] Gleichzeitig vereinbarten GSK, für Novavax, einen seiner kleineren Konkurrenten, das Fill-and-Finish zu übernehmen und Johnson & Johnson bei der Produktion des Impfstoffs zu unterstützen.[36] Unterdessen kündigte Sanofi Pläne an, die Entwicklung eines mRNA-Impfstoffs zusammen mit seinem Lieferanten Translate Bio, einem Biotechnologie-Unternehmen mit Sitz in den USA zu beschleunigen. Zudem vereinbarten sie mit Pfizer-BioNTech und Johnson & Johnson, einem weiteren Pharma-Riesen, deren Impfstoff herzustellen.[37]

Der Ansatz von Pfizer und AstraZeneca wird vermutlich zum typischen Fallbeispiel an wirtschaftswissenschaftlichen Fakultäten werden, wenn man zeigen möchte, dass Unternehmen einen Wettbewerbsvorteil erhalten, wenn sie zusammen mit ihren Lieferanten bahnbrechende Innovationen entwickeln.

Fazit

In einer Welt des technologischen Wandels und der Disruption ist der entscheidende Faktor für das Überleben eines Unternehmens dessen Fähigkeit, Innovationen zu entwickeln. Dies jedoch allein zu bewerkstelligen ist recht schwer. Zunächst einmal ist es sehr teuer, und zudem es gibt keine Garantien dafür, dass sich die Investitionen auszahlen. Außerdem ist es auch eine Herausforderung – besonders für Unternehmen, die keine Technologie-Unternehmen sind und nicht über die entsprechenden Mitarbeiter mit der erforderlichen High-Tech-Expertise verfügen. Jedoch gibt es eine Lösung: CEOs können die finanziellen, intellektuellen und andere Ressourcen ihrer Lieferanten anzapfen. Dafür müssen sie dem CPO und dem Einkaufsteam eine zentrale Rolle im Produktentwicklungsprozess geben. So können sie die Kosten für F&E übernehmen und gemeinsam eine Reihe von Innovationen entwickeln, die die Bedürfnisse der Konsumentinnen und Konsumenten befriedigen.

Neben den Kostenersparnissen ist die Entwicklung von Produkt- und Prozessinnovationen vermutlich die einzig entscheidende Methode, wie das Einkaufsteam dazu beitragen kann, dem Unternehmen einen Wettbewerbsvorteil zu verschaffen. In gewisser Weise handelt es sich um eine Art Katalysator, wobei das Unternehmen in die Lage versetzt wird, aus allen anderen Quellen des Wettbewerbsvorteils einen Wert zu schöpfen. Diese Methode hilft nicht nur, Kosten zu sparen (wie wir mit den Berichten über Apple, Siemens Gamesa und 50Hertz gezeigt haben), sondern auch für Nachhaltigkeit zu sorgen (Bericht über Apple), die Geschwindigkeit zu erhöhen (Berichte über 50Hertz und den COVID-19-Impfstoff), das Risiko zu reduzieren (Berichte über Apple und Siemens Gamesa) und qualitativ hochwertige Produkte und Prozesse zu schaffen (alle Berichte) – was das Thema des nächsten Kapitels ist.

Das Wichtigste in Kürze

Erkenntnis

Wenn Sie Ihre Pipeline mit innovativen Produkten und Dienstleistungen füllen wollen, müssen Sie Ihre Lieferanten in das Produktentwicklungssystem integrieren.

Strategie

Instruieren Sie Ihren CPO, die F&E-Ressourcen Ihrer Lieferanten anzuzapfen. Konzentrieren Sie sich auf die Entwicklung von nachfrageorientierten und nicht produktorientierten Prozess- und Produktinnovationen. Fokussieren Sie sich darauf, die Bedürfnisse der Konsumentinnen und Konsumenten zu befriedigen sowie deren Probleme in der echten Welt und die der Gesellschaft zu lösen.

Vorgehensweise

- Sorgen Sie dafür, dass Ihr CPO auf die Stimme der Konsumentinnen und Konsumenten, auf die Stimme der Gesellschaft und auf die Stimme des Produkts hört.
- Übertragen Sie Ihrem CPO die Verantwortung dafür, Informationen koordiniert zusammenzutragen und diese in ein Innovationsprogramm zu übersetzen.
- Bauen Sie die Einkaufsfunktion als Quelle von Ideen und Erkenntnissen auf. Stellen Sie sicher, dass zu den Mitarbeitern Ihres CPOs entweder führende Experten zählen oder dass er sie einstellt.
- Stellen Sie wendige, funktionsübergreifende Teams auf, sodass sich verschiedene Perspektiven und Unternehmensinteressen im Produktentwicklungsprozess widerspiegeln.

7

Perfektion als Ziel

Liefern Sie unschlagbare Qualität, indem Sie gemeinsam mit Ihren Lieferanten Fehler bekämpfen

Am Dienstag, 20. April 2010, gegen 21.50 Uhr erschütterte eine schwere Explosion eine Ölbohrinsel 65 Kilometer vor der Küste von Louisiana im Golf von Mexiko, von der aus Tiefseebohrungen vorgenommen wurden. Elf Arbeiter verloren dabei ihr Leben, und in den folgenden drei Monaten strömten 4 Millionen Barrel Öl ins Meer. Dabei entstand ein ca. 93.000 Quadratkilometer großer Ölteppich. Vögel und Fische starben, die unberührte Natur wurde zerstört und die Wirtschaft ruiniert.[1]

Die katastrophale Explosion auf der Bohrinsel Deepwater Horizon ist gemeinhin als die „BP-Bohrinsel-Katastrophe" bekannt. Das britische Energieunternehmen war auf der Suche nach neuen Öl- und Gasvorkommen und erwarb Rechte, das sogenannte Macondo-Ölfeld auszubeuten – ein Gebiet vor der Küste, wo es ungefähr 50 Millionen Barrel Öl geben soll. BP arbeitete jedoch nicht allein. Inhaber und Betreiber der Bohrinsel war Transocean, das größte Bohrinselunternehmen der Welt. Und Halliburton, ein US-amerikanischer Anbieter von Dienstleistungen für Unternehmen aus der Erdöl- und Energieindustrie, war beauftragt worden, ein Probe-„Bohrloch aus der Hölle“ mit Zement zu verschließen. Diese beiden Unternehmen, die mit dem Einkaufsteam von BP Verträge geschlossen hatten, spielten eine entscheidende Rolle bei der Entstehung der Katastrophe. Die gescheiterten Versuche von Halliburton, das Probebohrloch mit Zement zu verschließen, waren unmittelbar für die Explosion des unter hohem Druck stehenden Methangases verantwortlich.

Schlussendlich wird jedoch BP als einkaufendes Unternehmen der Dienstleitungen seiner Lieferanten für das, was die schlimmste Ölpest der Geschichte war und immer noch ist, verantwortlich gemacht. Ursprünglich sollte das Bohrunterfangen 96,2 Millionen US-Dollar kosten. Am Ende musste BP eine Rekordsumme von 18 Milliarden US-Dollar für Geldbußen und Säuberungsaktionen auf den Tisch legen. Zudem erlitt die Reputation des Unternehmens einen erheblichen Schaden.[2] Dieses tragische Versagen erinnert unablässig daran, dass sich Unternehmen niemals von der Verantwortung für die Aktionen ihrer Lieferanten freisprechen können. Wenn der Lieferant versagt, versagen sie ebenfalls. Ein altes Sprichwort besagt, dass man nach Perfektion streben und sich mit Exzellenz zufriedengeben sollte („Strive for perfection and settle for excellence.“). Wir sind jedoch davon überzeugt, dass Unternehmen in der heutigen Zeit die Messlatte noch viel höher hängen müssen. Daher sollten CEOs unsere siebte Handlungsempfehlung berücksichtigen: *Perfektion als Ziel – Liefern Sie unschlagbare Qualität, indem Sie gemeinsam mit Ihren Lieferanten Fehler bekämpfen.*

Häufig haben Qualitätsmängel ihren Ursprung bei einem der Lieferanten und nicht beim Unternehmen selbst. Wir haben die Erfahrung gemacht, dass Qualitätsprobleme seltener auftreten, wenn Unternehmen eine Zusammenarbeit mit ihren Hauptlieferanten, von der beide Seiten profitieren, aufbauen. Der Grund dafür ist, dass diese Unternehmen eng mit ihren Lieferanten verbunden sind, und sie können ihr entscheidendes

Druckmittel einsetzen: mehr Aufträge an jene Lieferanten zu vergeben, die ihre strengen Qualitätsanforderungen am besten erfüllen können.

Etliche Unternehmen haben das bereits gelernt, darunter auch Toyota, Dell und die Top-Pharmakonzerne.

Null Fehler als Ziel – Wie Toyota, Dell und die großen Pharmakonzerne auf Qualität pochen

Es ist kaum zu glauben, aber japanische Autos waren früher verpönt, billig und schlecht zu sein. Toyota hat das durch sein Toyota-Produktionssystem geändert, wie wir in der Einführung beschrieben haben. Das Unternehmen liebt seine Lieferanten, ist aber gleichzeitig sehr streng mit ihnen. Das Motto des Unternehmens „Entweder auf die Art und Weise von Toyota oder überhaupt nicht“ („It's the Toyota way or no way“) bringt seine Kompromisslosigkeit deutlich zum Ausdruck. Insbesondere scheint das Unternehmen überzogene Anforderungen an seine Lieferanten zu stellen, da es das Ziel „Null Fehler“ ausgibt, und zwar für jede Phase des Lebenszyklus‘ eines Produkts – von der Entwicklung über die Produktion bis hin zum Vertrieb. Um das zu erreichen, fördert es *Kaizen* – eine Philosophie der kontinuierlichen Verbesserung. Auch hat das Unternehmen eine Art Pyramide für seine bevorzugten Lieferanten etabliert, die wie ein Leiterspiel funktioniert. Wenn ein Lieferant seine Arbeit gut macht, kann er darauf hoffen, mehr Aufträge zu bekommen. Wenn er Fehler macht, rutscht er womöglich in der Pyramide nach unten. Unser eigener Ansatz funktioniert ähnlich. Unsere Lieferanten können nach oben oder unten rutschen, je nachdem, ob sie ihre Aufträge gut erledigen oder ob wir strategisches Potenzial erkennen können.

Trotz des eher schlechten Rufs von Toyota arbeiten Lieferanten im Allgemeinen gerne mit dem Autobauer zusammen. Der Grund dafür ist, dass das Unternehmen seinen Spitzenlieferanten recht beachtliche Vorteile bietet: weitreichende Unterstützung für die Lieferanten; angemessene Gewinnspannen; gegenseitigen Respekt, der in persönlichen Gesprächen auf höchster Ebene und gemeinsam durchgeführten Projekten zum Ausdruck kommt; sowie echte Chancen, den Marktanteil zu vergrößern. Tatsächlich bekommen die besten Lieferanten nicht nur mehr Aufträge, sondern erhalten durch das *Keiretsu*-System auch noch finanzielle Unterstützung. Dabei beteiligt sich Toyota mit 20 bis 30 Prozent am Kapital, um eine „gemeinsame Zukunft“ zu gestalten.

Es gibt allerdings keine Überholspur auf dem Weg an die Spitze der Pyramide. Bei denen, die dort sind – ungefähr 75 –, handelt es sich um langjährige Lieferanten, die 15 bis 20 Jahre gebraucht haben, um dorthin zu kommen. Und was diese Lieferanten auszeichnet, ist die Tatsache, dass sie nach null Fehlern streben, wofür sie die Kaizen-Philosophie und zudem weitere, weniger bekannte Prinzipien anwenden. Eines dieser Prinzipien ist *Ji Kotei Kanketsu*. Hier müssen alle Verantwortung für ihre Phase im Prozess der Herstellung eines Autos übernehmen. Insbesondere dürfen sie weder Probleme noch mangelhafte Qualität an die nächste Person im Prozess weitergeben. Ein weiteres wichtiges Prinzip von Toyota ist *Genchi Genbutsu*, was so viel bedeutet wie „Gehe zum Ort des Geschehens“. Für alle Lieferanten bedeutet das, dass sie die Fakten selbst prüfen und noch einmal prüfen müssen. Wenn es ein Problem gibt, müssen sie selbst herausfinden, wo es herkommt. Zuweilen bedeutet das, die Management-Strategien von Sakichi Toyoda, dem Gründer der Toyota Industries Corporation (aus der der Automobilkonzern hervorgegangen ist) angewendet werden müssen. Vor langer Zeit sagte er einmal, dass es wichtig sei, „bei jedem Problem fünf ‚Warum-Fragen‘ zu stellen“. Auf diese Weise kann nicht nur ein Problem identifiziert, sondern auch sichergestellt werden, dass es nicht noch einmal auftritt.[3]

• • •

Toyota hat sich einen hervorragenden Ruf für Qualität und Verlässlichkeit aufgebaut – und kann folglich höhere Preise aufrufen. Aber wenn es einen Schwachpunkt in diesem Ansatz gibt, so ist er in der allzu großen Abhängigkeit von einem festen Lieferantenkreis zu finden. Sie schränkt die Freiheit ein, andere Lieferanten auszuprobieren, und wirkt sich letztendlich negativ auf die Entwicklung von Innovationen aus. Worin besteht die Alternative?

Ein Unternehmen, das einen anderen Ansatz gewählt hat, ist Dell Technologies. Wie Toyota hat es die Qualität zu einem seiner entscheidenden Merkmale auserkoren. Michael Dell sagte einmal: Ab dem Gründungstag im Jahr 1984 hat er die Qualität zum „großen Unterscheidungsmerkmal" gemacht. Dabei versuchte er, sein Start-up von den „unzähligen Unternehmen, die auf das PC-Geschäft aufspringen wollten" abzuheben.[4] Um qualitativ hochwertige Produkte anzubieten, wies er seine Angestellten an, eng mit den Lieferanten zusammenzuarbeiten. Wie er es formulierte: „Zuweilen waren die Komponenten von unseren Lieferanten untauglich. Also mussten wir zu ihnen gehen, um sicherzustellen, dass sie unseren Anforderungen gerecht wurden. Häufig wurden die Probleme jedoch nicht abgestellt. Also … gingen wir eine enge Beziehung mit unseren Lieferanten ein und unterrichteten sie über unsere Anforderungen, teilten Test- und Validierungsdaten mit ihnen und trieben sie zur kontinuierlichen Verbesserung an."[5]

Dell erarbeitete sich einen ausgezeichneten Ruf für das Management seiner Lieferkette, das der Qualitätssicherung Vorrang einräumt. Als der Journalist Thomas Friedman von der *New York Times* ein Unternehmen suchte, um in seinem Buch *Die Welt ist flach*, für das er einen Pulitzer Preis gewonnen hat, die Geschichte einer globalisierten Lieferkette zu erzählen, wählte er Dell aus. Es ergab sich so, dass Friedman sein Buch auf einem Inspiration 600m von Dell schrieb. Also war der Aufhänger seiner Geschichte, dass die Lieferung des Computers nur 13 Tage dauerte, nachdem er Dell angerufen, mit einem Vertriebsmitarbeiter gesprochen und seine Bestellung aufgegeben hatte. Zu der Zeit war das erstaunlich schnell. Tatsächlich hätte es nur 4 Tage gedauert, wenn nicht einer der Qualitätskontrollspezialisten ein Problem mit der WLAN-Karte entdeckt hätte, als der Computer in Penang, Malaysia zusammengebaut wurde. Da Friedman vom reibungslosen Ablauf der Lieferung so beeindruckt war, beschrieb er die „Lieferketten-Symphonie“ von Dell als „eines der Wunder der flachen Welt“.[6]

Dies trug sich 2005 zu. Seitdem steigt die Anzahl von Produktpiraten und Cyberkriminellen und verkompliziert die Herstellung und das Management der Lieferanten. Unternehmen müssen schwer kämpfen, um einerseits in ihrem Bestreben, für ihre Kundinnen und Kunden qualitativ hochwertige Produkte zu entwickeln, herzustellen und zu liefern, die Fehler minimieren. Andererseits müssen sie auch die Folgen der Angriffe von Cyberkriminellen und anderen mit bösen Absichten kontrollieren und minimieren. Heute ist es möglich, dass solche Leute ein gefälschtes Teil einbauen oder eine Malware auf dem Motherboard installieren. Laut dem Weltwirtschaftsforum wurden im Jahr 2020 Datengefährdung, Betrug und Cyberangriffe nach extremem Wetter, Scheitern des Klimaschutzes, Naturkatastrophen, Verlust an Biodiversität und durch Menschen verursachte Umweltkatastrophen als die sechst- und siebtwahrscheinlichsten weltweiten Risiken angesehen.[7]

Der Umgang mit der Bedrohung durch Cyberkriminalität ist keine einfache Aufgabe für Dell, denn das Unternehmen produziert jeden Tag ungefähr 60 Millionen PCs, die es an Kundinnen und Kunden in 180 Ländern ausliefert. Dells Lösung für das Problem besteht in einem Qualitätssicherungsprozess, in dem es umfangreiche Interventionen gibt, sodass es nur wenig Gelegenheit zur böswilligen Manipulation der Geräte auf ihrem Weg von der Entwurfsphase bis hin zu Vertriebsphase gibt. Michael Dell sagte einmal: „Wir wissen, wie wir die Bösewichte fernhalten können. Sicherheit ist in jedem Schritt fest verankert – von unserer Lieferkette über die Sicherheit, die tief in unseren Produkten integriert ist, bis hin zur Ebene des Internets und der

Applikationen, die sich im Kern der Tätigkeiten unserer Kundinnen und Kunden befinden.“[8]

Dells Ingenieure entwerfen die Produkte von Anfang an mit „eingebauter“ Sicherheit.[9]. Die echte Herausforderung, für Qualitätssicherung zu sorgen, entsteht dann, wenn das Unternehmen an externe Lieferanten herantreten muss, um Rohstoffe, Produktionskapazitäten, die für die Massenproduktion nötig sind, und Transportdienstleistungen, um den Kundinnen und Kunden das fertige Produkt an die Haustür zu liefern, zu bekommen. Um sicherzustellen, dass die Rohstoffe und andere Komponenten, die im Fertigungsprozess verwendet werden, echt, authentisch und neu sind, bezieht Dell diese von autorisierten Originalherstellern ihrer eigenen Liste.

Um diese Bauteile auf ihrem Weg in die Produktionsstätte, wo die Geräte zusammengebaut werden, zu verfolgen, nutzt Dell eine Reihe von elektronischen Etiketten. Einige Hochrisiko-Komponenten auf Servern für staatliche und Unternehmenskunden haben eine Seriennummer (PPID, Piece Part Identification Number). Andere Teile haben ebenfalls eine Seriennummer oder eine elektronische Kennung. Diese gekennzeichneten Komponenten werden an eines der 25 Werke geschickt, in denen die Geräte hergestellt werden. Die Hälfte dieser Werke ist im Besitz von Dell, und die anderen Werke gehören Lieferanten, die Auftragsfertigungen als Originalhersteller anbieten.[10] Wenn die montierten Geräte dann bereitstehen, liefert Dell sie mit der Hilfe von verschiedenen Logistikdienstleistern aus.

Die/der CPO sowie das Einkaufsteam spielen sowohl bei der Auswahl der verschiedenen Typen von Lieferanten als auch bei der Überwachung von deren Performance eine entscheidende Rolle. Dells Modus Operandi lautet „vertrauen und überprüfen“: den Lieferanten, die das Unternehmen als Partner ausgewählt hat, vertrauen, und alles, was sie machen, überprüfen. Der Auswahlprozess ist sehr hart. Nehmen wir einmal das Beispiel eines Vertragsherstellers. Zunächst erstellt der Commodity Manager eine Shortlist mit möglichen Lieferanten. Zweitens erhalten diese Unternehmen Produktspezifikationen – beispielsweise für ein Motherboard oder eine Festplatte. Sie müssen dann „Schritt für Schritt Bericht erstatten und damit zeigen, dass sie die Spezifikationen erfüllen können". Wenn dieser Bericht zufriedenstellend ist, führt Dell drittens ein Qualitätsprozess-Audit im Werk des Lieferanten durch. Viertens schickt das Einkaufsteam von Dell die Komponente des Lieferanten auf den Prüfstand: In einigen Fällen wird die Komponente einer umfassenden Analyse unterzogen, wofür sie in ihre Einzelteile zerlegt wird. Fünftens wird die Komponente in einen Computer von Dell eingebaut – sei es in einen PC, Desktop oder Server – um zu sehen, wie gut sie funktioniert. Wenn der Lieferant diese strenge Prüfung übersteht, wird er auf die Liste von Dell mit den bevorzugten Lieferanten aufgenommen. Diese Lieferanten sind dann verpflichtet, regelmäßige Performance-Berichte vorzulegen.

Das fertig zusammengebaute Dell-Gerät kann entweder direkt vom Werk aus an die Kundinnen und Kunden ausgeliefert werden oder alternativ an eines der Fulfillment-Center des Unternehmens. In beiden Fällen verlässt sich Dell auf bewährte Logistikdienstleister, die jeden Tag zwei Geräte pro Sekunde versenden – die Anzahl an Geräten ist so hoch, dass sie jeden Tag zwei 747-Jumbojets und jedes Jahr 34.000 Schiffscontainer füllen würden. Von den Logistikdienstleistern wird erwartet, dass sie routinemäßig manipulationssichere Siegel und Türverriegelungsmechanismen verwenden. Zudem müssen sie eine Reihe von Ortungsgeräten und die Möglichkeit von bewaffneten Sicherheitseskorten bieten.

Mit anderen Worten wird nichts dem Zufall überlassen.

• • •

Toyota und Dell stellen die Qualität in den Mittelpunkt ihrer unternehmerischen Aktivitäten. Sie verfolgen das Null-Fehler-Ziel, und sie werden von ihrem unternehmerischen Auftrag, sich von ihren Konkurrenten zu unterscheiden, angetrieben. Dies ist Teil ihres Alleinstellungsmerkmals. Bei Pharmaunternehmen wird die Qualität jedoch von den Regulierungsbehörden vorgeschrieben und zählt nicht zu den Alleinstellungsmerkmalen. Wenn Pharmaunternehmen keine Produkte von allerhöchster Qualität liefern, ziehen sie nicht nur gegenüber ihren Konkurrenten den Kürzeren, sondern verlieren auch die Lizenz, ihren Geschäften nachzugehen. Folglich sprechen sie nicht darüber, das Null-Fehler-Ziel zu erreichen. Vielmehr sprechen sie praktisch über die deutlich höhere Messlatte, „es beim ersten Mal richtig zu machen", da sie wissen, dass es keine zweite Chance gibt, wenn sie Fehler machen.

Vor dem Hintergrund des enormen Drucks, unter dem Pharmaunternehmen stehen, alles beim ersten Mal richtig zu machen, könnte man meinen, dass die am wenigsten riskante Option darin besteht, alles selbst zu machen – neue Produkte zu entwickeln, sie herzustellen und an Krankenhäuser und Apotheken auszuliefern. Aber im Laufe der Jahre haben sie die Erfahrung gemacht, dass sie Lieferanten brauchen, um zu wachsen. Die Lieferanten können ihnen den Zugang zu neuen Technologien verschaffen, flexibel zusätzliche Produktionskapazitäten bereitstellen, neue Märkte erschließen und das Risiko, das mit der Herstellung neuer pharmazeutischer Produkte im großen Maßstab verbunden ist, minimieren.[11]

Wenn etwas verdeutlichen kann, dass Pharmaunternehmen von ihrer Partnerschaft mit Lieferanten profitiert haben, so ist das die schnelle Entwicklung des COVID-19-Impfstoffs. Wie bereits erwähnt, arbeitete Pfizer mit BioNTech und AstraZeneca mit dem Jenner Institute an der Oxford University zusammen, um einen neuen Impfstoff zu entwickeln. Und als es dann an der Zeit war, den Impfstoff in großen Mengen herzustellen, wandten sie sich an eine Reihe von Vertragsherstellern in verschiedenen Märkten auf der ganzen Welt.

Die Tatsache, dass sie in der Lage waren, das so schnell zu bewerkstelligen, liegt in ihrem raffinierten Ansatz, wie sie Dienstleistungen von ihren Lieferanten beziehen, begründet. In der Pharmabranche trennen die Unternehmen das, was wir als Kerntätigkeiten im Bereich Einkauf erachten – den Einkauf von direkten und indirekten Gütern und Dienstleistungen von den Lieferanten. Der Einkauf kümmert sich um die Beschaffung von indirekten Gütern und Dienstleistungen (zum Beispiel Büromaterialien, IT-Systeme, Hausmeistertätigkeiten, Marketing und Reisebuchungen), während sich eine separate, externe Lieferantenfunktion um den Einkauf von allen Hauptbestandteilen der Arzneimittel sowie um die Auswahl und das Management der Vertragshersteller kümmert.

Die Lieferantenfunktion kann verschiedenen Arten von Beziehungen zu Vertragsherstellern aufbauen. Der Basisvertrag auf Grundlage des „Arm's-Length-Prinzips" ist eine Vereinbarung, bei der das Pharmaunternehmen nur dann Fertigungskapazitäten erwirbt, wenn es diese benötigt. Darüber hinaus ist eine Reihe von Partnerschaften möglich. Die einfachste Partnerschaft gründet auf einem Take-or-pay-Vertrag, bei dem das Unternehmen eine vereinbarte Menge an Produkten für eine vereinbarte Anzahl an Tagen, Wochen oder Monaten einkauft (und sich die Möglichkeit offenhält, Produkte zu tauschen und Zeitpläne zu verschieben). Die komplizierteste Art der Zusammenarbeit fußt auf einem Vertrag über gemeinsame Investitionen, von denen beide Parteien profitieren. Auf Basis eines solchen Vertrags kann das Unternehmen die Kapazitäten für mehrere Produkte ausdehnen, Zugang zu modernsten Technologien und lukrativen neuen Schwellenmärkten erhalten sowie seine Markteinführungsstrategie beschleunigen.

Die wirtschaftlichen Vorteile, die eine ausgeklügelte strategische Partnerschaft mit Vertragsherstellern mit sich bringt, sind erheblich. Pharmaunternehmen können sich durch Innovationen, Geschwindigkeit von Markteinführungen und Kosteneffizienz und nicht durch Qualität von den anderen Unternehmen auf dem Markt unterscheiden. Aber selbstverständlich wird die Herausforderung, qualitativ hochwertige Produkte anzubieten, mit jedem zusätzlichen Lieferanten größer. Wie kann ein Pharmaunternehmen diese Herausforderungen nun in den Griff bekommen? Einige Unternehmen experimentieren mit den von uns so bezeichneten werksübergreifenden Teams. Das sind funktionsübergreifende Teams, die aus Vertretern der Qualitätssicherung, Logistik, Planung, Fertigung und anderen Funktionen bestehen. Die Teamleiter können in der externen Lieferantenfunktion oder in einer der anderen Funktionen angesiedelt sein. Die Idee ist, dass jedes Mitglied des werksübergreifenden Teams eine direkte Beziehung zu seinem Experten-Pendant beim Vertragshersteller aufbaut. Beispielsweise hat der Qualitätsspezialist Kontakt zu dem Qualitätsspezialisten des Vertragsherstellers. Somit wird ein intensiver fachlicher Austausch zwischen zwei Personen, die nicht nur dieselbe Sprache sprechen, sondern auch die zentralen Herausforderungen und Chancen kennen, möglich.[12]

In gewissem Maß trägt dieser Ansatz dazu bei, der Anforderung, es direkt beim ersten Mal richtig zu machen, gerecht zu werden. Jedoch können es sich Pharmaunternehmen nicht leisten, ein Risiko einzugehen. Folglich investieren sie eine Menge in die Qualitätssicherung. Tatsächlich richtet durchschnittlich jeder dritte Angestellte in den großen Pharmaunternehmen sein Hauptaugenmerk auf Qualitätssicherung. Eine solch umfangreiche Art der Investition können sich Unternehmen in anderen Branchen schlichtweg nicht leisten. Dort kommt der Druck, qualitativ hochwertige Produkte zu liefern, nicht von Seiten der Regulierungsbehörden, sondern ist vielmehr wirtschaftlich bedingt.

Es gibt allerdings noch eine andere Art, auf die Unternehmen ihre Qualitätsagenda verfolgen können – und verlorenen Wert wiederherzustellen –, nachdem die Produkte von den Konsumentinnen und Konsumenten gekauft wurden. Es handelt sich um das sogenannte Claim Management. Der Einkauf in verschiedenen Unternehmen arbeitet seit geraumer Zeit sehr intensiv daran, diese Fähigkeiten aufzubauen.

Im Anschluss an die Produktionsphase: Wie Unternehmen ihre Verluste wieder wettmachen können, wenn der Lieferant minderwertige Waren und Dienstleistungen liefert

In der Automobilindustrie sind Unternehmen aufgrund von Qualitätsmängeln, Sicherheitsbedenken und anderen Fehlern zunehmend gezwungen, Rückrufaktionen durchzuführen. In den 20 Jahren von 1996 bis 2016 hat sich die Anzahl verdreifacht, nämlich von 19,4 Millionen auf 53,1 Millionen. Warum ist das so? Vornehmlich aus zwei Gründen: Erstens sind Auto ziemlich komplex geworden, und sie werden mit fortschrittlicher Technologie und komplizierter Software ausgestattet. Zweitens ist die Qualitätssicherung samt der verantwortlichen Personen, die im Zuge der weltweiten Finanzkrise zurückgefahren wurde, nicht wieder aufgebaut worden, da Unternehmen in Elektroautos, Kompetenzen in autonomem Fahren und andere Technologien investieren müssen.[13]

Rückrufaktionen sind für die Unternehmen sehr teuer, da diese oft im Rahmen der Garantieleistungen die fehlerhaften Teile reparieren oder ersetzen müssen. Kluge Unternehmen haben jedoch gelernt, wie sie einen Teil der Kosten für Garantieleistungen wieder hereinholen können, wenn sie Geld von ihren Lieferanten zurückfordern. Die Global Car Corporation (GCC), deren Ansatz des digitalen Einkaufs wir in Kapitel 4 erläutert haben, hat jedes Jahr im Durchschnitt 1,5 Milliarden US-Dollar Kosten für Garantieleistungen. Diese stammen aus unterschiedlichen Quellen, zum Beispiel aus Kosten für Reparaturwerkstätten, zu denen Ersatzteile und Arbeitsstunden gehören; Kosten für Pannenhilfe, zum Beispiel wenn liegengebliebene Kundinnen und Kunden abgeschleppt werden müssen; sowie Kosten für Leistungen aus Gründen der Kulanz und andere Zahlungen, um die Zufriedenheit der Kunden wiederherzustellen. Aber dank des Einkaufs, der ein raffiniertes Claim Management betreibt, kann GCC ungefähr 10 Prozent dieser Kosten wieder zurückholen. Das sind immerhin 150 Millionen US-Dollar.

Wie kann GCC das bewerkstelligen?

Das kleine Team – aus Experten mit Lieferantenbeziehungen, und mithilfe des Vertragsrechts und Qualitätsmanagements – überprüft die Performance-Daten der Fahrzeuge und setzt dafür eine moderne Mustererkennungstechnologie ein. Wenn das Team ein Muster für die Mängel erkennt – wir sprechen hier nicht von einer einmaligen Abweichung – nimmt es eine tiefergehende Analyse vor. Im Rahmen dieser Analyse ermittelt es, ob das Fahrzeugteil des Lieferanten für den Mangel verantwortlich ist. Wenn sich herausgestellt hat, dass der Lieferant tatsächlich den Fehler verursacht hat, kann der Einkauf eine zweigleisige Strategie umsetzen, um die Kosten wieder hereinzuholen und den Lieferanten dabei zu unterstützen, die notwendigen Qualitätsverbesserungen durchzuführen.

In einem Fall bekam GCC Beschwerden über fehlerhafte Sensoren, mit denen die Kraftstoffmenge im Tank gemessen wird. Die Fahrerinnen und Fahrer blieben liegen, weil plötzlich und unerwartet kein Kraftstoff mehr im Tank war. Zunächst bot man ihnen an, zum Vertragshändler vor Ort zu gehen, wo ein neuer Sensor eingebaut werden konnte. Allerdings war das nicht die Lösung des Problems, denn auch die neuen Sensoren gingen nach einiger Zeit wieder kaputt.

Um der Ursache des Problems auf den Grund zu gehen, gingen die Qualitätsmanager des Einkaufs als diejenigen, die eine Beziehung mit den Lieferanten der Tanksensoren unterhielten, gemeinsam mit diesen vor. Sie entdeckten bei ihrer Zusammenarbeit, dass sich der vom Lieferanten verwendete Klebstoff auflöste, wenn er in Kontakt mit Benzin kam, wodurch die Elektronik im Sensor korrodierte. Dies bedeutete, dass der Lieferant laut der vertraglichen Vereinbarung die Kosten für die Garantieleistungen übernehmen musste. Aber im Sinne der Zusammenarbeit half GCC dabei, einen neuen und effektiveren Klebstoff zu finden, damit der Lieferant in Zukunft nicht mehr für fehlerhafte Tanksensoren haftbar gemacht werden konnte.

Die Claim-Management-Expertise des Einkaufsteams trug dazu bei, dass GCC einen Teil der Kosten für Garantieleistungen von den Lieferanten wieder hereinholen konnte, und die Lieferanten bekamen Unterstützung, sodass sie ihre Qualitätsprobleme in den Griff bekamen. Allerdings können durch Claim Management immaterielle Kosten, die mit dem Reputationsschaden einhergehen, nicht neutralisiert werden. Über ein Jahrzehnt nach der Deepwater-Horizon-Katastrophe hat BP immer noch mit den Folgen zu kämpfen – und nicht die Lieferanten. Daher ist es immer besser, das Ziel null Fehler oder es beim ersten Mal richtig zu machen zu verfolgen.

Die Suche nach Qualität – es geht nicht nur um Fehlervermeidung

Was die Qualität als Wettbewerbsvorteil angeht, gibt es viel, was die/der CPO und der Einkauf tun können, um das Unternehmen vor Risiken zu schützen. Wie wir gezeigt haben, können sie mit Lieferanten zusammenarbeiten, um die Häufigkeit, mit der Mängel im Endprodukt auftreten, zu reduzieren. Falls dennoch fehlerhafte Produkte auf den Markt gelangen, können sie sich einen Teil der Kosten von den Lieferanten zurückzuholen. Es gibt aber genauso viel, was sie tun können, damit das Unternehmen von Chancen profitieren kann. Wenn CPOs als gleichwertige Partner an der strategischen Entwicklung eines Unternehmens beteiligt werden – wenn der Einkauf nicht mehr nur noch über kostengünstige Lösungen nachdenken muss –, können sie Lösungen entwickeln, die Qualität *und* Kosteneffizienz verbinden.

Wie wir bereits erwähnt haben, ist Apple bestrebt, das größere Bild bei seinem Innovationsansatz zu sehen, und dem Druck zu widerstehen, die Vorteile der Design- und Produktentwicklungslösungen gegen kurzfristige Kosten- und Gewinnaspekte abzuwägen. Nun werden wir zeigen, wie Thailands größter Stromerzeuger die Wirtschaftlichkeit des Unternehmens transformiert hat, wofür er das größere Bild betrachtet hat, als er Kraftstoff für seine Kraftwerke einkaufen musste.

Global Power Synergy (GPSC) ist die Vorzeige-Stromtochtergesellschaft der Petroleum Authority of Thailand , des größten Unternehmens des Landes und des einzigen, das in der *Fortune*-Global-500 Liste geführt wird.[14] Hauptsächlich nutzt es Erdgas, das zwei Drittel des Kraftstoffs ausmacht, der in den Kraftwerken eingesetzt wird. Aber es hat auch Kohlekraftwerke, die auf herkömmliche Art Strom erzeugen: Die Kohle wird verbrannt, und durch die entstehende Hitze wird Wasser in Hochdruckdampf verwandelt. Damit wird wiederum eine Turbine angetrieben, die Strom erzeugt. Die relativ hohe Effizienz dieser Kraftwerke – und insbesondere die Menge an Strom, die sie erzeugen können – hängt von der Qualität der Kohle ab. Und an dieser Stelle ist der Einkauf entscheidend.

Es gibt vier verschiedene Haupttypen von Kohle: Anthrazit, bituminös, subbituminös und Braunkohle. Sie unterscheiden sich in ihrem Kohlenstoffgehalt. Die Kohle mit der besten Qualität ist Anthrazit mit einem Kohlenstoffgehalt zwischen 86 und 97 Prozent. Anthrazit wird vor allem zur Stahlherstellung verwendet. Alle anderen Kohletypen werden für die Stromerzeugung eingesetzt. Ihr Kohlenstoffgehalt rangiert zwischen 25 und 86 Prozent. Je höher der Kohlenstoffgehalt, desto größer ist die Hitze, die damit erzeugt werden kann. Aber selbstverständlich ist qualitativ hochwertigere Kohle auch teurer. Aus diesem Grund hat sich der Einkauf von GPSC hauptsächlich auf die günstigste Kohle per MMBtu konzentriert. MMBtu ist die Einheit zur Messung des Wärmeinhalts bzw. des Energiewerts. Diese Vorgehensweise hatte Vor- und Nachteile. Zu den Vorteilen gehörte, dass die Anfangskosten niedriger waren. Nachteilig war, dass die versteckten Kosten bei der Verwendung von verschiedenen Kohletypen nicht berücksichtigt wurden.[15]

GPSC überdachte diesen Ansatz und entschloss sich dazu, eine andere, nämlich die Total-Cost-of-Ownership-Methode (TCO) anzuwenden. Im Grunde stellten die leitenden Angestellten die Frage, welche Kohle am kostengünstigsten ist. Um eine Antwort darauf zu geben, bewerteten der CPO und sein Einkaufsteam zunächst die Kohle der Lieferanten auf Grundlage der Auswirkungen der einzelnen Parameter der Kohle, zum Beispiel wie sich der Asche-, Sulfur- oder Feuchtigkeitsgehalt in der Kohle auf die Betriebseffizienz und folglich auf die Gesamtbetriebskosten von verschiedenen Kesseln auswirkt. Dann ermittelten sie die Total Cost of Ownership, um das Angebot eines Lieferanten auf seine Wettbewerbsfähigkeit zu beurteilen.

Um diese Methode anzuwenden, machten die Einkaufsmanagerinnen und Einkaufsmanager von GPSC zwei Dinge: Sie änderten, *wonach* sie fragten, und sie änderten, *wie* sie danach fragten. Bevor sie die TCO-Methode anwendeten, waren sie folgendermaßen vorgegangen: Sie hatten die Kohlequalität, die sie kaufen wollten, festgelegt und dann mithilfe eines einfachen Ausschreibungsverfahrens die Unternehmen ausgewählt, die den gewünschten Kohlentyp liefern konnten, und sich dann für den günstigsten Anbieter entschieden – für gewöhnlich nach mehreren Ausschreibungsrunden. Nach der Umstellung auf die neue Methode luden sie die Lieferanten dazu ein, eine größere Palette an Kohle mit unterschiedlichen Qualitätsniveaus anzubieten. Zudem führten sie das Ausschreibungsverfahren online durch, in einer E-Auktion, bei der die TCO-Faktoren berücksichtigt wurden. Sie erhielten dadurch Angebote von einer größeren Zahl an Lieferanten, die früher erst gar kein Angebot abgegeben hatten, weil sie nicht in der Lage waren, den speziellen Kohlentyp anzubieten. Im Prinzip ließ GPSC alle Anbieter an der Ausschreibung teilnehmen.

Sobald GPSC die Angebote von den Lieferanten vorlagen, prüften die Einkaufsmanagerinnen und -manager diese auf die Total Cost of Ownership. Sie waren recht erstaunt, als sie herausfanden, dass die Kohle mit geringer Qualität zum Teil überteuert war, und dass die

Kohle von höherer Qualität teilweise ein gutes Preis-Leistungsverhältnis aufwies. Mit jedem Dollar, der für qualitativ hochwertigere Kohle ausgegeben wurde, konnte rein rechnerisch mehr Kilowatt Energie erzeugt werden als mit dem gleichen Dollar, der für minderwertige Kohle ausgegeben wurde. Nach mehreren Ausschreibungsrunden – als dann ein Höchstpreis feststand – machte GPSC schlussendlich einem der Lieferanten ein Angebot. GPSC stellte fest, dass die anfallenden Ausgaben für Rohstoffe, im Laufe eines Jahres um 8 Prozent gesunken waren. Wenn man bedenkt, dass sich das Unternehmen früher glücklich geschätzt hatte, wenn es die Rohstoffkosten um ein Prozent senken konnte, war dieses Ergebnis transformativ.

Allem Anschein nach ist es eine Art Paradoxon, dass sich die Kosten so dramatisch reduzierten, als das Hauptaugenmerk nicht mehr ausschließlich auf den Anfangskosten lag. Als GPSC mehrere Parameter berücksichtigte, und einen Bieterprozess in der Form einer E-Auktion implementierte, war es in der Lage, nicht nur den gesamten Prozess wettbewerbsorientierter zu gestalten, sondern auch das Beste aus dem Markt zu erhalten und schlussendlich günstigere Kohle einzukaufen.

Fazit

In einigen Branchen ist Qualität ein Wettbewerbsvorteil. In anderen wie der Pharmabranche, wo die Produkte über Leben und Tod entscheiden, wird die Qualität von Regulierungsbehörden vorgeschrieben. In beiden Fällen können Unternehmen nicht erwarten, ohne die aktive Unterstützung der Lieferanten Qualität zu liefern. Die oder der CPO und das Einkaufsteam sind als Dirigenten des Lieferantenökosystems gut aufgestellt, um ihrem Unternehmen zu helfen, Produkte und Dienstleistungen von höchster Qualität zu liefern. Auf gleiche Weise können sie, wie wir im nächsten Kapitel zeigen werden, ihrem Unternehmen helfen, den steigenden Erwartungen der Konsumentinnen und

Konsumenten – und der Gesellschaft im Allgemeinen –, dass Produkte nachhaltig sind, zu begegnen.

Das Wichtigste in Kürze

Erkenntnis

Wenn Sie Produkte und Dienstleistungen von unschlagbarer Qualität liefern wollen, müssen Sie Ihre Kräfte mit denen Ihrer Lieferanten bündeln.

Strategie

Fordern Sie von Ihrem CPO, dass er die Messlatte für Performance sehr hoch hängt. Fördern Sie den Ansatz, es gleich beim ersten Mal richtig zu machen. Streben Sie nach null Fehlern. Wenn ein Lieferant eine gute Leistung abliefert, stellen Sie weitere Aufträge in Aussicht; wenn seine Leistungen nicht zufriedenstellend sind, bieten Sie ihm Unterstützung an, fahren aber die Anzahl Ihrer Aufträge an ihn zurück.

Vorgehensweise

- Erwarten Sie von Ihren Lieferanten, dass sie in kontinuierliche Verbesserung investieren.
- Ziehen Sie in Erwägung, einen Qualitätssicherungsprozess mit umfangreichen Interventionen zu implementieren, bei dem ein Ansatz des „Vertrauens und des Überprüfens“ hinsichtlich aller Aktivitäten Ihres Lieferanten zur Anwendung kommt.
- Berücksichtigen Sie die Qualitätsdimension, und fordern Sie, dass Sie Waren und Dienstleistungen mit den niedrigsten *Kosten* (und nicht mit den niedrigsten *Preisen*) erhalten.

- Stellen Sie ein auf Claim Management spezialisiertes Team auf, das der Absicherung dient, falls Ihre Lieferanten doch einmal minderwertige Produkte liefern.
- Überprüfen Sie, wir Ihr Unternehmen mit Vertragsherstellern umgeht. Sie sollten erwägen, eine „externe Lieferantenfunktion“ mit Überblick über die Beziehung Ihres Unternehmens zu den Vertragsherstellern zu installieren. Zudem sollten Sie erwägen, für jeden Vertragshersteller ein eigenes funktionsübergreifendes „virtuelles Werksteam“ einzusetzen.

8

Gemeinsam die Zukunft gestalten

Echte Nachhaltigkeit – Verbünden Sie sich mit Ihren Lieferanten, um die ESG-Kriterien zu erfüllen

Im Juli 2020, mitten in der COVID-19-Pandemie, veröffentlichte die *Sunday Times*, die auflagenstärkste Qualitätszeitung in Großbritannien, einen Artikel von Undercover-Journalisten, die behaupteten, dass die Boohoo Group, einer der aufstrebenden Modehändler in Europa, schlechte Arbeitsbedingungen toleriere und seine Arbeiter unterbezahle.[1]

In gewisser Hinsicht sind Geschichten dieser Art nichts Neues. Kaum eine Woche vergeht, ohne dass es Nachrichten über Menschenrechtsverletzungen gibt, die die Lieferkette des einen oder anderen großen Unternehmen irgendwo auf der Welt betreffen: Kinderarbeit in den Sweatshops in Bangladesch, sexuelle Ausbeutung in den Bekleidungsfabriken in Indien, gefährliche Arbeitsbedingungen im afrikanischen Bergbau, „Lohndiebstahl“ in den Textilfabriken in Kambodscha und Indonesien (als Unternehmen die COVID-19-Pandemie zum Vorwand genommen haben, um ihren Mitarbeiterinnen und Mitarbeitern nicht die vollen Löhne auszuzahlen). Diese Liste könnten wir unendlich weiterführen.

Was die Boohoo-Geschichte jedoch von anderen unterscheidet, ist die Tatsache, dass die fraglichen Lieferanten ihren Sitz nicht in irgendeinem entfernten Land haben, sondern viel näher an zu Hause. Boohoo hat seinen Sitz in Manchester, dem historischen Standort der Industrie im Norden Englands. Einst war die Stadt als „Cottonopolis" bekannt, da im Viktorianischen Zeitalter dort zwei Drittel der weltweit produzierten Baumwollstoffe hergestellt wurde. Die Lieferanten, die im Fokus der Behauptungen über die Menschenrechtsverletzungen stehen, haben ihren Sitz in Leicester, einer Stadt, die sich nicht Tausende von Kilometern von Boohoo entfernt befindet, sondern nur 170 Kilometer über eine der großen Autobahnen in Großbritannien.

Die Enthüllungen, die die Schlagzeile „Boohoo – Ermittlungen wegen ‚Sklaverei' beim Moderiesen" trugen, entfachten einen Sturm der Entrüstung und brachten dem Unternehmen schlechte Publicity ein. Boohoos Chefs versprachen, sich um eine Lösung des Problems zu bemühen und dafür „jeden Stein umzudrehen". Eine erfahrene Rechtsanwältin, die Kronanwältin Alison Levitt, wurde vom Unternehmen beauftragt, eine gründliche Untersuchung durchzuführen. Sie kam zu dem Schluss, dass die Behauptungen, „nicht nur gut begründet, sondern im Wesentlichen wahr" seien.[2] Anschließend heuerte Boohoo einen weiteren Rechtsanwalt, den erfahrenen Richter außer Dienst Sir Brian Leveson, an, um die vom Unternehmen selbst so bezeichnete „Agenda des Wandels" zu beaufsichtigen.[3]

Die Geschichte von Boohoo verdeutlicht die Herausforderungen, mit denen Unternehmen konfrontiert werden, wenn sie sich darum bemühen, den Anforderungen der Konsumenten, Investoren und Bürger an Produkte und Dienstleistungen, die nicht gegen die ESG-Standards verstoßen, gerecht zu werden. Sie verdeutlicht außerdem eine zunehmend strenge Regulierung, im Rahmen derer die Unternehmen in die Pflicht genommen werden, die Verantwortung für die gesamte Lieferkette zu übernehmen. In den letzten Jahren haben etliche Unternehmen die Position des Chief Sustainability Officers geschaffen, um ihren Aktionären und Stakeholdern zu zeigen, dass sie diesbezüglich etwas unternehmen. Ob die Unternehmen jedoch die Standards erfolgreich einhalten können, hängt davon ab, wie ihre Lieferantenbeziehung gestaltet ist – und die Verantwortung für diesen Erfolg fällt genau in den Bereich der oder des CPOs. Nachfragende Unternehmen auf der einen und Lieferanten auf der anderen Seite haben eine jeweils andere Vorstellung von ihrer Zukunft. Aber in dieser vernetzten Welt sind sie zunehmend miteinander verknüpft. Folglich sollten sie unsere achte, unbedingt notwendige Handlungsempfehlung befolgen: *Gemeinsam die Zukunft gestalten: Echte Nachhaltigkeit –Verbünden Sie sich mit Ihren Lieferanten, um die ESG-Kriterien zu erfüllen.*

Wenn Unternehmen das tun, können sie davon ausgehen, dass sie einen unglaublichen Wert freisetzen.

Unternehmen sollten Gutes tun, damit es ihnen gut geht

Vor 10 Jahren legten Unternehmen regelmäßig Rechenschaft darüber ab, inwieweit sie dem, was damals als soziale Verantwortung der Unternehmen bezeichnet wurde, entsprachen. Man war der Meinung, das sei eine Aufgabe, deren Stellenwert nur wenig über solchen lag, die man lediglich abhaken musste. Heutzutage ist Nachhaltigkeit wichtig und umfasst alles – von Menschenrechten und Arbeitsbedingungen über Themen des Klimawandels bis hin zu Ethik in der Unternehmensführung. Der CPO von Dell Technologies Kevin Brown drückt es folgendermaßen aus: „Bei Nachhaltigkeit geht es nicht nur darum, das Richtige zu tun – sie ist eine bessere Art, Geschäfte zu machen.“[4] Diesbezüglich ist erwähnenswert, dass Ford 2021 seinen ersten kombinierten Nachhaltigkeits- und Geschäftsbericht veröffentlicht hat, sodass das Unternehmen, wie Bill Ford, Verwaltungsratschef und Urenkel von Henry Ford, es formuliert „eine ganzheitlichere Sicht auf unsere Leistung bieten kann“.[5] CEOs sind zunehmend der Meinung, dass Nachhaltigkeit wesentlich zum finanziellen Erfolg der Unternehmen beiträgt.

Bei unserer Tätigkeit in Unternehmen häufen sich die Beweise dafür, dass es Unternehmen, die „Gutes tun“, auch „gut geht“. Ein Teil der Herausforderung besteht selbstverständlich darin, „nichts Schlechtes“ zu tun. In seinen Anfängen hat Google die Messlatte für sich selbst und für andere Unternehmen sehr hoch gehängt, als sie versprachen, nichts Böses zu tun. Seitdem machen große institutionelle Investoren deutlich, die die Wünsche *ihrer* Investoren widerspiegeln, wie wichtig Nachhaltigkeit ist. 2020 kündigte Larry Fink, CEO von Black Rock an, dass der größte Asset Manager der Welt „Nachhaltigkeit in den Mittelpunkt unseres Investmentansatzes stellen“ werde.[6] Im Jahr darauf versprach er, sich erneut für die Bekämpfung des Klimawandels zu engagieren, und merkte an, dass „Unternehmen mit besseren ESG-Profilen deutlich erfolgreicher sind als ihre Konkurrenten und aufgrund ‚von Nachhaltigkeit bessere Preise aufrufen können‘“.[7]

Indes haben Regierungen, die sich der Wünsche ihrer Bürgerinnen und Bürgern annehmen müssen, damit begonnen, die regulatorischen Vorschriften zu verschärfen, sodass Unternehmen gar nichts anderes übrig bleibt, als Nachhaltigkeit zu priorisieren. Regierungen verbieten nicht-elektrische Fahrzeuge und steuern ihre Volkswirtschaften in eine Zukunft mit Netto-Null-Emissionen. Zudem erwägt die Europäische Union aktiv, einen Carbon Border Adjustment Mechanism (CO2-Grenzausgleichsmechanismus) zu implementieren. Die Wirtschaftswaage würde sich im Rahmen dessen zugunsten der Unternehmen, die geringere Kohlenstoffemissionen haben, neigen, da Unternehmen mit hohen Kohlenstoffemissionen, die versuchen, ihre Produkte in Ländern mit strengen Regeln für die Bepreisung von CO2-Emissionen zu verkaufen (und so ihre Konkurrenten unterbieten, die in Maßnahmen zur Reduzierung von CO2-Emissinen investiert haben), eine Abgabe leisten müssen. In ähnlicher Weise verschärfen die Regierungen die Gesetzgebung zum Einsatz von Zwangsarbeit und anderen Menschenrechtsverletzungen. Die britische Regierung hat beispielsweise die Vorschriften im Rahmen von moderner Sklaverei verschärft. Unternehmen, die Aufträge an Lieferanten vergeben, die Zwangsarbeiter einsetzen, müssen hohe Geldstrafen zahlen.[8] Ähnliches gibt es in Deutschland, wo ein im Jahr 2021 verabschiedetes Gesetz der Regierung ermöglicht, von Unternehmen, die gegen Umweltschutzauflagen oder Menschenrechte verstoßen, Geldstrafen in erheblichem Umfang zu verhängen.

Aber bei Nachhaltigkeit geht es nicht nur darum, das Richtige zu tun und das Risiko zu reduzieren. Nach unseren Berechnungen können Unternehmen, die das Richtige tun, einen steigenden Umsatz, steigende Rentabilität (wir konnten feststellen, dass um 2 bis 5 Prozent höhere Preise aufgerufen werden konnten), niedrigere Kapitalkosten (Reduzierung der Rate um 0,2 bis 0,4 Prozent) und größeres Interesse der Investoren (ein Drittel aller verwalteten Vermögen ist mittlerweile in Nachhaltigkeit investiert) erwarten. Zudem können sie erwarten, dass die nächste Generation von Angestellten sich mehr für sie interessiert: 40 Prozent der Millennials, also derjenigen, die zwischen 1981 und 1996 geboren wurden, berücksichtigen ESG-Faktoren, wenn sie einen Job annehmen.

Es ist jedoch alles andere als leicht, das Richtige zu tun. Viele Unternehmen suchen nach dem Königsweg, der jedoch schlicht und einfach nicht existiert. „Gibt es einen einzelnen Key Performance Indicator, den ich meinen Aktionärinnen und Aktionären zeigen kann, um zu beweisen, dass wir ein nachhaltiges Unternehmen sind?“ Das fragte uns ein leitender Angestellter. Die Antwort, die wir ihm gaben, lautete: „Nein“. Damit Unternehmen durch und durch nachhaltig sind, müssen sie drei verschiedene Bereiche meistern: die Umwelt, die Gesellschaft und die Unternehmensführung. Tatsächlich ist es noch mehr als das. Sie müssen sich in die Details vertiefen und entscheiden, welche besonderen Fragen rund um Umwelt, Soziales und Unternehmensführung priorisiert werden sollen – was wird sich *wesentlich* auf den Unternehmenserfolg und eine nachhaltige Entwicklung auswirken? HP, einer der weltweit größten Elektronikkonzerne, führt regelmäßig eine Wesentlichkeitsprüfung durch, um, wie das Unternehmen es selbst ausdrückt, „die relevanten ESG-Kriterien zu prüfen, den seit langem bestehenden Schwerpunktbereich zu bestätigen und unsere Nachhaltigkeitsstrategie, Investitionen und unsere Berichterstattung darzulegen und zu gestalten". Auf Grundlage dieser Bewertung erstellt das Unternehmen eine Wesentlichkeitsmatrix, in der bestimmte Themen zu „Planet", „Menschen", „Community" und „Unternehmensführung" im Vergleich zu zwei Dimensionen gemessen werden: die relative Bedeutung für den Unternehmenserfolg und die relative Bedeutung zur nachhaltigen Entwicklung.[9]

Sobald CEOs ihren Weg in die Zukunft geplant haben, können sie ihre Reise dorthin beginnen. Sie sollten sich jedoch nicht alleine auf den Weg machen – und tatsächlich gibt es viele Unternehmen, die eine wirkungsvolle Zusammenarbeit mit ihren Lieferanten aufbauen, sodass sie die zunehmenden Erwartungen der Konsumenten, Bürger und Investoren erfüllen können.

Die Umwelt – der Wettlauf zur Netto-Null

2015 trafen sich die Staaten der Welt in Paris und verpflichteten sich zu einem ehrgeizigen Ziel: die globale Erwärmung auf 2 Grad Celsius oder 3,6 Grad Fahrenheit gegenüber dem Niveau vor Beginn der Industrialisierung zu begrenzen. Sie versuchten zudem das ehrgeizigere Ziel zu verfolgen, die Erwärmung auf unter 1,5 Grad Celsius oder 2,7 Grad Fahrenheit zu halten. Es dauerte aber noch 3 Jahre, bis das der Wettlauf zur „Netto-Null“ tatsächlich in Gang kam. Der Zwischenstaatliche Ausschuss für Klimaänderungen (Intergovernmental Panel on Climate Change, IPCC) erklärte, dass die Länder die Kohlendioxidemissionen bis 2050 auf null reduzieren müssten, damit die Erderwärmung 2,7 Grad Fahrenheit nicht übersteige.[10] Seitdem haben sich Unternehmen und Staaten gleichermaßen umfangreich engagiert, dies aber auch öffentlichkeitswirksam in Szene gesetzt.

Nun müssen CEOs ihre Versprechungen einhalten. Die Klimawandel-Aktivisten sind sehr skeptisch, dass die Unternehmen diese Versprechen ernst nehmen. Wenngleich CEOs Zwischenziele für 2025 und 2030 festgelegt haben, wird das Netto-Null-Ziel in den meisten Fällen voraussichtlich erst dann erreicht, wenn die CEOs bereits lange in Rente sind. Wie eine Aktivistengruppierung feststellte, als HSBC, eine weltweit operierende Bank mit Sitz in London, ihre Netto-Null-Ziele vorstellte: „Das ist ein Null-Ziel und kein Netto-Null-Ziel.“[11] Etliche CEOs, die unter Druck stehen, ihren Weg hin zur Netto-Null festzulegen, greifen zu bedeutsamen Maßnahmen, um ihr Unternehmen gemeinsam mit anderen zu transformieren. In Deutschland hat beispielsweise der Bundesverband der Deutschen Industrie (BDI) BCG beauftragt, mit ca. 80 Unternehmen und angegliederten Verbänden zusammenzuarbeiten, um eine Methode zu entwickeln, wie sie das neue Ziel der Bundesregierung zur Treibhausgas-Neutralität bis 2045 erreichen können. Im Rahmen der Treibhausgas-Neutralität gleichen Unternehmen ihre Emissionen durch Maßnahmen zur CO2-Entfernung aus der Erdatmosphäre aus. Der Ergebnisbericht zeigt, dass dies erreicht werden kann, ohne die Wettbewerbsfähigkeit des Landes und die Wirtschaftskraft zu beeinträchtigen.[12]

Definitiv werden CEOs nicht in der Lage sein, ihre Ziele (und die von den Regierungen vorgegebenen) zu erreichen ohne die aktive Beteiligung der Lieferanten und die Stärkung des CPOs samt Einkaufsteam. Warum ist das so? Es geht hier um Zahlen. Für die Hälfte der weltweiten Kohlenstoffemissionen sind nur 8 Sektoren verantwortlich.

Der Lebensmittelsektor trägt am meisten zur Erderwärmung bei. Hier entstehen 25 Prozent aller Kohlenstoffemissionen. Die anderen 7 Sektoren sind die Baubranche (10 Prozent), die Modebranche, schnelllebige Konsumgüter (Fast Moving Consumer Goods, FMCG), Gütertransport (jeweils 5 Prozent), Elektronik, Automobil und Dienstleistungen (jeweils 2 Prozent). Aber der Großteil der Kohlenstoffemissionen wird nicht von Endproduktherstellern verursacht, sondern von deren Lieferanten aus jenen Branchen, in denen Emissionen schwer vermeidbar sind, beispielsweise Stahl, Zement, Bergbau, Textil, Landwirtschaft und Chemie.[13]

Laut dem Greenhouse Gas Protocol („Treibhausgasprotokoll"), dem am häufigsten genutzten Standard zur Bilanzierung von Treibhausgasen, gibt es drei Typen bzw. Scopes (Bereiche) von Emissionen: Scope 1 sind alle direkten Emissionen aus dem Betrieb eines Unternehmens; Scope 2 sind alle indirekten Emissionen aus der Nutzung von Strom und anderen Energiequellen sowie Wärme; Scope 3 sind alle indirekten Emissionen von den Lieferanten (vorgelagert) und den Kunden (nachgelagert) eines Unternehmens.[14] Laut einer Analyse, die von BCG in Zusammenarbeit mit dem Weltwirtschaftsforum erstellt wurde, werden ungefähr 90 Prozent der Kohlenstoffemissionen aller Unternehmen in den Lieferketten von FMCG-Produkten bis zum Verkauf von Lieferanten erzeugt – insbesondere von Chemie-, Plastik-, Transport- und Herstellungsunternehmen. In anderen Sektoren ist der Anteil ähnlich hoch: Mode (85 Prozent), Lebensmittel (83 Prozent), Automobil (82 Prozent), Baugewerbe (81 Prozent) und Elektronik (77 Prozent).[15]

Mit anderen Worten kommen CEOs ihrem Ziel, die Netto-Null zu erreichen näher, wenn sie sich der Kohlenstoffemissionen ihrer Lieferanten annehmen. Ebenso haben Lieferanten allen Grund dazu, mit den einkaufenden Unternehmen zusammenzuarbeiten. Nehmen wir beispielsweise die Stahlindustrie. Sie sorgt für die größte Umweltverschmutzung weltweit, da für die Erzeugung von Eisen-Kohlenstoff-Legierungen große Mengen an Strom und Hitze benötigt werden. Laut

BCG-Berechnungen müsste ein Stahlunternehmen seine Preise um ungefähr 50 Prozent erhöhen, um die Kosten für Aus- und Umbau zu decken, wenn es sich dazu entschlösse, das Netto-Null-Ziel zu verfolgen. In der Rohstoffindustrie, wo sich alles nur um den Preis dreht, wäre das Unternehmen sehr bald nicht mehr wettbewerbsfähig. Allerdings gibt es eine Lösung. Wenn das Stahlunternehmen eng mit dem Automobilhersteller, der den Stahl kauft, zusammenarbeitet, müsste es immer noch die Preise um 50 Prozent erhöhen, der Preis für ein Auto, das 30.000 Euro kostet, würde jedoch nur um 500 Euro steigen. Der Grund dafür ist, dass Stahl – wie in der Tat alle Rohstoffe – nur für einen Bruchteil des Preises, den die Konsumentinnen und Konsumenten zahlen, verantwortlich ist, obwohl er den größten Anteil an der CO2-Bilanz des Autos hat.[16]

Bei seiner Zusammenarbeit mit dem Weltwirtschaftsforum hat BCG mehrere Best Practices ermittelt, die von Unternehmen angewendet werden, um das Thema der Emissionen in ihrer Lieferkette anzugehen.

Lassen Sie uns der Reihe nach einen Blick auf diese Best Practices werfen.

Ermitteln Sie das Ausmaß Ihrer CO2-Emissionen

Zunächst muss die/der CEO Klarheit darüber erlangen, wie viel Treibhausgase das Unternehmen jedes Jahr ausstößt (gemessen in metrischen Tonnen Kohlendioxidäquivalent). Das ist ein schwieriges Unterfangen. Besonders schwierig ist die Messung der Scope-3- oder Lieferkettenemissionen, da viele große, weltweit tätige Unternehmen nicht immer genau wissen, welcher Lieferant genau zu welchem Produkt beigetragen hat. Dell räumt ein: „Wir haben eine der weltweit größten Lieferketten, [und] aufgrund ihrer Größe und Komplexität ist es schwer, eine einfache Antwort auf die Frage ‚Wer stellt Ihre Produkte her?‘ zu geben.“[17] Ein Unternehmen, dass diese Problem angeht, ist Mercedes-Benz, eine Tochtergesellschaft von Daimler, mit seinen ca. 2.000 Lieferanten. Es entwickelt gerade eine digitale Lösung und verwendet dafür eine Blockchain-Technologie, um die Emissionen in der Lieferkette zu überwachen. Mercedes-Benz arbeitet mit Circulor, einem Start-up mit Sitz in Großbritannien, das sich auf die Rückverfolgung von Rohstoffen mithilfe der Blockchain-Technologie und KI spezialisiert hat, zusammen, um den Produktionsfluss von Kobalt, das in wiederaufladbaren Lithium-Ionen-Batterien verwendet wird, und den damit verbundenen CO2-Emissionen darzustellen.[18]

Ein weiteres Unternehmen, das versucht, den Umfang seiner Kohlenstoffemissionen zu ermitteln, ist HP. 2019 belief sich sein CO2-Ausstoß auf 46.785.800 metrische Tonnen Kohlendioxidäquivalent, wobei 50 Prozent aus der Lieferkette des Unternehmens stammten. Es erlange Kenntnis davon durch seine Zusammenarbeit mit dem Massachusetts Institute of Technology, das HP geholfen hat, eine Reihe von Lebenszyklusanalysen durchzuführen (im Rahmen dieser Analysen werden die gesamten Treibhausgasemissionen, die mit einem Produkt über seine Lebensdauer verbunden sind, geschätzt – von der Rohstoffgewinnung über Herstellung, Distribution, Nutzung durch die Konsumentinnen und Konsumenten bis hin zum End-of-Life-Management). Auf Grundlage dieser Schätzungen ermittelte das Unternehmen die CO2-Bilanz für einzelne Produkte (mit Fokus auf spezielle Desktops, Notebooks, Tablets und Drucker). Durch die Informationen daraus konnte HP nicht nur die Umweltauswirkungen seiner Produkte quantifizieren, sondern auch mögliche Alternativen bewerten und Verbesserungen der Produktperformance identifizieren.[19]

Legen Sie ehrgeizige Ziele für Ihre Lieferkette fest und berichten Sie über Fortschritte

Der zweite Schritt, der mit dem ersten im Zusammenhang steht und Teil der Gesamtbemühungen um vollständige Transparenz ist, besteht darin, ehrgeizige, wissenschaftsbasierte Ziele zur Kohlenstoffreduzierung für die Lieferanten festzulegen. Tesco, einer der größten Einzelhändler in Großbritannien, legte zum ersten Mal ein Ziel zur Kohlenstoffreduzierung für das gesamte Unternehmen im Jahr 2006 fest. Aber im Zuge des Pariser Klimaabkommens aus dem Jahr 2015 wurde ihm klar, dass es sich kurz- und mittelfristig zu ehrgeizigeren absoluten Zielen verpflichten musste. Es führte eine umfassende Studie zum CO2-Ausstoß in seiner Lieferkette für das gesamte Sortiment durch, um die „Hotspots zu ermitteln, die man ins Auge fassen sollte, um Treibhausgasemissionen zu reduzieren". Im Jahr 2017 legte Tesco für sich selbst ehrgeizige Ziele fest, die von der Initiative Science Based Targets, einer Zusammenarbeit führender Organisationen zur Bekämpfung des Klimawandels, zu denen auch der Global Compact der Vereinten Nationen und der World Wide Fund for Nature gehören, anerkannt wurden. Tesco war das erste Unternehmen weltweit, das dies getan hat. Wissenschaftsbasierte Ziele sind solche Ziele, die mit dem im Einklang steht, was die aktuelle Klimawissenschaft als notwendig erachtet, um die Ziele des Pariser Klimaabkommens zu erfüllen. Damals verpflichtete sich Tesco dazu, die Scope-3-Emissionen, das heißt die Emissionen in der Lieferkette, bis 2030 um 17 Prozent zu reduzieren, wobei 2015 als Referenzjahr angesetzt wurde. Seitdem hat es sich verpflichtet, die Emissionen bis 2050 auf null zu reduzieren. Um das zu erreichen, hat das Unternehmen diverse Ziele für verschiedene Lieferanten festgelegt, und hat dabei die Ziele für Lieferanten aus der Landwirtschaft, die für 70 Prozent der Emissionen in der Lieferkette verantwortlich sind, ein wenig dehnbarer gestaltet.[20]

Zwar gibt es unterschiedliche Methoden, um den Kohlenstoffausstoß nachzuverfolgen, aber die Nutzung von wissenschaftsbasierten Zielen ist die beliebteste. Seit Tesco diese Pionierarbeit geleistet hat, haben Hunderte von großen Unternehmen wissenschaftsbasierte Ziele festgelegt, darunter auch Apple, BAE Systems, BMW, General Motors, Pfizer und Twitter .[21] Microsoft, das auch wissenschaftsbasierte Ziele festgelegt hat, gelobte, nicht nur CO2-neutral (Unternehmen tilgen genauso viel CO2 aus der Atmosphäre, wie sie ausstoßen), sondern CO2-negativ zu werden (Unternehmen tilgen mehr CO2, als sie ausstoßen). Um dies zu erreichen, ist aktives Engagement bei den Lieferanten nötig – Drei Viertel der Kohlenstoffemissionen von Microsoft entstehen in der Kategorie Scope 3 (12 Millionen metrische Tonnen)[22]. Ähnlich, jedoch etwas anders ist GlaxoSmithKline vorgegangen. Das Unternehmen hat nicht nur versprochen, das Netto-Null-Ziel für die Auswirkungen auf den Klimawandel zu verfolgen, sondern auch einen „Netto-positiven Einfluss auf die Natur" zu haben. Mit anderen Worten möchte es „der Natur mehr zurückgeben, als das Unternehmen ihr entnommen hat".[23]

Gestalten Sie Ihre Produkte, Verpackungen und das Produktportfolio neu, um nachhaltig für wenig Kohlenstoffausstoß zu sorgen

Sobald das Unternehmen die Menge seiner CO2-Emissionen ermittelt und sich einem wissenschaftsbasierten Ziel verpflichtet hat, muss es sich auf den Weg hin zu Reduzierung des CO2-Ausstoßes machen. Am Anfang des Wegs steht ein Plan, um die Produkte, Verpackungen und das Produktportfolio neu zu gestalten. Wie wir in Kapitel 3 erläutert haben, hat Tesla die Länge des Kabelbaums in seinen Elektroautos von 3 Kilometern auf nur 100 Meter gekürzt. In erster Linie war der Grund dafür, das neue Model Y leichter herstellen zu können. Einerseits wurde das Gewicht reduziert, und andererseits konnte durch diese Innovation die Geschwindigkeit, mit der sich die Batterie entleert, reduziert werden. Dadurch wurde die Effizienz gesteigert und die Auswirkungen auf die Umwelt reduziert.

Eine andere Methode, die Unternehmen anwenden, um ihre Produkte neu zu gestalten, besteht darin, mehr recycelte Materialien zu verwenden. In der Mode- und Bekleidungsindustrie arbeitet der Sportbekleidungskonzern Adidas seit geraumer Zeit mit Parley for the Oceans, einer Umweltorganisation, die verhindern möchte, dass Plastikabfälle in die Ozeane gelangen, zusammen. Jedes Jahr landen ungefähr 8 Millionen Tonnen Plastik in den Weltmeeren. Im Pazifischen Ozean ist der Pazifische Müllstrudel ein Wirbel aus Plastik und anderem Meeresschuttpartikeln, der eine Größe von 1,6 Millionen Quadratkilometern hat. Diese Fläche ist größer als Japan oder Deutschland. Um die Weltmeere zu schützen und die CO2-Emissionen zu reduzieren, hat Adidas eine Sportbekleidungskollektion entworfen, bei der leistungsstarkes Polyestergarn aus recyceltem Plastikmüll verwendet wird. 2015, als Adidas den ersten Sportschuh-Prototyp aus Meeresplastikmüll entwarf, nutzte das Unternehmen das, was die Materialexperten als „eine Handvoll stinkender, toter Fangnetze, in denen sich Krabben verstrickt hatten“ bezeichneten. Das Fangnetz wurde gereinigt und an Textillieferanten geschickt, von denen das Einkaufsteam überzeugt war, dass sie in der Lage seien, aus dem Plastik ein Garn für das Schuhoberleder herzustellen. Bis Ende 2020 hatte Adidas mehr als 30 Millionen Schuhe mit dem recycelten Plastik hergestellt.[24]

In der Automobilindustrie ist Ford auf der Suche nach Möglichkeiten, um seine Fahrzeuge noch nachhaltiger zu gestalten. Ein typisches Fahrzeug besteht aus 40.000 Komponenten von erstrangigen Lieferanten, die ungefähr 1.000 Materialien und 10.000 Chemikalien verwenden. Ca. 75 Prozent eines Fahrzeugs besteht aus Metall, was typischerweise eine Mischung aus recyceltem und recycelbarem Metall ist. Von den restlichen 30 Prozent sind 17 Prozent aus Plastik, Textilien und Elastomeren oder Gummi. Und genau hierauf konzentriert sich das Unternehmen. In Zusammenarbeit mit seinen Lieferanten hat Ford eine Reihe von Verbundwerkstoffen für seine Fahrzeuge recycelt. Das Unternehmen verwendet Schaumstoff auf Sojabasis für Autositze und Armstützen, durch Weizenstroh verstärktes Plastik für die Ablagefächer des SUVs Ford Flex, Kenaf in der Türinnenverkleidung des Ford Escape und Reishülsen im Kabelbaum des Ford F-150. In Zusammenarbeit mit McDonald’s nutzt das Unternehmen Kaffeespreu – die getrocknete Schutzhaut einer Kaffeebohne –, um haltbares Material zur

Verstärkung des Scheinwerfergehäuses für den Lincoln Continental herzustellen. Gemeinsam mit dem Chemieriesen BASF hat Ford Polyurethanschaum für Sitze entwickelt, der durch Nanocellulose verstärkt wird, wodurch sie leichter und stabiler werden, und sich der CO2-Fußabdruck noch weiter verkleinert.[25]

Unternehmen sollten jedoch ihr Augenmerk nicht nur auf die Produkte, sondern auch auf die Verpackungen richten. Viele Unternehmen haben klare kurzfristige Ziele festgelegt, um die Verpackungen zu 100 Prozent recycelbar zu gestalten. Einige Unternehmen gehen sogar noch weiter und stellen die Verpackungen *aus* recyceltem Material her. Wie Adidas hat Dell Technologies in der Elektronikbranche die Mission, Plastikmüll aus den Weltmeeren zu recyceln und daraus Verpackungen herzustellen, wodurch sich der Kohlenstoffausstoß reduziert. Dazu arbeitet Dell mit seinen Lieferanten zusammen, um das Plastik zu sammeln, zu verarbeiten und mit anderen recycelten Materialien zu vermischen, um Schalen herzustellen, die für die Verpackungen bestimmter Produkte genutzt werden. Eine Hälfte dieser Schalen wird aus recyceltem Plastikmüll aus den Weltmeeren hergestellt, und die andere Hälfte aus recyceltem Polyethylen mit hoher Dichte.[26]

Unternehmen sollten nicht nur in Betracht ziehen, ihre Produkte und die entsprechenden Verpackungen neu zu gestalten, sondern auch ihr Produktportfolio, indem sie die Anzahl der Produkte mit geringeren Umweltauswirkungen erhöhen. In der Lebensmittelindustrie hat Rügenwalder Mühle, einer der größten Fleischproduzenten in Deutschland, dessen Wurzeln als Wurstfabrikant bis ins Jahr 1834 zurückreichen, sein Produktportfolio angepasst und stellt immer mehr vegetarische Alternativen her.[27] Tatsächlich produziert das Unternehmen mittlerweile mehr Produkte ohne Fleisch als mit Fleisch.[28] Im Grunde hat das Unternehmen diese strategische Maßnahme ergriffen, um von der zunehmenden Popularität veganer Lebensmittel in Deutschland zu profitieren (das US-amerikanische Landwirtschaftsministerium merkte hierzu an, dass Deutschland „eine vegane Revolution in Europa“ anführe).[29] Zudem konnten so die Kohlenstoffemissionen reduziert werden. Zweifelsohne sind vegetarische und vegane Lebensmittel weniger schädlich für die Umwelt als Fleischprodukte: In einem Bericht der Oxford University wird dargestellt, dass die weltweiten CO2-Emissionen um 63 Prozent reduziert werden könnten, wenn sich alle Menschen vegetarisch ernährten.[30]

Gestalten Sie Ihre Einkaufsstrategie neu – für eine klimafreundliche Welt

Unternehmen müssen nicht nur ihre Produkte, die Verpackungen und die Produktportfolien neugestalten. Gleichermaßen müssen sie ihre Einkaufsstrategie in Angriff nehmen. Eine Möglichkeit, um das zu tun, besteht darin, dass die oder der CPO und das Einkaufsteam Lieferanten finden, die näher am Unternehmen und seinen Märkten gelegen sind – dies bezeichnet man als Nearshoring (und ist das Gegenteil zum Offshoring, dem großen Trend Anfang des Jahrhunderts, als US-amerikanische und europäische Unternehmen bestimmte unternehmerische Funktionen ins Ausland verlagerten, um von niedrigen Lohnkosten zu profitieren). Durch die Kürzung der Lieferkette können Unternehmen nicht nur die Kohlenstoffemissionen reduzieren, die mit dem Transport der Waren aus einer Region in die andere verbunden sind, sondern auch die Zeit, die benötigt wird, bis das Produkt schlussendlich in die Hände der Konsumentinnen und Konsumenten gelangt.

Eine andere Möglichkeit besteht darin, Lieferanten zu finden, die Komponenten, Teile und Rohstoffe mit geringem Kohlenstoffausstoß herstellen. Rügenwalder Mühle musste beispielsweise seine gesamte Einkaufsstrategie neugestalten und von Schweinebauern zu Lieferanten für die Zutaten seiner vegetarischen und veganen Produkte wechseln, zu denen Soja, Erbsen, Kartoffeln und Weizen gehören. Dafür arbeitet das Unternehmen mit verschiedensten Organisationen zusammen, unter anderem mit Greenpeace, der Tierrechtsorganisation PETA und

ProVeg, einer internationalen Organisation für einen zukunftsfähigen Ernährungsstil.

In ähnlicher Weise nutzen sowohl die deutsche Fluggesellschaft und Europas größte Airline Lufthansa als auch die niederländische Fluggesellschaft KLM kein Kerosin mehr, sondern Sustainable Air Fuel (SAF), der ohne die Verwendung von fossilen Ausgangsmaterialien hergestellt wird. 2011 testete die Lufthansa als erste Airline der Welt alternative Kraftstoffe im regulären Flugbetrieb. Seitdem arbeitet die Airline mit dem finnischen Unternehmen Neste, einem der weltweit größten Lieferanten für nachhaltige Flugkraftstoffe zusammen. Anfänglich hatte Neste ein Problem: Nachhaltiger Kraftstoff wurde aus landwirtschaftlichen Nutzpflanzen gewonnen. Dies führte zu zunehmender Besorgnis, dass die Kraftstoffproduktion negative Auswirkungen auf die Lebensmittelproduktion haben könnte, die für die Ernährung der wachsenden Weltbevölkerung nötig ist. Lufthansa wollte bei der Diskussion Kraftstoff-gegen-Treibstoff auf keinen Fall auf der falschen Seite stehen. Also arbeitete Lufthansa ähnlich wie die NASA, die SpaceX dabei unterstützte, neue Lösungen zu finden, mit Neste zusammen, um eine Methode zu ermitteln, um nachhaltigen Kraftstoff aus Materialien wie Altfetten, Haushaltsmüll oder Forstabfällen herzustellen.[31]

Helfen Sie Ihren Lieferanten, die CO2-Emissionen zu reduzieren

Wie wir bereits erläutert haben, könnte es womöglich erforderlich sein, bestehende Lieferanten auszutauschen, wenn man eine neue kohlenstoffarme Einkaufsstrategie verfolgt. Dies ist jedoch nicht möglich, wenn es um Lieferanten geht, die eine entscheidende Rolle im Produktentwicklungsprozess eines Unternehmens spielen. Hier müssen die Unternehmen stattdessen die Lieferanten dabei unterstützen, die Herausforderung Nachhaltigkeit zu bewältigen und die Kohlenstoffemissionen zu reduzieren.

Ein Unternehmen, das sich im Klaren darüber ist, dass es seine Lieferanten, die Probleme haben, den geänderten Bedürfnisse der Konsumentinnen und Konsumenten nach nachhaltigen Produkten gerecht zu werden, unterstützen muss, statt sie aufzugeben, ist Unilever. Die Ausgaben des Unternehmens bei seinen ca. 56.000 Lieferanten in 190 Ländern belaufen sich jedes Jahr auf ca. 35 Milliarden Euro. David Ingram , der ehemalige CPO von Unilever sagt: „Wir haben eine grundsätzliche Verantwortung, unsere Lieferkette zu kennen und die existierenden Probleme anzugehen. Wenn … Wasserstraßen vergiftet sind oder Wälder illegal gerodet werden, dürfen wir nicht wegsehen, nur weil wir uns ein paar Kilometer von dort, wo es passiert, befinden." Er fügt hinzu: „Wenn wir nicht richtig handeln, verlieren wir das Vertrauen unserer Kundinnen und Kunden, das wir über Jahre hinweg aufgebaut haben, und vernichten schlussendlich den Wert unserer Marken."[32]

Also hat Unilever einige Maßnahmen ergriffen, um enger mit seinen Lieferanten zusammenzuarbeiten. Zunächst ließ das Unternehmen seine Broschüre zur Einkaufsstrategie in 13 verschiedene Sprachen übersetzen, unter anderem in Arabisch, Chinesisch, Hindi, Indonesisch, Thai und Vietnamesisch. Zweitens ordnete es an, dass sich jene Lieferanten, die als Lieferanten mit hohem Risiko eingestuft wurden, einem computerbasierten Audit unterziehen mussten. Drittens verlangte das Unternehmen, dass bei Lieferanten für Rohstoffe und Fertigwaren ein Audit vor Ort durchgeführt werden musste. Zudem übernimmt das Unternehmen eine aktive Rolle bei der Entwicklung in einigen der strategisch wichtigen Märkte. Beispielsweise kooperiert es in Indonesien und Malaysia, von wo es Palmöl bezieht, mit den Regierungen, um das, was Ingram als „nachhaltige Entwicklungszone, von der wir wissen, dass die Standards hoch und unser Einkaufsrisiko niedrig ist" bezeichnet, zu schaffen.

• • •

Mit diesen Best Practices haben CEOs eine gute Chance, ihr Unternehmen in die bestmögliche Position zu bringen, um den Verpflichtungen, deren sie sich verschrieben haben, die jedoch noch auf Jahrzehnte nicht eingehalten werden müssen, nachzukommen. Klar ist, dass die Probleme, mit denen es zukünftige CEOs zu tun bekommen, immer größer werden, wenn die heutige Generation von CEOs das Thema auf die lange Bank schiebt. So, wie es der Fall ist, müssen die Treibhausgasemissionen bis 2030 um die Hälfte und bis 2050 auf null reduziert werden. Damit ist das Rennen um die drastische Reduzierung in den 2020er Jahren eröffnet. Je früher sich die CEOs nicht nur auf Scope-1-Emissionen, sondern auch auf Scope-2- und Scope-3-Emissionen konzentrieren – und je früher sie ihre CPOs samt Einkaufsteam miteinbeziehen – desto besser.

Nachhaltigkeit im Thema Soziales und Unternehmensführung

Im Rennen um die Rettung unseres Planeten sind Bemühungen der Unternehmen immer dringender geworden, sich selbst dem Netto-Null-Ziel zu verpflichten und auch danach zu handeln. Damit Unternehmen durch und durch nachhaltig werden, müssen CEOs ihr Augenmerk nicht nur auf das *E*, sondern auch auf das *S* und *G* in ESG richten. Menschenrechte, Sicherheit am Arbeitsplatz, faire Bezahlung für faire Arbeit, ethische Geschäftspraktiken – das sind nur einige der sozialen und Unternehmensführungsthemen, um die sich CEOs in ihren eigenen Unternehmen und in jenen, mit denen sie Geschäfte machen, nämlich ihren Lieferanten – kümmern müssen. Hier geht es nicht nur darum, Vorschriften einzuhalten. Es geht vielmehr darum, die Bedingungen einer nicht schriftlich niedergelegten sozialen Lizenz zu erfüllen. Das Richtige zu tun, ist allerdings schwer. Um den CEOs unter die Arme zu greifen, haben wir eine Reihe von Maßnahmen ermittelt. Die CEOs sollten ihre CPOs und Einkaufsteams anweisen, diese Maßnahmen umzusetzen, um die sozialen und Unternehmensführungsthemen anzugehen.

Neben den Erwartungen im Hinblick auf die Umwelt sollten Unternehmen zunächst ihre Erwartungen im Hinblick auf die sozialen und Unternehmensführungsaspekte im Verhaltenskodex für ihre Lieferanten darlegen. Sie sollten anschließend diese Erwartungen in die Verträge mit den Lieferanten einfließen lassen, einen klaren Reporting-Prozess aufsetzen, ihre eigenen Managerinnen und Manager vor Ort instruieren, die Lieferanten zu kontrollieren, und regelmäßig formelle, idealerweise durch eine dritte Partei durchgeführte Audits in Auftrag geben.

Wenn es Hinweise auf Menschenrechtsverletzungen, schlechte Arbeitsbedingungen oder Bestechung und Korruption gibt, sollte der CPO personalisierte Briefe an den CEO des Lieferanten schicken und sofortige Abhilfe verlangen sowie Unterstützung und Schulungen anbieten. Dell Technologies ist sehr bedacht darauf, eine Risikobewertung in den Werken, in denen Dell-Produkte hergestellt und zusammengebaut werden, vorzunehmen. Das Unternehmen hilft seinen Lieferanten dabei, korrigierende Maßnahmen durchzuführen und unterstützt sie, neue Kompetenzen zu entwickeln. Beispielsweise gab Dell 2020 durch Dritte durchgeführte Audits bei 346 Hochrisiko-Lieferanten seiner Lieferkette in Auftrag. Die Auditoren verbrachten etliche Tage vor Ort und prüften Dokumente, beobachteten die Praktiken bei den Routineaufgaben und führten mit Tausenden von Angestellten der Lieferanten Interviews durch. Die Responsible Business Alliance, eine gemeinnützige Organisation, deren Mitglieder insgesamt über Umsätze von mehr als 7,7 Billionen US-Dollar verfügen, mehr als 21,5 Millionen Angestellte haben und in über 120 Ländern Produkte herstellen, haben einen Verhaltenskodex für Lieferanten aufgestellt. Um die Einhaltung dieses Kodexes seitens der Lieferanten zu verbessern, forderte Dell, dass etliche Fabriken individuelle „Korrekturmaßnahmen“ durchführen, und schleuste 1.439 Angestellte der Lieferanten durch Schulungsprogramme zum „Aufbau von Kompetenzen“.[33]

Zuweilen können Lieferanten nicht besser werden, auch wenn sie umfangreiche Unterstützung erhalten. In diesen Fällen sollten CPOs die Beziehung auf Eis legen und die Situation neu bewerten. Manchmal lehnen es Lieferanten ab, sich in irgendeiner Art und Weise zu engagieren. In diesen Fällen sollten CPOs nicht zögern und die Beziehung sofort beenden. Apple hat dies etliche Male gemacht. Der Tech-Gigant ist bestrebt, die Arbeitsbedingungen in Bergbauregionen auf der ganzen Welt, von wo er notwendige Metalle und Mineralien bezieht, zu verbessern. Folglich wird von Bergbau- und Schmelzbetrieben sowie Raffinerien erwartet, die Risiken gemäß den Bedingungen des Verhaltenskodexes von Apple und seiner Norm zum verantwortungsbewussten Einkauf von Rohstoffen zu identifizieren und zu bewerten. In Konfliktregionen wie der Demokratischen Republik Kongo und in angrenzenden Ländern, aus denen Apple Zinn, Tantal, Wolfram und Gold bezieht, müssen die Lieferanten versichern, dass sie weder direkt noch indirekt bewaffnete Gruppen finanzierten oder unterstützen. Als Teil des Rückverfolgungsprozesses müssen sie an Audit-Programmen zur Rückverfolgbarkeit und zur Prüfung durch Dritte teilnehmen. Mithilfe dieser Programme sollen identifizierte Risiken bekämpft und abgeschwächt werden. 2020 strich Apple sieben Schmelzbetriebe und Raffinieren aus seiner Lieferkette, da diese entweder den Anforderungen an einen verantwortungsvollen Einkauf von Mineralien nicht gerecht wurden oder nicht bereit waren, an einem Audit durch Dritte teilzunehmen bzw. nicht bis zum Ende teilzunehmen.

Rückverfolgung ist von entscheidender Bedeutung, und zuweilen ist es schwierig, sie zu bewerkstelligen. Apple verpflichtet sich zu „einem Tag“ und „verwendet nur recycelte und erneuerbare Mineralien und Materialien in seinen Produkten und Verpackungen“. Bis dahin arbeitet das Unternehmen mit der ITSCI (International Tin Supply Chain Initiative) und der RCS Global Group, einem Auditor, der sich auf verantwortungsbewussten Einkauf spezialisiert hat, zusammen. Apple ist sich darüber im Klaren, dass „die Herausforderungen bei der Rückverfolgung bestimmter Mineralienmengen durch die Lieferkette weiterhin die Rückverfolgbarkeit einer bestimmten Materialienlieferung durch den gesamten Produktherstellungsprozess behindern.“[34]

Ähnliches gibt es in der Schmuckindustrie, in der Lieferanten ebenfalls in Konfliktregionen angesiedelt sind. Einige Unternehmen arbeiten hier daran, die Zuverlässigkeit ihrer Track-and-Trace-Prozesse zu verbessern. Das Thema der Konflikt- oder Blutdiamanten – solche Diamanten, die in einem Kriegsgebiet geschürft und verkauft werden, um die Aktivitäten von Warlords zu finanzieren – ist akut geworden. Um dieses Problem zu bekämpfen, gibt Tiffany, Juwelier mit Sitz in den USA, jedem Diamanten eine individuelle Seriennummer, die mit einem Laser auf den Diamanten eingraviert wird und so die Herkunft des Diamanten dokumentiert.[35] In einer umkämpften Branche sind solche Maßnahmen womöglich nicht radikal genug. 2021 stellte der weltweit größte Juwelier Pandora nicht nur seine erste Kollektion mit Diamanten, die im Labor hergestellt oder handgemacht waren, vor, sondern kündigte auch an, keine geschürften Diamanten mehr einzusetzen.[36] Um das zu bewerkstelligen, gestaltet das Unternehmen seine Lieferkette neu.[37]

Fazit

Bei Nachhaltigkeit geht es nicht mehr darum, das Richtige zu tun. Zunehmend geht es darum, Geschäfte zu machen. Punkt. Wenn Unternehmen die achte Handlungsempfehlung nicht beachten, bleibt nur zu hoffen, dass ihre Kundinnen und Kunden – und die Bürgerinnen und Bürger in den Ländern, in denen sie Geschäfte machen – nicht hinsehen. Das könnte das Ende, oder der Anfang vom Ende des Unternehmens sein. Denn schließlich ist ein Unternehmen, das nicht nachhaltig ist, per definitionem nicht tragbar. Aus diesem Grund haben Unternehmen und ihre Lieferanten ein großes Eigeninteresse daran, sich gegenseitig zu unterstützen, um alle ESG-Kriterien zu erfüllen.

Das Wichtigste in Kürze

Erkenntnis

Wenn Sie wollen, dass Ihr Unternehmen als High-Performer gilt, der alle Umwelt-, sozialen und Unternehmensführungsstandards (ESG-Standards) erfüllt, brauchen Sie die aktive Unterstützung Ihrer Lieferanten.

Strategie

Fordern Sie Ihre CPOs auf, mit Ihren Lieferanten zusammenzuarbeiten, um die ESG-Standards zu erfüllen.

Vorgehensweise

- Wenn Sie es noch nicht getan haben, machen Sie mit beim Wettlauf um Netto-Null-Emissionen. Ermitteln Sie die Scope-3-Emissionen (die vorgelagerten Emissionen), für die Ihre Lieferanten verantwortlich sind. Legen Sie ehrgeizige Ziele fest, und fordern Sie Berichte über den Fortschritt ein.
- Gestalten Sie Ihre Produkte, die Verpackungen und Ihr Produktportfolio für eine kohlenstoffarme Welt neu. Setzen Sie mehr recycelte und recycelbare Materialien ein. Ändern Sie Ihren Produktmix.
- Passen Sie Ihre Einkaufstrategie so an, dass Ihre Geschäfte kohlenstoffarm werden. Unterstützen Sie Nearshoring-Maßnahmen.

- Unterstützen Sie Ihre Lieferanten bei der Reduzierung der Kohlenstoffemissionen. Formulieren Sie Ihre Erwartungen in einem Verhaltenskodex für Lieferanten. Lassen Sie die Hauptaspekte mit in Ihre Lieferantenverträge einfließen. Helfen Sie Ihren Lieferanten dabei, neue Kompetenzen aufzubauen. Trennen Sie sich von jenen Lieferanten, die sich nicht daran halten.
- Konzentrieren Sie sich nicht nur auf das *E* (environmental, Umwelt) in ESG. Fordern Sie Ihre/n CPO auf, auch das *S* (sozial) und das *G* (governance, Unternehmensführung) anzugehen.

9

Gemeinsam schneller werden

Verdoppeln Sie Ihre Geschwindigkeit, indem Sie mit Ihren Lieferanten zusammen- und nicht gegen sie arbeiten

Im Februar 2021, als bekannt wurde, dass Andy Jassy die Nachfolge von Jeff Bezos als CEO von Amazon antreten würde, schrieb er in einem internen Memo an die Belegschaft, dass er dem Gründer des größten Einzelhändlers der Welt viel zu verdanken habe. Er schrieb: „Es ist nicht möglich zu übertreiben, wenn ich sage, wie viel ich in den letzten 24 Jahren von Jeff gelernt habe."[1] Dann führte er auf, was er alles gelernt hatte: Wie sich die Besessenheit von Kunden ausdrückt; wie bedeutsam Innovationen sind; wie wichtig es ist, leistungsstarke Menschen einzustellen und deren Entwicklung zu fördern; wie groß der Wert hoher Standards und konstant schneller und zuverlässiger Lieferungen ist. Von all diesen Aspekten hat die Geschwindigkeit – und insbesondere das, was Bezos selbst als „irrsinnig schnellen Versand" des Unternehmens bezeichnet – den Erfolg des Unternehmens begründet.[2] Für Bezos ist die Besessenheit von Kunden wohl das heiligste Prinzip, aber Geschwindigkeit steht gleich an zweiter Stelle, da sie entscheidend dazu beiträgt, die Kundinnen und Kunden zufriedenzustellen. Das war von Anfang an bei Amazon klar. Ende August 1994, bevor sich Bezos für einen Namen für sein kapitalkräftiges Start-up aus Seattle, wie er sagte, entschieden hatte, schaltete er eine Anzeige für Programmierer. Darin stand: „Du musst Erfahrung im Entwurf und in der Entwicklung großer und komplexer (und dennoch bedienbarer) Systeme haben. Du solltest das aber auch in einem Drittel der Zeit tun können, die die meisten Menschen als möglich erachten."[3]

Indem Bezos sich auf Geschwindigkeit fokussierte, fokussierte er sich selbstverständlich auf etwas, das seit langem den Erfolg der besten Unternehmen der Welt untermauert. Wie wir wissen, erfand Henry Ford Anfang des 20. Jahrhunderts das Fließband. Dadurch konnte er alle 93 Minuten ein Model T vom Band laufen lassen, und die Konkurrenten waren gezwungen aufzuholen. Ähnliches spielte sich bei Toyota ab. Das Unternehmen erfand in den 1970er Jahren die Just-in-Time-Produktion, die für eine Beschleunigung der Produktion sorgte, und war seinen Konkurrenten in den Vereinigten Staaten und Europa um Längen voraus. In den 1980er Jahren bezeichnete George Stalk von der Boston Consulting Group in einem Artikel im *Harvard Business Review* die Zeit als „die nächste Quelle des Wettbewerbsvorteils".[4] Seitdem ist die Zeit neben Kosten, Innovationen, Qualität, Nachhaltigkeit und Risikomanagement eine Quelle der Wertschöpfung. Mittlerweile wird nicht mehr gefragt, ob man schnell ist, sondern ob man schneller werden kann, noch schneller als die zunehmend schnellen Konkurrenten.

Das ist nicht leicht. Wir leben in einer immer schneller werdenden Welt. Im Jahr 2020 gab es jeden Tag 18 Millionen Suchanfragen auf Google. Diese Zahl ist aktuell auf über 5 Milliarden angestiegen. In unserer Welt, die von hoher Dynamik, permanenter Verbindung zum Internet sowie Erreichbarkeit rund um die Uhr geprägt ist, erwarten

Konsumentinnen und Konsumenten, dass Produkte im Stil von Amazon am selben Tag geliefert werden. Diese Situation führt dazu, dass sich unter den Top-Managern ein Credo für Geschwindigkeit etabliert hat. Ginni Rometty, ehemalige CEO von IBM, sagte in einem Interview in der *New York Times*, dass sie daran arbeite, den 100 Jahre alten Technologie-Tanker von Grund auf umzubauen: „Die Leute fragen ‚Gibt es einen Königsweg?‘“ Ihre Antwort darauf war sehr deutlich: „Man könnte sagen, der Königsweg ist Geschwindigkeit, diese Vorstellung von Geschwindigkeit.“[5]

Wie können Sie nun also für Geschwindigkeit in Ihrem Unternehmen sorgen? Selbstverständlich müssen alle Angestellten in Ihrem Unternehmen ihren Teil dazu beitragen. Bill Gates hat es in seinem Buch *Business @ the Speed of Thought* so ausgedrückt: „Jeder muss sich darüber im Klaren sein, dass wir mit hoher Geschwindigkeit, aber ohne Qualitätseinbußen die Bedürfnisse unserer Kundinnen und Kunden befriedigen müssen. Und wenn wir nicht schnell genug sind, ist es einer unserer Konkurrenten ganz bestimmt.“[6] Allerdings spielen nach unserer Ansicht die/der CPO und das Einkaufsteam dabei eine besondere Rolle. Daher unsere neunte Handlungsempfehlung: *Gemeinsam schneller werden: Verdoppeln Sie Ihre Geschwindigkeit, indem Sie mit Ihren Lieferanten zusammen- und nicht gegen sie arbeiten.*

Im Großen und Ganzen gibt es drei Methoden, wie die/der CPO und das Einkaufsteam den CEOs helfen können, die Geschwindigkeit zu erhöhen, mit der das Unternehmen die Bedürfnisse der Kundinnen und Kunden antizipiert, darauf reagiert und befriedigt. Eine Möglichkeit besteht in der Neugestaltung des Einkaufsprozesses, eine andere ist die Neugestaltung der Lieferkette und eine dritte besteht in der Neugestaltung des Produktentwicklungsprozesses.

Neugestaltung des Einkaufprozesses

Es gibt eine Reihe von Möglichkeiten, wie die/der CPO den Einkaufsprozess neugestalten kann. Eine Möglichkeit besteht im Einsatz eines Roboters (der die Arbeit von vier Personen erledigen kann), um die routinemäßigen Verwaltungsaufgaben zu automatisieren. Dadurch kann die Zeit, die für die Umsetzung komplexer Investitionsprojekte benötigt wird, um bis zu 40 Prozent reduziert werden. Eine andere Möglichkeit ist, den Verwaltungsaufwand, der zuweilen aufstrebende, unternehmerisch denkende Lieferanten mit großem strategischem Potenzial abschreckt, zu vereinfachen. Diese Lieferanten – häufig kapitalschwache Start-ups – haben womöglich innovative Produkte, die dem Unternehmen einen First-Mover-Vorteil auf dem Markt verschaffen, oder sogar eine neue Methode, mit der der Herstellungsprozess beschleunigt werden kann.

Wir haben einen der größten Hersteller der Welt von weißer Ware, der einige dieser innovativen, energiegeladenen Lieferanten schnell und ohne große Reibungsverluste aufnehmen wollte, beraten. Wir wussten, dass es die meisten von ihnen als schwierig empfinden würden, die Auswahlrunden, die das Unternehmen mögliche Lieferanten durchlaufen lässt, zu bestehen. Daher empfahlen wir dem Unternehmen, seinen Einkaufsprozess für diese bestimmte Lieferantenkategorie vollständig neu zu gestalten. Zunächst stuften sie die Lieferanten in die Gruppe der wichtigen ein, und zwar in jene, die strategisches Potenzial boten und vielleicht eines Tages zu einem wichtigen, etablierten Partner werden.

Um die Dienstleistungen dieser Start-ups dann zu beziehen, vereinfachte es den Vertragsabschlussprozess. Es setzte eine kurzen, zweiseitigen Vertrag mit den wesentlichen kaufmännischen und technischen Bedingungen auf (anstatt ein langes, Hunderte von Seiten umfassendes Dokument, um drei- bis fünfjährige Lieferantenbeziehungen formell festzulegen, zu verfassen); es löschte die Garantie- und Entschädigungsklauseln, die Start-ups in den Bankrott treiben könnten; und es sagte zu, Rechnungen innerhalb von 30 Tagen (statt innerhalb der üblichen 90 Tage) zu begleichen, um dem Thema der Liquidität bei den Lieferanten zu begegnen.

Durch die Beschleunigung des Einkaufsprozesses wurde der Hersteller von weißen Waren als potenzieller Auftraggeber für aufstrebende Lieferanten attraktiver – und das Unternehmen konnte seinen Kundinnen und Kunden schneller Innovationen liefern.

Neugestaltung der Lieferkette

Neben der Neugestaltung des Einkaufsprozesses kann die/der CPO die Lieferkette neugestalten, um besser auf die Konsumentinnen und Konsumenten eingehen zu können. Genau das hat ein Modehaus gemacht und dadurch die gesamte Branche geprägt. Im Jahr 1989 bemerkte Anne-Marie Schiro, eine Reporterin der *New York Times*, dass ein kaum bekanntes spanisches Einzelhandelsunternehmen gerade in Manhattan einen „US-amerikanischen Außenposten" eröffnet hatte. Sie recherchierte, sprach mit dem Manager der Filiale und war erstaunt, als sie hörte, dass es nur „15 *Tage* dauerte, um eine neue Idee in die Läden zu bringen". Normalerweise benötigen Modehäuser zwischen 3 und 6 *Monaten*, um eine neue Kollektion auf den Markt zu bringen. Zurück im Verlag schrieb Schiro auf, was sie herausgefunden hatte, und prägte den Begriff, der seitdem benutzt wird, um das Geschäft, den Kundinnen und Kunden die neuste, moderne Kleidung in der schnellstmöglichen Zeit zu bieten, zu beschreiben: „Fast Fashion".[7]

Das Unternehmen, über das Schiro geschrieben hatte, war Zara. Eines der großen Geheimnisse hinter dem Erfolg des Unternehmens war – und ist es immer noch – die Art, wie es mit seinen Lieferanten zusammenarbeitet. Zara, der größte Mode-Einzelhändler der Welt und mittlerweile die Aushängemarke von Inditex, wurde 1975 von Amanicio Ortega in Nordspanien (und zufällig nicht weit von dem Ort entfernt, an dem Ignacio López seinen Beruf erlernt hat) gegründet.[8] Von Anfang an bestand sein Ziel darin, die Kundinnen und Kunden zufriedenzustellen. Er war von der Notwendigkeit überzeugt, das herkömmliche Geschäftsmodell komplett auf den Kopf stellen zu müssen, um das zu erreichen. Heute wird Ortegas Ansatz von Pablo Isla, dem CEO von Inditex, weitergeführt. Er sagte einmal in der *Financial Times*: „Anstatt eine Kollektion lange vor einer Saison zu entwerfen und dann herauszufinden, ob die Kundinnen und Kunden sie mögen oder nicht, versuchen wir zuerst ein Verständnis davon zu bekommen, was unsere Kunden mögen, und danach entwerfen und produzieren wir unsere Kollektionen."[9]

Um doppelt so schnell Kleidung zu entwerfen und herzustellen, wendet Inditex mehrere Einkaufsstrategien zur Reduzierung der Komplexität in den Prozessen an. Zunächst einmal nutzt das Unternehmen eine duale Strategie, bei der die eine Hälfte seiner Werke in der Nähe der Kunden in Europa und den Vereinigten Staaten angesiedelt sind und die andere Hälfte in den Niedriglohnländern in Asien.[10] Dieser Ansatz ist komplett anders als der, der von den traditionellen oder „langsamen" Modehäusern angewendet wird, die ihren Sitz in Paris, New York, Mailand und London haben. Diese stützen sich auf Hersteller, die Tausende von Kilometern entfernt in China oder anderen asiatischen Ländern die Kleidungsstücke produzieren.

Zweitens hält Inditex einen erheblichen Anteil seiner Produktionskapazitäten in seinen Fabriken zu bestimmten Zeiten des Jahres frei, um auf die Verbraucherstimmung reagieren zu können. Mit anderen Worten bezahlt es die Hersteller für die Wahrung einer gewissen Flexibilität im System – nur für den Fall, dass die Produktion kurzfristig hochgefahren werden muss. Das kann natürlich recht kostspielig sein, aber für Inditex ist die Reaktionsfähigkeit auf Kundenwünsche wichtiger als Kosteneffizienz, da es überzeugt ist, dass die Bilanz am Ende weit besser ausfällt.

Drittens reserviert das Unternehmen die Hälfte seines Lagerbestands für Fast Fashion. Die meisten Modehäuser gehen ganz anders vor. Typischerweise kaufen sie ca. 6 Monate vor einer neuen Saison bis zu vier Fünftel ihres Lagerbestands. Inditex hat mit seiner Vorgehensweise die Möglichkeit, die Kollektion zu optimieren oder komplett neu zu entwerfen, wenn sich während einer Saison neue Trends ergeben.

Viertens liegt der Fokus der weltbesten Stoffspezialisten auf dem Einkaufsteam (die Art von führenden Experten, die wir in Kapitel 4 und Kapitel 6 beschrieben haben) darauf, von den Lieferanten *Stoff* für das kommende Jahr zu kaufen und keine *fertigen Produkte*. Sie kalkulieren, wie viel Stoff sie benötigen werden, wissen aber auch, dass dieser Stoff für andere Kollektionen über das ganze Jahr hinweg genutzt werden kann.

Fünftens fördert Inditex ein Umfeld der Zusammenarbeit – innerhalb und außerhalb des Unternehmens. Außerhalb des Unternehmens arbeiten Einkaufsmanagerinnen und -manager eng mit Lieferanten zusammen. Sie binden sie in den Produktentwicklungsprozess ein und investieren zusammen mit ihnen in neue Maschinen und andere Technologien. Innerhalb des Unternehmens ist alles im sogenannten Cube, dem futuristisch anmutenden Firmensitz von Inditex, zentriert. Bei den meisten Modehäusern haben die Designer und andere kreative Köpfe das Sagen. Nicht so bei Inditex. Hier, wo es keinen alleinigen Chef-Designer gibt, teilen sich Hunderte von Designern das Büro mit Einkaufs- und Produktionsmanagerinnen und -managern. Wenn also die Lieferanten das Unternehmen besuchen, treffen sie unweigerlich die Design-, Einkaufs- und Produktionsmanager. Diese Zusammenarbeit, die durch räumliche Nähe befördert wird, hat für eine enge Verbindung zwischen Inditex' Führungskräften in verschiedenen Funktionen gesorgt. Dadurch bekommen sie das Gefühl, gemeinsam für das Produkt verantwortlich zu sein. Zudem werden auf diese Weise nicht nur Entscheidungen schnell getroffen, sondern das Unternehmen kann extrem schnell auf Kundenwünsche reagieren.[11]

Dank des unkonventionellen Ansatzes von Inditex, mit Lieferanten zusammenzuarbeiten, gehört der Gründer, Amanicio Ortega, mittlerweile zu den reichsten Milliardären der Welt. Daher ist es kaum verwunderlich, dass es recht schnell viele Nachahmer gegeben hat.

• • •

Viele Unternehmen wählen heute lokale Lieferanten aus, und zwar nicht nur um ihre CO2-Bilanz zu verbessern, sondern auch um geopolitische Verwicklungen zu vermeiden. Als Reaktion auf diesen Trend haben einige der großen Lieferanten damit begonnen, ihr Unternehmen in die Nähe *ihrer* angestammten Kunden zu verlegen oder dort einen Standort aufzubauen. Beispielsweise hat TSMC, Lieferant von Apple und Tesla, angefangen, in Arizona ein 12 Milliarden teures Werk zu errichten.[12]

Es ist jedoch nicht immer möglich oder erstrebenswert, mit lokalen Lieferanten zusammenzuarbeiten. In manchen Fällen ist womöglich die notwendige Expertise nicht vorhanden. Und dann? Eine Möglichkeit besteht darin, die Lieferkette zu verschlanken, indem alle nicht notwendigen Glieder entfernt werden. Ein US-amerikanischer Computerhersteller ist so vorgegangen, nachdem der CPO und das Einkaufsteam den Einkauf von Microchips unter die Lupe genommen und dabei festgestellt hatten, dass die Lieferkette recht verworren war. Die Reise der Microchips fing in Singapur, in der Fabrik eines Unternehmens mit Sitz in New York, an. Nach der Produktion wurden sie ins fast 4.500 Kilometer entfernte Peking geflogen, wo sie verpackt oder von einem Unternehmen mit Sitz in Europa in eine Platine verbaut wurden. Danach wurden sie weitere 10.000 Kilometer nach Osten nach Phoenix in Arizona gesendet. Dort wurden die Microchips von einem Elektronikunternehmen vor Ort mit der neuesten Software bespielt. Anschließend wurden sie wieder ca. 10.000 Kilometer zurück nach China geflogen, diesmal nach Shanghai, wo die Microchips von einem anderen US-amerikanischen Unternehmen in Computer-Hardware verbaut wurden. Schlussendlich mussten sie nur noch eine relativ kurze Strecke nach Westen – ca. 800 Kilometer – in die weitläufige Fabrik des Computerunternehmens in Wuhan zurücklegen. Dort wurden sie in das Fertigprodukt eingesetzt. Nach der Prüfung dieser ungewöhnlichen, knapp 27.000 Kilometer langen Odyssee für nur eine Komponente (wenngleich für eine sehr wichtige Komponente) der Computer des Unternehmens, entschloss sich der CPO dazu, die Lieferkette zu kürzen und entzog dem Unternehmen mit Sitz in Arizona den Softwareprogrammierungsauftrag. Das Ergebnis war, dass die Reise der Microchips um 80 Prozent und die Produktionszeit um 5 Wochen gekürzt werden konnten.

Neugestaltung des Produktentwicklungsprozesses

Neben der Neugestaltung des Einkaufsprozesses und der Neugestaltung der Lieferkette sollten CEOs auch in Erwägung ziehen, den Produktentwicklungsprozess neu zu gestalten, um Markteinführungen zu beschleunigen. Auch hier können CPOs und die Einkaufsteams eine entscheidende Rolle dabei spielen, die Lieferanten zu einer Zusammenarbeit zu bewegen. Wie wir bei der Ocean Victory Corporation und den großen Pharmaunternehmen gesehen haben, können CPOs eine entscheidende Rolle bei den Bemühungen eines Unternehmens spielen, schnell und bevorzugt Produkte und moderne Technologien, die von Start-ups und anderen Lieferanten entwickelt werden, zu bekommen. Es versteht sich von selbst, dass Unternehmen einen entscheidenden Wettbewerbsvorteil haben, wenn sie mit innovativen Produkten die ersten am Markt sind. Es gibt allerdings noch andere Möglichkeiten, wie dieser Wettbewerbsvorteil am Markt erreicht werden kann.

Nutzen Sie viele verschiedene Lieferanten, um die Produktentwicklung zu beschleunigen – Wie die US Army das Nachfolgemodell des Humvee gebaut hat

Ende 2006, 5 Jahre nach den Terroranschlägen vom 11. September, war das US-amerikanische Militär der Meinung, ein neues Fahrzeug sei nötig, um in Afghanistan und im Irak Krieg gegen den Terror zu führen. Soldaten, die im High Mobility Multipurpose Wheeled Vehicle – dem HMMWV, oder Humvee – fuhren, fielen der immer größeren Zahl an IEDs (Improvised Explosive Devices, Sprengfallen), die billig, leicht herzustellen und tödlich waren, zum Opfer. Dieses mächtige Fahrzeug ist zwar vermutlich zum Symbol der Ergreifung von Osama bin Laden, Al-Qaida, und seinen fanatischen Anhängern geworden, aber durch seine flache Bauweise liefen die Soldaten Gefahr, den tödlichen Bomben am Straßenrand zum Opfer zu fallen.

Die US-Generäle brauchten nicht lange, um sich für das MRAP-Vehicle – Mine Resistant Ambush Protected Vehicle (Minen widerstehendes und Hinterhalt-geschütztes Fahrzeug) – als Nachfolger des Humvee zu entscheiden. Dieses Fahrzeug war allerdings nicht auf dem neuesten Stand der Technik. Es wurde in den 1960er Jahren von Ingenieuren der südafrikanischen Streitkräfte entwickelt. Seine wichtigsten Eigenschaften – ein erhöhtes Fahrgestell und ein V-förmiger Unterboden – konnten die Auswirkungen von Minenexplosionen effektiv abschwächen. Mit anderen Worten wurden die amerikanischen Soldaten, die an der Front kämpften, durch dieses Fahrzeug geschützt.[13]

Das große Problem offenbarte sich jedoch in der Zeit: Die US-Kommandeure benötigten die MRAPs *sofort*. Wie konnten sie sie schnell bekommen? Die Beschaffungschefs entschlossen sich dazu, den herkömmlichen Produktentwicklungszyklus zu beschleunigen, und warfen Jahrzehnte lang verwendete Beschaffungspraktiken des Militärs über Bord, indem sie Fahrzeuge nicht nur von sorgfältig ausgewählten Lieferanten bezogen, sondern von einer kleinen Gruppe spezialisierter Lieferanten. In gewisser Weise war das ein Spiegelbild dessen, was die NASA getan hatte, als sie Boeing und SpaceX den Auftrag gaben, ein Transportfahrzeug mit Raketenantrieb als Nachfolger für das legendäre Space Shuttle zu entwickeln.

Im November 2006 veröffentlichte das US-Militär eine Ausschreibung für die Entwicklung und Produktion von 1.185 MRAPs. Es erhielt 10 Angebote, und bis Januar 2007 schloss es mit 9 Unternehmen sogenannte IDIQ-Verträge (indefinite delivery, indefinite quantity – unbestimmte Lieferung, unbestimmte Menge) zur Lieferung einer Mindestanzahl an Prototypfahrzeugen zu Testzwecken. Drei Monate später, nachdem die Prototypen auf dem Aberdeen Proving Ground in Maryland getestet worden waren, war die Liste der Lieferanten auf fünf geschrumpft: BAE Systems, Armor Holdings (das mittlerweile zu BAE Systems gehört), General Dynamics Land Systems, Force Protection Industries (die heute zu General Dynamics Land Systems gehören) und eine Tochtergesellschaft von Navistar, International Military and Government (die mittlerweile Navistar Defense heißt). Die Entscheidung, fünf Lieferanten auszuwählen, hat sich als entscheidend herausgestellt, da die Feldkommandeure ihren Bedarf an MRAPs in den darauffolgenden fünf Monaten deutlich höher bezifferten, im Mai sollten es 7.774 Fahrzeuge sein, und im September 15.374.

Was für den Erfolg des MRAP-Entwicklungsprozesses sorgte, war die Art und Weise, wie das US-Militär als Käufer mit den fünf verschiedenen Lieferanten/Herstellern zusammenarbeitete. Zunächst war der IDIQ-Vertrag wichtig: Das US-Militär willigte ein, die gesamte Mindestanzahl an Fahrzeugen, die es bei jedem Hersteller in Auftrag gegeben hatte, auch tatsächlich zu kaufen. Dadurch war das übliche Risiko, das die Lieferanten tragen, wenn sie an einer Ausschreibung teilnehmen, deutlich reduziert. Zweitens erhielten die Lieferanten eine großzügig bemessene Summe als Anreiz – 100.000 US-Dollar pro Fahrzeug für die Lieferung von Test-MRAPs vor Ablauf der vereinbarten Frist –, wodurch sie motiviert waren, an der Ausschreibung teilzunehmen. Drittens waren die Produktspezifikationen recht allgemein gehalten: Im Grunde konnten die Lieferanten die Fahrzeuge nach ihren eigenen Vorstellungen entwerfen, solange ihre Fahrzeuge den „Überlebenstest" bestanden. Dann bekamen sie grünes Licht. Viertens wurden die Phasen der Auftragsvergabe, des Testens und der Abnahme nicht wie früher nacheinander, sondern gleichzeitig durchgeführt, um die Entwicklung zu beschleunigen. Das Oberkommando gab keine Garantien, dass alle Hersteller einen Vertrag erhielten. Vielmehr ließ es sie im Glauben, dass der Hersteller, der die MRAPs am schnellsten entwickeln, testen und ausliefern konnte, den Zuschlag für den kompletten Auftrag bekam. Sechstens half das US-Militär, das Netz der Unterlieferanten aufzustellen – jener Lieferanten, die den Hersteller der MRAPs beliefern, beispielsweise Stahlhersteller oder Reifenproduzenten. Damit wollte es sichergehen, dass es nicht zu Lieferverzögerungen bei den notwendigen Rohstoffen und Komponenten kam.

Die ersten MRAPs wurden im Oktober 2007 in die Kriegsgebiete versendet – weniger als ein Jahr, nachdem die Unternehmen eingeladen worden waren, an der Ausschreibung teilzunehmen. Dies stellt eine erhebliche Verkürzung der Markteinführung militärischer Fahrzeuge dar, die normalerweise 10 Jahre dauert.

Bauen Sie länder- oder regionsspezifische Ökosystem von Lieferanten auf – was große Tech-Unternehmen von chinesischen Smartphone-Herstellern lernen können

Eine weitere Möglichkeit, wie CEOs die Markteinführung beschleunigen können, besteht darin, ein Ökosystem von Lieferanten in jenen Ländern oder Regionen, in denen sie bestimmte Zielgruppen ansprechen wollen, aufzubauen. Abhängig von dem Land und der Branche bietet dieser Ansatz einen echten Mehrwert für Unternehmen, die ihren Produktentwicklungsprozess beschleunigen wollen. Nehmen wir einmal die Smartphone-Branche in China. Das Land ist heute der größte Smartphone-Markt der Welt: 2020 wurden dort 325 Millionen Smartphones versendet, was 25 Prozent der weltweit versendeten Smartphones entspricht. Damit bietet China ein hervorragendes Terrain für etliche chinesische Smartphone-Hersteller, die international expandiert haben, unter anderem Huawei (bis die USA den Verkauf von wichtigen, in Amerika hergestellten Komponenten an das Unternehmen eingeschränkt haben, wodurch sich das Wachstum des Smartphone-Herstellers verlangsamte), Xiaomi, Oppo und Vivo.[14] Einer der Faktoren für den unglaublichen Erfolg der chinesischen Smartphone-Hersteller ist die Geschwindigkeit, mit der die Unternehmen ein neues Smartphone entwickeln und auf den Markt bringen können. Durchschnittlich dauert es weniger als 6 Monate, bis ein Smartphone vom Zeichenbrett in die Hände der Konsumentinnen und Konsumenten gelangt. US-amerikanische und europäische Unternehmen benötigen hingegen zuweilen 3 Jahre, um ein neues Smartphone von Grund auf neu zu entwickeln.

Worin liegt das Geheimnis? In Chinas außergewöhnlichem Ökosystem aus Technologielieferanten.

Dieses Ökosystem, oder Netzwerk, entstand ursprünglich, um sogenannte Shanzhai-Produkte herzustellen und zu vertreiben. Das sind billige Nachahmungen oder gar Plagiate von Smartphones und anderen Konsumgütern. Aber zwei Faktoren haben geholfen, das Ökosystem in ein anspruchsvolles Netzwerk aus Lieferanten, die Produkte entwerfen und herstellen, zu verwandeln. Erstens haben chinesische Konsumentinnen und Konsumenten eine Vorliebe für hochwertige, aber erschwingliche Produkte entwickelt. Zweitens zwang die Entscheidung der USA, einige der chinesischen Unternehmen auf die sogenannte Entity List zu setzen, diese Unternehmen dazu, sich mehr auf Komponenten aus China zu stützen. Durch die Entity List wird verhindert, dass US-amerikanische Unternehmen wichtige Komponenten an Unternehmen, die auf dieser Liste stehen, verkaufen. Laut eines Berichts in der *Financial Times* wurde beim Zerlegen eines Huawei Mate 30 festgestellt, dass die in China hergestellten Komponenten insgesamt 42 Prozent des Gesamtwerts aller Komponenten ausmachten. Als das Unternehmen noch in den USA hergestellte Komponenten beziehen konnten, lag dieser Wert nur bei 25 Prozent.[15]

Infolgedessen haben die chinesischen Lieferanten nun das Fachwissen, um weltweite Markenprodukte für den chinesischen Markt zu liefern. (Das bedeutet, dass weltweit agierende Unternehmen die Möglichkeit haben, Produkte zu entwickeln, die nicht nur den Bedürfnissen und Vorlieben der chinesischen Konsumentinnen und Konsumenten entsprechen, sondern auch erschwinglich und schnell verfügbar sind.) Zudem haben die chinesischen Smartphone-Hersteller beschleunigte Produktenwicklungstechniken entworfen. Weltweit agierende Unternehmen sollten durchaus in Erwägung ziehen, diese Techniken nicht nur auf ihren Inlandsmärkten, sondern auch auf internationalen Märkten anzuwenden. Eine Strategie besteht darin, Produktspezifikationen zu lockern (wie das US-Militär es im Fall der MRAPs getan hat). Die chinesischen Smartphone-Hersteller geben sich mit etwas älteren Technologien (statt Technologien der nächsten Generation) und etwas geringwertigeren Komponenten zufrieden, solange diese bestimmte Mindestperformancestandards erfüllen. Eine weitere Strategie besteht darin, Aufträge an Lieferanten vor Ort zu vergeben (statt an viele weltweit verstreute Lieferanten), sofort in bar zu bezahlen (statt nach Ablauf einer Frist von 90 Tagen) und monatlich zu beauftragen (statt einmalig). Und eine dritte Strategie besteht darin, einen modularen Ansatz bei gemeinsamen Standardkomponenten mehrerer Produkte – Batteriezellen, LCD-Displays und Platinen –anzuwenden.

Testen Sie Gigafactorys, Microfactorys und Smart Factorys – wie Tesla und Unilever die Product Journey beschleunigen

Neben dem Aufbau von lokalen und regionalen Ökosystemen sollten CEOs ihre CPOs und die gesamte Führungsriege anhalten, den Herstellungsprozess ihres Unternehmens zu optimieren, um die Markteinführung zu beschleunigen. Offensichtlich ist die Produktion notwendigerweise der Haupttreiber. Aber der Einkauf spielt eine entscheidende, wenngleich häufig nicht beachtete Rolle dabei, nicht nur die Vertragshersteller zu steuern (wenn das Unternehmen die Produkte nicht selbst fertigt), sondern auch die Lieferanten von Rohstoffen.

Tesla setzt auf sogenannte Gigafactorys, um die Produktion von Batteriezellen und anderen zentralen Komponenten zu beschleunigen, damit es die Nachfrage der Konsumentinnen und Konsumenten nach Elektrofahrzeugen befriedigen kann. In gewisser Weise erinnert Elon Musk an die glorreichen Zeiten von Henry Ford, dessen Fabrik am River Rouge in Dearborn, Michigan, sich über 3,6 Quadratkilometer erstreckte. Teslas riesige Gigafactorys stellen erhebliche Probleme für den Einkauf dar. Der Bau dieser Anlagen ist allerdings noch das kleinste dieser Probleme. (Der Bau der Fabrik in Shanghai dauerte nur 9 Monate.) Die enormen Mengen an Rohstoffen, die für die Produktion der Lithium-Ionen-Akkus für Elektrofahrzeuge benötigt werden, in die Fabriken zu schaffen, ist ein weit größeres Problem. Ebenso verhält es sich bei der Pflege der Beziehungen zu den verschiedenen Batterieherstellern, die in diesen Gigafactorys mit Tesla zusammenarbeiten – das japanische Unternehmen Panasonic, LG Chem aus Südkorea und CATL aus China.[16]

Ganz im Gegensatz dazu experimentieren andere Unternehmen mit Microfactorys, die mit 3-D-Druck-Technologien ausgestattet sind. Sie stellen Komponenten und Fertigprodukte in kleinen Losgrößen her und können in verschiedenen Märkten sehr schnell aufgebaut werden. So ist es möglich, extrem schnell auf die Wünsche der Konsumentinnen und Konsumenten vor Ort einzugehen. Auch an dieser Stelle sollte die/der CEO die/den CPO dahingehend instruieren, sich einzubringen und nicht nur das neueste Equipment für digitale Herstellungsverfahren einzukaufen, sondern auch Lieferanten in den verschiedenen lokalen Märkten vor Ort auszuwählen, falls die Fabriken tatsächlich mobil sind. Unilever hat beispielsweise sogenannte Nanofactorys in 12 Meter langen Frachtcontainern errichtet. Wie das Unternehmen sagt, sind diese komplett mobil und können überallhin verbracht werden. Und nicht nur das – in diesen mobilen Minifabriken befindet sich „alles, was wir für die Produktion eines Loses benötigen, ab dem Punkt, an dem die Rohstoffe an einem Ende reinkommen, bis zu dem Punkt, an dem die fertigen Produkte am anderen Ende herauskommen – abgefüllt, verschlossen und etikettiert".[17]

Fazit

In einer immer schneller werdenden Welt ist Geschwindigkeit entscheidend. Wenn Unternehmen allein arbeiten, sind sie womöglich schnell. Wenn sie jedoch mit Lieferanten zusammenarbeiten, können sie noch schneller werden – zweimal so schnell. Das ist eine Tatsache. Deshalb ist unsere neunte Handlungsempfehlung so wichtig für alle Unternehmen. Mit dieser Empfehlung wird die Tatsache angemessen berücksichtigt, dass Lieferanten dem Unternehmen Schub verleihen können (und auch umgekehrt).

Das Wichtigste In Kürze

Erkenntnis

Wenn Sie die Geschwindigkeit, mit der Ihr Unternehmen die Bedürfnisse der Kundinnen und Kunden antizipiert, darauf reagiert und sie befriedigt, erhöhen wollen, müssen Sie mit Ihren Lieferanten Möglichkeiten für Beschleunigung finden.

Strategie

Fordern Sie Ihren CPO auf, den Einkaufsprozess, die Lieferkette und den Produktentwicklungsprozess neu zu gestalten.

Vorgehensweise

- Gestalten Sie Ihren Einkaufsprozess neu, indem Sie alle routinemäßig anfallenden Verwaltungsaufgaben automatisieren. Zudem sollten Sie die Verträge für aufstrebende Lieferanten, die bahnbrechende Innovationen anbieten, vereinfachen.
- Gestalten Sie Ihre Lieferkette neu, indem Sie lokale Lieferanten beauftragen, zusätzliche Produktionskapazitäten vorhalten, Lieferanten motivieren, sich näher an Ihrem Unternehmen anzusiedeln und die Anzahl an Lieferanten reduzieren.
- Gestalten Sie den Produktenwicklungsprozess neu, indem Sie viele verschiedene Lieferanten beauftragen, länder- bzw. regionsspezifische Ökosysteme aus Lieferanten aufbauen, und verschiedene große sowie sehr kleine Fertigungswerke austesten.

10

Das Unvermeidbare antizipieren

Reduzieren sie gemeinsam mit Ihren Lieferanten die Risiken, um sich auf Unerwartetes vorzubereiten

Am letzten Tag des Jahres 2019 erhielt das chinesische Regionalbüro der Weltgesundheitsorganisation unbestätigte Berichte über ein neues Virus, und innerhalb weniger Wochen steckten sich immer mehr Menschen an. Die Meldung über die ersten COVID-19-Todesfälle machte Schlagzeilen. Da sich das Virus in den folgenden 18 Monaten über die ganze Welt verbreitete, verhängten Länder strenge Lockdowns. Dadurch geriet die Wirtschaft weltweit ins Trudeln. Aufgrund der Disruption der Lieferketten auf der ganzen Welt waren Unternehmen gezwungen, Fabriken und Büros zu schließen sowie Mitarbeiter zu entlassen. Tausende von Unternehmen stellten ihre Aktivitäten ein – und einige schlossen für immer.

Führungskräfte waren auf diese Art Naturkatastrophe zum großen Teil nicht vorbereitet. Daher bezeichneten sie die weltweite Pandemie recht schnell als einen „Black Swan“. Dieser Terminus, der von Nassim Nicholas Taleb, einem Mathematiker und Philosophen, geprägt wurde, beschreibt willkürliche, höchst unwahrscheinliche Ereignisse, die enorm große Auswirkungen haben.[1] Der Begriff erinnert an eine ebenso einprägsame Formulierung des ehemaligen US-Verteidigungsministers Donald Rumsfeld, der solche Ereignisse folgendermaßen beschrieben hat: „das unbekannte Unbekannte“.[2] Als sich die Pandemie weltweit ausbreitete, begannen Führungskräfte, die Bezeichnung „Black Swan“ auch für andere disruptive Ereignisse, auf die sie ebenfalls nicht vorbereitet waren, zu nutzen. Mitte Februar 2021 fegte ein verheerender Eissturm über Texas hinweg. Dort sind einige der weltweit größten Hersteller von Halbleitern, Plastik und anderen petrochemischen Produkten angesiedelt. Dieser Sturm war eines der schlimmsten Wetterereignisse, die es jemals in Texas gegeben hatte, und löste weltweit eine Verknappung von Plastik aus, wodurch die Probleme, die die Lieferketten für Halbleiter bereits fest im Griff hatten, noch verstärkt wurden.[3]

Ende März 2021 fuhr eines der größten Containerschiffe der Welt, die *Ever Given*, durch den engen Suezkanal, als der Kapitän aufgrund eines Sandsturms die Kontrolle über das Schiff verlor. Es kam vom Kurs ab, lief auf Grund und blockierte den Kanal für alle anderen Schiffe. In den folgenden 6 Tagen mühten sich die Arbeiter ab, das riesengroße gestrandete Schiff, das mit 18.300 Containern, in denen sich viele verschiedene Waren befanden, zu befreien. Ungefähr 300 Schiffe waren gezwungen, vor dem Kanal, den 12 Prozent der weltweit gehandelten Waren passieren müssen, um auf die Märkte zu gelangen, warten.[4]

Und im Mai 2021 wurde Colonial Pipelines, Betreiber einer fast 9.000 Kilometer langen Pipeline, über die Benzin und andere Kraftstoffe von Texas zur Ostküste nach New York transportiert werden, Opfer einer Cyberattacke mit Ransomware. Diese wurde von einer Hackergruppe aus Russland durchgeführt.[5] Sie war die disruptivste

Cyberattacke in der Geschichte der USA, von der ca. 50.000 Millionen Amerikaner und Tausende von Unternehmen betroffen waren. In der Folge kam es zu Kraftstoffengpässen, Transaktionen wurden gestoppt, Flugzeuge mussten auf dem Boden bleiben, und Lieferungen wurden ausgesetzt.

Wenngleich alle Ereignisse anders waren und nicht zusammenhingen, so hatten sie doch eine Gemeinsamkeit: Sie waren extrem disruptiv für die Unternehmen. Auch wenn es sich um ungewöhnliche Ereignisse handelte, sollten sie dennoch nicht als Black-Swan-Ereignisse bezeichnet werden. Jedes einzelne war vollkommen vorhersehbar. Keiner kann mit Fug und Recht behaupten, er sei nicht vorgewarnt gewesen. Eine weltweite Pandemie, ein Cyberangriff, eine Blockade in einer der wichtigsten Handelsarterien der Welt – all diese Ereignisse sollten nicht als unwahrscheinliche Möglichkeit, sondern als eindeutige Wahrscheinlichkeit erachtet werden.

Wie können sich CEOs auf diese Art von Ereignissen vorbereiten? Sie sollten unsere zehnte Handlungsempfehlung berücksichtigen und auch ihre CPOs samt Einkaufsteam entsprechend instruieren: *Das Unvermeidbare antizipieren: Reduzieren Sie gemeinsam mit Ihren Lieferanten die Risiken, um sich auf Unerwartetes vorzubereiten.* CPOs sollten langfristige Strategien entwickeln, um ihre Unternehmen vor dem Hintergrund disruptiver, wenn auch vorhersehbarer Ereignisse resilienter zu machen. Zudem sollten sie Notfallpläne in der Schublade haben, damit das Unternehmen besser zurechtkommt, wenn ein unerwartetes Ereignis tatsächlich eintritt. Aber bevor sie all das tun, sollten sie sich einer neuen Art von Führung annehmen, und zwar einer, wie sie von den US-Kommandeuren während des Krieges gegen den Terror entwickelt wurde.

Führung in einer Krise: „Extreme Ownership“ und was wir von den US Navy SEALs lernen können

„Wessen Schuld ist das?“ Das fragte Jocko Willink, ein hochrangiger Kommandeur der US Navy SEALs, seine Einheit. Er war auf der Suche nach einem Schuldigen. Seine SEALs – Mitglieder einer Eliteeinheit, die Osama bin Laden aufgespürt und getötet hatten – hatten gerade ein brutales Feuergefecht in den Straßen von Ramadi im Irak hinter sich. Sie waren davon überzeugt, Terroristen erschossen zu haben. Das hatten sie aber mitnichten. Als sich der Rauch des Gefechts gelegt hatte, entdeckten sie, dass sie von eigenen Truppen beschossen worden waren. Ein irakischer Soldat hatte sein Leben verloren und viele andere waren verletzt. Zudem hatte die eigene Truppe etliche Verluste zu beklagen. Willink sagte, das Feuergefecht sei „ein Kampf zwischen uns und … uns“ gewesen.[6]

Nach einer kurzen Stille meldete sich der SEAL, der den irakischen Soldaten erschossen hatte. „Es war meine Schuld“, sagte er. „Ich hätte mein Ziel eindeutig identifizieren sollen.“ Willink lobte den SEAL für seine Aufrichtigkeit, sagte aber: „Nein, es war nicht Ihre Schuld.“ Wieder ließ er seinen Blick im Raum herumschweifen, diesmal mit einem düsteren Blick. Ein anderer SEAL meldete sich. Und wieder sagte Willink: „Nein, es war nicht Ihre Schuld.“ In den folgenden Minuten meldeten sich immer mehr SEALs, um ihre Schuld an der Tragödie zuzugeben. Aber jedes Mals sagte Willink: „Nein, es war auch nicht Ihre Schuld.“

„Wessen Schuld ist es nun also?“, fragte Willink noch einmal. Es herrschte Schweigen, und dann sprach er wieder: „Es gibt nur eine Person, die die Schuld trägt, und das bin ich. Ich bin der Kommandeur. Keine anderer trägt die Schuld, nur ich. Und ich sage Ihnen das sofort: Ich werde dafür sorgen, dass so etwas nie wieder passiert.“ Als Führungskraft war ihm klar, dass er die volle Verantwortung für *alles* tragen musste. Mit anderen Worten musste er die *extreme Ownership* übernehmen. „In jedem Team, in jedem Unternehmen hat die Führungskraft die komplette Verantwortung für den Erfolg und für das Scheitern“, schreibt er in seinem Buch *Extreme Ownership – mit Verantwortung führen: Was Führungskräfte von den Navy SEALs lernen können*. „Die Führungskraft muss Fehler zugeben und Misserfolge eingestehen, Verantwortung dafür übernehmen und einen Plan entwickeln, wie man gewinnen kann.“

Führungskräfte sollten diese Art der ultimativen Verantwortung, das heißt jene Art, die militärische Führungskräfte auf dem Schlachtfeld zeigen, auf der Führungsetage an den Tag legen. Wenn es darum geht, die Lieferanten ins Zentrum der unternehmerischen Tätigkeit zu stellen und die/den CPO samt Einkaufsteam mehr Verantwortung zu übertragen, bedeutet das, dass CEOs die Verantwortung dafür übernehmen (und nicht abtreten), unvermeidbare, wenn auch ungewöhnliche Ereignisse zu antizipieren. Allerdings stellt sich hier die Frage: Warum sollten CEOs so viel Zeit und Ressourcen und Reputationskapital aufwenden, um Ereignisse, die per definitionem höchst unwahrscheinlich, selten und zudem nur in großen Abständen auftreten, zu antizipieren? Darauf gibt es mehrere Antworten.

Erstens sind die zugegebenermaßen herausfordernden Ereignisse, die Unternehmen betreffen, nicht im eigentlichen Sinn Black Swans. Sie sind weit davon entfernt, höchst unwahrscheinlich zu sein, und werden als Gray Rhinos bezeichnet – höchst wahrscheinliche und vorhersehbare Bedrohungen mit großen Auswirkungen, die jedoch vernachlässigt werden und wie eine Horde Nashörner auf das Unternehmen zulaufen.[7] Die große Kältewelle im Jahr 2021, die die Fabrik in Texas, in der petrochemische Produkte und Halbleiter hergestellt werden, dazu zwang zu schließen, wurde durch einen Polarwirbel verursacht – ein Band von starken Westwinden im Winter, das sich in der Stratosphäre ca. 48 Kilometer über dem Nordpol bildet –, der aufgrund des Klimawandels immer häufiger auftritt.[8] Wenn es jedoch nicht der Polarwirbel gewesen wäre, der für die Schließung der Fabriken verantwortlich war, so hätten es eine Reihe von anderen Naturphänomenen sein können wie beispielsweise Hurrikane oder Überflutungen. 2017 fegte der Hurrikan Harvey über Texas hinweg und tötete mehr als 100 Personen, zerstörte Häuser, zwang Fabriken, ihre Produktion zu stoppen und verursachte Schäden in Höhe von mehr als 125 Milliarden US-Dollar.[9] So sicher wie das Amen in der Kirche wird es solche Katastrophen auch in Zukunft geben.

Die Blockade des Suezkanals und die Störung in der Pipeline an der US-amerikanischen Ostküste hätten ebenfalls vorhergesehen werden können. Erst vor Kurzem, und zwar 2017, war der Suezkanal vorübergehend blockiert, als der Kapitän der *OOCL Japan* aufgrund eines Ausfalls der Schiffssteueranlage die Kontrolle über das Containerschiff verloren hatte. Davor hatte es bereits 2006 und 2004 Blockaden gegeben.[10] Mittlerweile muss Colonial Pipelines in regelmäßigen Abständen den Betrieb in Abschnitten der Pipeline (zuweilen gar in der ganzen) infolge von Hurrikanen, Lecks, Explosionen und „Integritätsproblemen“ stoppen.[11]

Selbst die COVID-19-Pandemie, von der man im Grunde den größten Anspruch darauf hat, als Black Swan bezeichnet zu werden, war vorhersehbar – und wurde tatsächlich auch vorhergesagt. Während einer Rede nach dem Ausbruch von Ebola sagte Bill Gates, dass sich die Welt darauf vorbereiten müsse, Mikroben zu bekämpfen, und nicht „Raketen, denn wenn in den nächsten Jahrzehnten über 10 Millionen Menschen sterben werden, dann wird höchstwahrscheinlich ein ansteckendes Virus dafür verantwortlich sein und nicht ein Krieg.“[12] Dann berichtete das Global Preparedness Monitoring Board, ein Expertengremium, das von der Weltgesundheitsorganisation und der Weltbank ins Leben gerufen wurde, im September 2019, nur 3 Monate vor dem Ausbruch der COVID-19-Pandemie, dass „eine unmittelbare Bedrohung von einer sich schnell ausbreitenden, hochgradig tödlichen Pandemie ausgeht. Die Erreger verursachen Atemwegserkrankungen, an denen zwischen 50 und 80 Millionen Menschen sterben werden.“[13]Die

Warnungen des Boards verhallten. Dabei folgten sie auf die verheerenden Auswirkungen der SARS-Epidemie 2003, der Schweinegrippe-Pandemie 2009 und des Ausbruchs von Ebola 2014 in Westafrika – alle wurden wie COVID-19 durch Zoonosen verursacht, die wechselseitig zwischen Tieren und Menschen übertragen werden können.

Es geht also um die Frage, „wann" diese Ereignisse auftreten, und nicht „ob". Also haben CEOs keine Ausrede, sich nicht vorzubereiten. Aber sich darauf vorzubereiten heißt nicht, sich nur vor den Nachteilen zu schützen, sondern auch die Vorteile zu nutzen. Es gibt einige echte, konkrete Vorteile für CEOs, die sich und ihr Unternehmen auf die nächste Krise vorbereiten. Zunächst können Unternehmen, die gut vorbereitet sind und aufgrund dessen in einer Krise erfolgreich sind, davon ausgehen, sich schneller wieder zu erholen als die Konkurrenz. Im Rahmen einer Untersuchung der Performance von Unternehmen während der letzten vier Abschwungphasen in den USA (seit 1985) hat die Boston Consulting Group (BCG) festgestellt, dass 14 Prozent der Unternehmen ihren Umsatz und ihre Gewinnmarge *gesteigert* haben.[14] Zudem ist klar, dass Investoren mittlerweile jene Unternehmen belohnen, die sich für die Zukunft rüsten, indem sie innovativer und resilienter werden. Mitten in der COVID-19-Pandemie, im Juni 2020 führte BCG eine Umfrage bei großen institutionellen Investoren durch und ermittelte, dass 90 Prozent glaubten, es sei „wichtig für gesunde Unternehmen, den Aufbau von Unternehmenskompetenzen zu priorisieren – auch wenn das dazu führt, dass die Prognosen zur Aktienrendite nach unten korrigiert werden müssen und die Performance hinter den allgemeinen Erwartungen zurückbleibt".[15]

CEOs haben allen Grund dazu, sich auf die nächste Krise vorzubereiten – und keinen Grund, es nicht zu tun. Aber wie genau sollten sie sich vorbereiten? Wenn sie die Vorstellung akzeptieren, ultimativ Verantwortung zu übernehmen, was müssen sie tun, um mit den Worten von Jocko Willink „einen Plan zu entwerfen, damit sie gewinnen?" Sie müssen langfristige Resilienz und kurzfristige Reaktionsfähigkeit aufbauen.

Von Just-in-Time hin zu Nur-für-den-Fall: Wie Sie sich auf das „Wann", nicht das „Ob" vorbereiten

Über mehrere Jahrzehnte hinweg haben Unternehmen in ihrem Bestreben nach immer größerer Effizienz und verbessertem Kundenservice ihre weltweiten Lieferketten nach dem Grundsatz „Just-in-Time" perfekt gestaltet: Sie haben kostenintensive Lagerbestände auf ein Minimum reduziert und die Lieferung von Rohstoffen und Komponenten von Lieferanten koordiniert, damit diese genau zur richtigen Zeit ankamen, um in das Fertigprodukt einzufließen. Dieses System wird auch so schnell nicht abgeschafft. Anders Williamson, Einkaufschef von Scania, dem schwedischen Hersteller von Nutzfahrzeugen, der zur Volkswagen AG gehört und Produktionsstätten in Europa, Lateinamerika, China und Indien hat, beschreibt die Situation ebenfalls: „Es wäre ein romantischer Traum zu glauben, wir seien in der Lage, alle Kompetenzen und Kapazitäten, die wir benötigen, auf europäischem oder schwedischem Grund und Boden zu bündeln. Das wird nie passieren."[16]

Auf der anderen Seite waren Unternehmen aufgrund der Disruption der weltweiten Lieferketten, die durch die COVID-19-Pandemie verursacht wurde, gezwungen zu akzeptieren, gewisse Überkapazitäten – oder um im Jargon zu bleiben Redundanzen – aufzubauen, Flexibilität zu wahren und eine zukunftsgerichtete Denkweise zu übernehmen. Kurz gesagt mussten sie von Just-in-Time zu Nur-für-den-Fall übergehen. Um das zu tun, mussten sie ein effektives System zur Erkennung und Risikoüberprüfung etablieren, ihr Produktportfolio verschlanken, das Risiko in ihren Lieferketten reduzieren und wieder die Kontrolle über die Versorgung mit wichtigen Rohstoffen und Komponenten übernehmen.

Stellen Sie ein Spitzenklasse-System zur Risikoüberprüfung auf

Als Jeff Bezos Amazon gründete, zitierte er gern den amerikanischen Computerwissenschaftler Alan Kay, der sagte: „Es ist leichter, die Zukunft zu erfinden als sie vorherzusagen.“[17] Ungefähr 27 Jahre später griff Bezos diese Aussage auf, als er als CEO von Amazon zurücktrat. Zu seinem Abschied schrieb er in einer E-Mail an die Mitarbeiter: „Hören Sie nicht auf, Innovationen zu entwickeln, und verzweifeln Sie nicht, wenn die erste Idee verrückt erscheint. Bleiben Sie nicht stehen. Nehmen Sie die Neugier als Kompass. Es ist immer Tag eins.“[18]

Obwohl Erfindungen und Innovationen von entscheidender Bedeutung für die Zukunft eines Unternehmens sind und es schwierig ist, Vorhersagen zu machen, müssen CEOs Vorbereitungen für das, was als Nächstes kommt, treffen. Dazu müssen sie sich ein klares Bild von den wahrscheinlichen Risiken in ihrer Lieferkette verschaffen – und auch von den unwahrscheinlichen, soweit das möglich ist. Um das zu bewerkstelligen, müssen sie in Risikoanalyse und strategische Weitsicht investieren. Dazu sollten sie ein Team aus Superforecastern, das mit der neuesten KI-basierten Technologie ausgestattet ist, aufstellen. Wenn die COVID-19-Pandemie ihnen etwas beigebracht hat, dann ist es das, dass sie sich nie wieder von einem durchaus vorhersehbaren, wenngleich nur gelegentlich eintretenden Naturereignis überrumpeln lassen.

Allzu oft gehen die Bemühungen eines Unternehmens zur Risikoüberprüfung nicht über seine direkten, sprich Tier-1-Lieferanten hinaus. In der Regel sind sie nicht zentralisiert und stützen sich typischerweise auf manuell durchgeführte Analysen oder Bauchgefühle. Die daraus gewonnen Erkenntnisse werden anschließend nur unzureichend im Unternehmen kommuniziert. All das muss sich ändern: Die Risikoüberprüfung muss sich bis zu Tier-N-Lieferanten erstrecken, verschiedene Risikofaktoren beinhalten und in einer einzigen Risikobewertung münden. Zudem sollten dafür die neuesten KI- und weitere

Technologien genutzt werden. Die Erkenntnisse sollten auch im gesamten Unternehmen kommuniziert werden, wofür überzeugend gestaltete Dashboard-Präsentationen, die auf unterschiedliche Zielgruppen zugeschnitten sind, genutzt werden. Für globale Unternehmen gibt es keinen Anbieter, der Komplettlösungen mit dem nötigen Differenzierungsgrad, der tatsächlich in diesen unsicheren Zeiten vonnöten ist, anbietet. Unternehmen müssen daher ihre eigenen, auf sie zugeschnittenen Lösungen zur Risikoerkennung und -reduzierung entwickeln. Welches sind die entscheidenden Elemente eines solchen Systems?

Zunächst müssen Unternehmen die verschiedenen Risikoarten kennen. Wir haben acht wichtige Risikokategorien identifiziert – vier, die mit den einzelnen Lieferanten verbunden sind (betriebliche, finanzielle, den Ruf betreffende und strukturelle Risiken), drei, die mit dem Land oder der Region des Lieferanten im Zusammenhang stehen (Katastrophen sowie geopolitische, politische und steuerliche Risiken), und eines, das mit der Branche des Lieferanten zusammenhängt (Branchenrisiken). Innerhalb der Kategorien gibt es jeweils drei oder vier spezifische Risiken, also insgesamt ca. 30. Zum Beispiel könnte das strukturelle Risiko eines Lieferanten in seiner Abhängigkeit von nur einem oder zwei Tier-N-Lieferanten bestehen, oder darin, von einer feindlichen Übernahme bedroht zu sein. Zu den geopolitischen Risiken zählen unternehmerische Aktivitäten in einem Kriegsgebiet oder in einer Region, in der es Zölle oder andere Handelsbarrieren gibt. Ein Branchenrisiko könnte die Abhängigkeit von einem oder zwei monopolistischen Lieferanten sein, bei denen es zu Lieferverzögerungen kommt.

Wenn Unternehmen ein Framework für die Risikoerkennung und -reduzierung gefunden haben, müssen sie es mit internen Daten und solchen von Lieferanten füttern. Diese erhalten sie aus dem Ressourcenplanungssystem des eigenen Unternehmens und aus dem des Lieferanten sowie aus der Presse, öffentlich zugänglichen Informationen und anderen derartigen Quellen. Die Daten sollten mit speziellen Key

Risk Indicators (KRI, Schlüsselrisikoindikatoren) verknüpft werden. Die KRIs für ein betriebliches Risiko könnte beispielsweise das Alter der Maschinen beim Lieferanten oder der Prozentsatz an Angestellten, die gewerkschaftlich organisiert sind, sein. Die KRIs für ein Branchenrisiko könnte die Konzentration auf Lieferanten sein, wodurch sich Engpässe ergeben könnten, oder Forschung und Entwicklung auf dem Gebiet innovativer Technologien sowie das Risiko der Überalterung. KRIs für das Katastrophenrisiko könnten die Anzahl an geimpften Personen in einem Land oder bei einem Lieferanten sein oder die Anzahl an Stromausfällen in einem Unternehmen.

Dieser Prozess der Datenfütterung ist keine einmalige Aktivität – vielmehr muss er automatisiert werden, damit das Unternehmen permanent und in Echtzeit einen Überblick über die sich verändernden Risiken, die sich dem Unternehmen stellen, hat. Mit diesen Daten und der Hilfe eines KI-gestützten Algorithmus kann das Risiko in einer Vier-Felder-Matrix abgebildet werden. Auf der y-Achse werden die Erkennbarkeit und auf der x-Achse die Auswirkung des Risikos abgetragen. Die vier Quadranten der Matrix beschreiben folgende Aspekte: begrenztes Risiko oder schwer zu erkennende Ereignisse, die unwesentliche Auswirkungen haben; überschaubares Risiko oder leicht zu erkennende Ereignisse, die unwesentliche Auswirkungen haben; disruptives Risiko oder schwer zu erkennende Ereignisse, die wesentliche Auswirkungen haben; hohes Risiko oder leicht zu erkennende Ereignisse, die wesentliche Auswirkungen haben.

Danach können Unternehmen bestimmen, was als Nächstes zu tun ist. Wenn ein Risiko als begrenzt eingestuft wird, rutscht es auf der Prioritätenliste nach unten, wird jedoch gelegentlich überprüft, damit man feststellen kann, ob die Erkennbarkeit gestiegen ist. Wenn ein Risiko als überschaubar eingestuft wurde, kann es automatisiert überwacht und täglich überprüft werden. Wenn ein Risiko als disruptiv gilt, muss ein Unternehmen die Wahrscheinlichkeit, dass es eintritt, ermitteln, proaktiv für Absicherungsmaßnahmen sorgen, alle negativen Auswirkungen simulieren und einen Maßnahmenplan ausarbeiten. Wenn ein Risiko als hoch gilt, muss das Unternehmen die Situation aktiv beobachten und unmittelbar Maßnahmen einleiten, um das Risiko zu reduzieren.

Verschlanken Sie Ihr Produktportfolio

Seit ein paar Jahren verfolgen Unternehmen das Ziel, den Konsumentinnen und Konsumenten genau das, was jeder einzelne von ihnen möchte, zu geben. Mittlerweile werden Nischenprodukte und -dienstleistungen sowie Produkte und Dienstleistungen, deren Segmente nur aus einer Person bestehen, standardmäßig angeboten. Kosteneffizienz wird durch eine schlanke Lieferkette erzielt, und gleichzeitig schalten Unternehmen gezielt Werbung auf Grundlage der Daten, die durch die Online-Aktivitäten der Konsumenten gesammelt werden. Problematisch ist allerdings, dass sich die Anzahl an Artikelnummern dadurch erheblich erhöht hat.[19] Die Produkte haben häufig eine kleine Marge, bieten keinen strategischen Mehrwert und bei der Herstellung werden auch nicht dieselben Rohstoffe und Komponenten wie für Produkte mit anderen Artikelnummern benötigt. Zudem sind mehr Lieferanten nötig, die Kosten für Herstellung, Transport sowie Out-of-Stock steigen, und es entsteht ein erhöhtes Abfallrisiko.

Aus diesen Gründen sollte das Produktportfolio eines Unternehmens genau unter die Lupe genommen und vermutlich auch verschlankt werden. Aber wie kommt man zur Entscheidung, welche Produkte beibehalten, und welche aufgegeben werden sollen? Vor über 50 Jahren schrieb der Gründer der Boston Consulting Group Bruce Henderson ein kurzes Essay mit dem simplen Titel „Das Produktportfolio“, in dem er die einfache, aus vier Quadranten bestehende Growth-Share-Matrix vorstellte. Diese Matrix unterstützt CEOs bei der Entscheidungsfindung. Die CEOs werden aufgefordert, ihre Produkte in vier Kategorien einzuteilen: Stars (deren „hoher Anteil und hohes Wachstum die Zukunft sichern"), Cashcows (deren hoher Marktanteil, aber niedrige Wachstumschancen „das Kapital für ... zukünftiges Wachstum liefern"), Fragezeichen (deren niedriger Marktanteil, aber hohe Wachstumschancen „in Stars verwandelt werden können, und zwar mit dem zusätzlichen Kapital" der Cashcows) und Poor Dogs (deren Misserfolg ..., während der Wachstumsphase eine führende Position einzunehmen, bedeutet, dass sie schlichtweg „nicht notwendig" sind).[20]

Auch nach vielen Jahren gibt es keine einfachere Methode, um das Produktportfolio zu verschlanken, als mit der Growth-Share-Matrix von BCG. Es ist auch möglich, diese Matrix abzuwandeln und einen Kosten-/Nutzen-Ansatz anzuwenden. Die vier Quadranten in dieser Matrix sind: „zu fördern" (zu diesen Produkten zählen hochwertige Produkte mit großen Margen, die gefördert werden sollten, da sie sich stark von anderen unterscheiden); „zu straffen" (zu diesen Produkten gehören hochwertige Produkte mit kleinen Margen, die sich stark von anderen unterscheiden, aber deren Margen durch Preiserhöhungen, niedrigeres Service-Niveau oder Reduzierung der Komplexität vergrößert werden müssen); „beizubehalten" (zu diesen Produkten gehören minderwertige Produkte, die profitabel sind, aber keinen Vorteil gegenüber dem Wettbewerb liefern und eine Differenzierung des Kundennutzens benötigen); „auslaufen zu lassen" (zu diesen Produkten gehören minderwertige Produkte mit kleinen Margen, die sofort oder im Laufe der Zeit, wenn sie bezuschusst werden müssen, aufgegeben werden sollten.[21]

Unternehmen sollten nicht nur gesamte Produktlinien aufgeben und die Anzahl an Artikelnummern minimieren, sondern auch die übriggebliebenen Produkte insofern verändern, als sie ihr Design vereinfachen, ihre Spezifikationen aufeinander abstimmen, und sowohl die wesentlichen Rohstoffe, Komponenten und andere Bestandteile als auch die Verpackungsmaterialien standardisieren.[22]

Reduzieren Sie das Risiko in Ihrer Lieferkette

Vor dem Hintergrund all dieser Risiken muss das Mantra der Verschlankung, dem sich die Einkaufschefs nunmehr seit Jahrzehnten verschrieben haben, um ein anderes ergänzt werden, nämlich um das der Resilienz. Jedoch gibt es keine direkte, einfache Methode, um eine resiliente Lieferkette zu schaffen, da unterschiedliche Krisen jeweils andere Herausforderungen für Unternehmen darstellen. Beispielsweise wissen wir vom Ausbruch der COVID-19-Pandemie, dass sich Pandemien auf *arbeitsintensive* Lieferketten negativ auswirken: Die Beschäftigten wurden für lange Zeiträume daran gehindert zu arbeiten. Im Gegensatz dazu haben Hurrikane, Überflutungen und Erdbeben negative Auswirkungen auf *kapitalintensive* Lieferketten. 2011 erschütterte das Tōhoku-Erdbeben den Nordosten von Japan und löste einen Tsunami aus. Dabei wurde die einzige Fabrik der Welt, in der Xirallic-Pigmente hergestellt werden, die für den Glanzeffekt in Autolacken benötigt werden, zerstört. Danach gingen die Lagerbestände des glänzenden Lacks schnell zur Neige, und die Autobauer sahen sich gezwungen, mattere Lacke zu verwenden oder die Produktion aufzuschieben. Indes zeigte der Handelskrieg zwischen den USA und China, wie anfällig weltweite Lieferketten für geopolitische Risiken sind.

Wie sollten Unternehmen also das Risiko in ihren Lieferketten reduzieren?

Sie müssen eine Reihe von Maßnahmen zur Risikoabschwächung bedenken, die die drei Elemente einer Lieferkette umfassen: *Einkauf* der Rohstoffe, Komponenten und andere Teile des Produkts; *Herstellung* der Produkte und *Auslieferung* der Teile an die Fabriken und der Produkte an die Konsumentinnen und Konsumenten.[23] In allen Fällen sollten Unternehmen eine Nur-für-den-Fall-Perspektive einnehmen, indem sie Überkapazitäten und umfassendere Flexibilität einplanen. Selbstverständlich müssen diese Entscheidungen gemeinsam von den

CEOs und der Führungsriege getroffen werden – aber die/der CEO sollte dafür sorgen, dass die/der CPO die zentrale Rolle einnimmt.

Im Hinblick auf den Einkauf sollten Unternehmen den Lagerbestand an Rohstoffen und anderen wichtigen Komponenten optimieren (was heutzutage auch erhöhen und nicht nur reduzieren bedeuten kann); die Lieferanten davon überzeugen, einen Teil der Produktion an günstigere Standorte zu verlagern (so wie es TSMC getan hat); sofort verfügbare Lieferanten in verschiedenen Ländern mit einbeziehen und einen zwei- bzw. mehrgleisigen Lieferantenansatz wählen, damit der Einkauf von wichtigen Komponenten niemals durch Probleme bei einem einzigen Lieferanten unterbrochen wird.

Im Hinblick auf die Herstellung sollten Unternehmen ihre Make-or-Buy-Strategie überdenken und in Erwägung ziehen, in digitale Technologien wie 3-D-Druck investieren; sofort einsatzfähige Lieferanten, die die Produktion im Fall von Disruptionen hochfahren können, mitberücksichtigen; und vor allem die Produktion ins eigene Land (Reshoring), näher ans eigene Land (Nearshoring) oder näher an die Märkte der Konsumentinnen und Konsumenten (Regionalisierung) verlagern.

Wie wir gesehen haben, schätzt die Fast-Fashion-Branche die lokale Produktion – in erster Linie wegen der Geschwindigkeit. Nun kommt sie auch in den Genuss der weiteren Vorteile: Nachhaltigkeit und geringeres Lieferkettenrisiko. Auch Unilever hat in extrem mobile „Nanofactorys" investiert, die quasi überall hin verlagert werden können. In ähnlicher Weise hat Airbus, der größte Flugzeughersteller der Welt, an mehreren zentralen Orten auf der ganzen Welt Montagewerke errichtet. Anfänglich wurde der A320, der 1987 auf den Markt kam, ausschließlich in Toulouse und Hamburg zusammengebaut, wobei die Komponenten aus vier verschiedenen Ländern kamen: Frankreich, Deutschland, Spanien und Großbritannien. Seitdem hat Airbus ein Montagewerk in der chinesischen Stadt Tianjin eröffnet und ein weiteres in Mobile, Alabama.

In Bezug auf die Auslieferung sollten Unternehmen neue und zusätzliche Transportunternehmen berücksichtigen, die Transportwege überdenken (Land, Luft oder Wasser) sowie die Lagerung und Auslieferung der Fertigprodukte näher an die Märkte der Konsumentinnen und Konsumenten verlagern.

Übernehmen Sie wieder die Kontrolle über die Lieferung von geschäftskritischen Inputgütern

Es ist zwar verwunderlich, aber eine Tatsache, dass viele weltweit agierende (aber auch kleinere) Unternehmen nicht unbedingt wissen, welcher Lieferant welches Teil für welches Produkt geliefert hat. Daher ist es auch keine Überraschung, dass sie nur selten die Lieferanten ihrer Lieferanten kennen. Vermutlich ist es kaum notwendig, dass ein Unternehmen weiß, wer die Büroklammern und andere preisgünstige Büroartikel liefert, aber es ist schon etwas anderes, wenn es um geschäftskritische Inputgüter geht. Das wurde während der COVID-19-Pandemie sehr deutlich. Alle möglichen Unternehmen – High-Tech-Unternehmen, Automobilhersteller, Hersteller von Haushaltsgeräten – gerieten ins Straucheln, als sie versuchten, wie sonst auch Halbleiter zu bekommen, die normalerweise im Überfluss angeboten werden.

Halbleiter sind die „Arbeitstiere" in unserer modernen Welt. Sie sind auch als Mikrochips oder integrierte Schaltkreise bekannt und in allen möglichen Geräten zu finden, von Computern und Smartphones über Autos, Flugzeugen, Containerschiffen bis hin zu medizinischen Geräten, Spielekonsolen, Kühlschränken, Staubsaugern und Bohrern. Wenn ein Halbleiter erst einmal verbaut ist, denkt keiner mehr darüber nach. Wenn nicht, steht die ganze Welt still – und genau das passierte 2020. Im März, als die Anzahl der COVID-19-Fälle exponentiell anstieg und die Länder Lockdowns verhängten, korrigierten viele Unternehmen ihre Umsatzprognosen und stornierten ihre Aufträge für Halbleiter. Als aber im Sommer die ersten Lockdowns vorbei waren und die Umsätze schneller als erwartet wieder nach oben gingen, riefen die Unternehmen, die ihre Aufträge storniert hatten, ihre Lieferanten an und baten sie, die Lieferungen wieder aufzunehmen. Es wurde ihnen jedoch mitgeteilt, dass es eine Halbleiterknappheit gebe.

Was war passiert?

Für die Knappheit gab es drei Gründe. Zunächst war die Zahl an Geräten mit verbesserter Halbleitertechnologie – von Signalprozessoren in Kameras über Touchscreen-Controller in Smartwatches und Elektroautos – stark gestiegen, was aber prognostiziert worden war. Zweitens kamen etliche neue Geräte wie das iPhone 5G oder die neuen Spielekonsolen von Sony und Microsoft auf den Markt, was ebenfalls prognostiziert worden war. Drittens – und das war der Knackpunkt – arbeiteten aufgrund der Lockdowns plötzlich viele im Homeoffice. Das führte nicht nur zu einem erheblichen Anstieg des Computer-Absatzes (die Zahlen stiegen um mehr als 5 Prozent an, nachdem sie mehrere Jahre zurückgegangen waren), sondern auch dazu, dass die großen Technologie-Unternehmen in erheblichem Umfang in Cloud-Computing investierten.

Die Knappheit betraf alle Elektronikunternehmen, aber am meisten hatten die Automobilhersteller darunter zu leiden. Warum? Als sie ihre Aufträge storniert hatten, mussten sie sich bei ihren Lieferanten wieder ganz hinten anstellen, um Halbleiter zu bekommen. Und in ihrem Fall handelt es sich um eine sehr lange Schlange, da die Automobilindustrie für ca. 10 Prozent der Halbleiterumsätze verantwortlich ist und für weniger als 5 Prozent der Umsätze der Chipfabriken, in denen die Halbleiter hergestellt werden. Das zeigt eine sehr ungleiche Machtverteilung: Die Autoindustrie ist ein relativ unbedeutender Kunde der Halbleiterindustrie, und doch sind Halbleiter geschäftskritische Inputgüter für die Autoindustrie. Es ist verwunderlich, dass Autohersteller normalerweise keine enge Beziehung mit den Halbleiterherstellern haben. Stattdessen nehmen sie die Dienstleistungen der Standardlieferanten wie Bosch und Continental in Anspruch, die für sie die Halbleiter beschaffen.

Das muss sich eindeutig ändern. Unternehmen müssen hier wieder die Kontrolle übernehmen.

Vor nicht allzu langer Zeit halfen wir in einer vorherigen Phase der Halbleiterverknappung (sie treten häufiger, jedoch in unregelmäßigen Abständen auf) einem US-amerikanischen Technologieunternehmen, die Kontrolle über die Versorgung mit Halbleitern zurückzubekommen. Angesichts einer drohenden Stilllegung der Produktion – was Kosten in Höhe von 100 Millionen Dollar bedeutet hätte – löste das Unternehmen das Problem kurzfristig, indem es für den Notfall Halbleiter von neuen Lieferanten bezog. Dann ging es das Problem langfristig an. Es schloss Verträge mit Unternehmen, die auf jeder Stufe der Halbleiter-Lieferkette eine entscheidende Rolle spielten. Zu diesen Unternehmen gehören die Halbleiter-Lieferanten (zum Beispiel Infineon und NXP), die Chipfabriken (wie TSMC und GlobalFoundry), die Hersteller von integrierten Schaltkreisen (wie JCET und Amkor) und die Distributoren (zum Beispiel Avnet und Arrow Electronics).

Einige Autobauer waren weniger von der Halbleiterverknappung betroffen. Tesla geht beispielsweise noch einen Schritt weiter als die meisten Autobauer: Die Einkaufschefs bauen nicht nur direkte Beziehungen zu den Chipfabriken auf, sondern das Unternehmen übernimmt sogar selbst die Verantwortung für unverzichtbare Komponenten und entwickelt seine eigenen Mikrochips.

Das Drehbuch für die Krise: Was ist zu tun, wenn das Unerwartete tatsächlich eintritt?

CPOs sollten den Großteil ihrer Zeit, die sie für die Reduzierung des Risikos aufwenden, den vorhersehbaren Ereignissen widmen. Aber was passiert, wenn ein Black-Swan-Ereignis tatsächlich einmal eintritt? Was dann? Die Erfahrungen, die viele Unternehmen während der COVID-19-Pandemie gemacht haben, sind sehr lehrreich. Selbstverständlich war die Pandemie, wie wir bereits erläutert haben, kein

Black-Swan-Ereignis – sie war durchaus vorhersehbar. Aber die Tatsache, dass nur wenige Unternehmen, wenn überhaupt, entsprechende Vorbereitungen für eine Epidemie getroffen hatten, machte de facto aus der COVID-Katastrophe ein Black-Swan-Ereignis.

Was können wir daraus lernen?

Es gab Unternehmen, die zur richtigen Zeit in der richtigen Branche waren. Dazu zählten Zoom (Videokommunikation), Amazon (Lieferungen an die Konsumentinnen und Konsumenten nach Hause und Cloud Computing), eine Reihe von weiteren digitalen Unternehmen wie CrowdStrike (Cybersicherheit), Sea Group (das wertvollste Unternehmen in Südostasien mit Schwerpunkt auf Gaming, E-Commerce und digitale Zahlungsarten) sowie Chewy (der Online-Händler für Tierfutter und -accessoires). Wir haben allerdings herausgefunden, dass es jenen Unternehmen am besten ging, die sehr schnell drei Dinge getan haben: Stabilisierung ihrer Lieferkette, Nutzung von Kostensenkungs- und Liquiditätsmöglichkeiten, Vorbereitung auf die Zeit nach der Krise.[24]

Stabilisierung der Lieferkette

Im Falle einer Krise müssen CEOs ihre Lieferkette stabilisieren. Als Erstes müssen sie nicht nur an ihre wichtigsten Lieferanten herantreten, die im 360-Grad-Programm die A-Lieferanten sind, sondern auch an alle Vendors (ob diese nun A-Lieferanten sind oder nicht) von geschäftskritischen Input-Rohstoffen, Komponenten und anderen Teilen. Idealerweise rufen die CEOs oder CPOs die CEOs der Lieferanten an, schicken ihnen eine Text-Nachricht oder E-Mail und stellen vier Fragen:

1. Wie können wir gemeinsam diesen Sturm überstehen? Welche Maßnahmen können wir treffen, um uns gegen finanzielle Schwierigkeiten abzusichern?
2. Was können wir als Kunde tun, um Ihnen bei der Stabilisierung der Lieferkette zu helfen?

3. Was können Sie als Lieferant tun, um unsere Produkte in einem schrumpfenden Markt wettbewerbsfähiger zu machen?
4. Was können wir gemeinsam tun, um bestmöglich aus der Krise hervorzugehen?

Im Rahmen dieser Kontaktaufnahme mit den Lieferanten müssen CEOs ihre CPOs dahingehend instruieren, dass dem Unternehmen während der Krise und in der Zeit danach vorrangig Produktionskapazitäten der Lieferanten zugeteilt werden.

Danach sollten CPOs dazu angehalten werden, sich auf die besten zehn Produkte zu konzentrieren, ein Dashboard mit fehlenden Teilen zu erstellen und einen Plan zur Schadensbegrenzung zu erstellen, der folgende Aspekte berücksichtigen könnte: neue Lieferzeiten und Auftragsvolumina akzeptieren, Transportrouten ändern, zuvor geprüfte Ersatzlieferanten nutzen und alternative Teile finden.

Und während das alles gemacht wird, sollten CEOs eine rund um die Uhr besetzte Einsatzzentrale einrichten, in der alle Aktivitäten und die Kommunikation mit den Lieferanten gesteuert werden. Diese sollte mit einem funktionsübergreifenden Team von Experten aus Einkauf, Betrieb, Marketing, Qualitätskontrolle und Finanzen besetzt werden. Für jede wichtige Aktivität sollte es eine direkt verantwortliche Person (direkt responsible individual, DRI) geben: für die Gewährleistung des Produktionsoutputs (und falls nötig, Beauftragung eines anderen Lieferanten, um für minimale Disruption der Waren und Dienstleistungen zu sorgen), Nachverfolgung der Lieferungen mithilfe der modernsten Tracking-Technologien, proaktive Unterstützung der Lieferanten von geschäftskritischen Inputgütern und Ausfindigmachen von Möglichkeiten zur Kostenreduzierung.

Nutzung von Kostensenkungs- und Liquiditätsmöglichkeiten

„Verschwende niemals eine gute Krise." Das sagte Sir Winston Churchill, als er zusammen mit den Weltmächten die Vereinten Nationen ins Leben rief. Dieses Zitat ist heute noch so aktuell wie damals. Allerdings geht es bei einer Kostenreduzierung inmitten einer Krise nicht darum, vom Unglück der anderen zu profitieren, sondern vielmehr darum, ein Unternehmen zu stärken, damit es ein Black-Swan-Ereignis überleben kann. Kostenreduzierungen sind notwendig, damit ein Unternehmen in einem schrumpfenden Markt wettbewerbsfähig bleibt. Zudem tragen sie dazu bei, dass den Unternehmen eine aktive Belegschaft erhalten bleibt, sodass die Produktion nicht unterbrochen werden muss. Darüber hinaus kann auf Grundlage der Kostenreduzierungen eine kontinuierliche Versorgung mit geschäftskritischen Inputgütern finanziert werden. Während der COVID-19-Pandemie haben Unternehmen eine Reihe von Möglichkeiten ausfindig gemacht, wie sie von Marktpreisfluktuationen und niedrigeren Inputkosten der Lieferanten profitieren konnten.

Beispielsweise ging zu Beginn der Pandemie die Nachfrage nach Industriekunststoffen weltweit stark zurück, da Autobauer und andere Unternehmen ihre Aufträge stornierten (das änderte sich, als der petrochemische Industriepark in Texas von einem Eissturm getroffen wurde). Innerhalb von drei Monaten fiel der Preis für Phenolharze um 45 Prozent. Dadurch reduzierten sich die Kosten der Plastikhersteller, die als Lieferanten für eine Vielzahl von Unternehmen fungieren. Einige dieser Unternehmen handelten prompt ihre Verträge mit den Plastikherstellern neu aus und teilten sich einen Teil der Einsparungen mit ihnen. In anderen Fällen führten Unternehmen nach dem starken Rückgang der Dieselpreise, die durch die weltweit sinkende Diesel-Nachfrage verursacht wurden, Sollkosten-Analysen durch und verhandelten ihre Verträge mit jenen Lieferanten von Logistik-Dienstleistungen neu aus, die die Einsparungen nicht weitergaben.

Vorbereitung auf die Zeit nach der Krise

Inmitten einer Krise ist es schwer, sich vom Hier und Jetzt zu lösen und darüber nachzudenken, was gegebenenfalls als Nächstes passiert. Das ist jedoch unerlässlich – und einer der DRIs in der Einsatzzentrale sollte damit beauftragt werden, sich mit der Zukunft zu beschäftigen. In gewisser Weise sind Unternehmen, die bereits Maßnahmen ergriffen haben, um ihre Lieferkette resilienter zu machen, indem sie ihr Produktportfolio verschlanken, das Risiko in ihrer Lieferkette reduzieren und wieder die Kontrolle über notwendige Inputgüter übernehmen, gut für die Zeit nach der Krise aufgestellt.

Trotzdem ist die Krise ein entscheidender Moment, in dem diese Aktivitäten geprüft werden sollten. Welche Produkte werden unbedingt benötigt, wenn die Welt aus der Krise wieder hervorkommt? Welche Lieferanten sind die wichtigen Partner während der Erholungsphase? Diese und andere Fragen müssen gestellt und beantwortet werden. Zudem ist es notwendig, dass CEOs eine Reihe von Wachstumsszenarien entwickeln, damit das Unternehmen für alle Eventualitäten gerüstet ist.

Fazit

Unternehmen können ihre Einsparungen, Innovationen, Qualität, Nachhaltigkeit und Geschwindigkeit verdoppeln. Aber wie wir gezeigt haben, müssen sie auch ihre Kompetenzen der Risikoreduzierung verdoppeln und damit auch die Anzahl der Risiken, mit denen sie täglich konfrontiert werden, wenn sie das komplette Spektrum der Lieferanten-Benefits nutzen wollen. Wie immer liegt der Schlüssel zum Erfolg bei den Lieferanten. Helfen Sie ihnen, dann helfen sie Ihnen. Wenn Sie das in einer Krise tun, wird deren Loyalität umso größer sein.

Das Wichtigste in Kürze

Erkenntnis

Wenn Sie das Risiko durch mögliche existenzielle Krisen halbieren möchten, müssen Sie um Hilfe Ihrer Lieferanten bitten.

Strategie

Instruieren Sie Ihre/n CPO, das Unvermeidbare zu antizipieren. Dafür müssen nicht nur langfristige Strategien entwickeln werden, mit denen Ihr Unternehmen resilienter wird, sondern auch kurzfristige Notfallpläne, auf die sich Ihr Unternehmen stützen kann, wenn das Unterwartete tatsächlich eintritt.

Vorgehensweise

- Entscheiden Sie sich dafür, eine neue Art der Führung umzusetzen: „Extreme Ownership". Finden Sie keine Ausflüchte für schlechte Vorbereitungen und bezeichnen vorhersehbare Krisen als höchst unwahrscheinliche Black-Swan-Ereignisse.
- Lassen Sie das „Just-in-Time"-Denken hinter sich und nehmen stattdessen eine „Nur-für-den-Fall"-Denkweise an.
- Stellen Sie Ressourcen ab, um in gewissem Umfang Überkapazitäten, Flexibilität und zukunftsgerichtetes Denken aufzubauen.
- Bereiten Sie sich auf Ereignisse vor, die von Gray Rhinos verursacht wurden – höchst wahrscheinliche, gut vorhersehbare, jedoch vernachlässigte Bedrohungen mit großen Auswirkungen. Stellen Sie ein Team aus Superforecastern im Einkauf auf. Verschlanken Sie Ihr Produktportfolio. Reduzieren Sie die Produktanzahl und -variationen. Reduzieren Sie das Risiko in

Ihrer Lieferkette. Übernehmen Sie wieder die Kontrolle über geschäftskritische Inputgüter.

- Bewältigen Sie eine unerwartete Krise durch Stabilisierung der Lieferkette, Nutzung von Kostensenkungs- und Liquiditätsmöglichkeiten und Vorbereitung auf die Zeit nach der Krise.

Nachwort

Bislang hat noch kein Unternehmen einen Weg gefunden, um den potenziellen Mehrwert aus den Lieferantenbeziehungen zu maximieren. Nicht einmal Unternehmen mit einem sehr guten Ruf, was den Einkauf angeht – jener Funktion, die für die Lieferantenbeziehungen des Unternehmens zuständig ist –, haben eine Möglichkeit gefunden, um ein Transformationsprogramm umzusetzen, mit dem sie nicht nur Kosten reduzieren, sondern auch fünf unternehmenskritische Quellen des Wettbewerbsvorteils anzapfen: Innovationen, Qualität, Nachhaltigkeit, Geschwindigkeit und Risikoreduzierung.

In *Profit from the Source* haben wir gezeigt, wie das bewerkstelligt werden kann.

Keiner behauptet, das sei ein einfaches Unterfangen. Denn schließlich schlagen wir vor, das gesamte Unternehmen von Grund auf neu zu gestalten. Selbstverständlich haben viele CEOs ungefähr in den letzten 10 Jahren seit der weltweiten Finanzkrise das, was sie hochtrabend als Transformationsprogramme bezeichnen, in Angriff genommen. Aber in der Rückschau wurden sie lediglich so genannt. Wenn die katastrophale COVID-19-Pandemie und die massive Disruption der weltweiten Lieferketten etwas gezeigt haben, dann war es die Tatsache, dass Unternehmen (und Regierungen) auf schockierende Weise nicht auf eine gut vorhersehbare Krise vorbereitet waren.

Nun müssen CEOs eine echte Transformation vornehmen – eine, die, wie das Wort bereits vermuten lässt, die Form und die *Gestalt* des Unternehmens wirklich verändert. Ganz klar fangen die verschiedenen Unternehmen an verschiedenen Stellen an – in Abhängigkeit unter anderem vom Entwicklungsstand, von der Branche, der geografischen Lage, der Wettbewerber und ihrer Historie, wie sie sich dem Problem der Nachhaltigkeit gestellt haben. Aber wo auch immer sie anfangen, sie sollten die Lieferanten in den Mittelpunkt stellen und dem Einkauf mehr Verantwortung übertragen, um den größtmöglichen Nutzen aus ihnen zu ziehen. Denn wenn sie einen Unternehmensbereich verändern, der für Ausgaben in Höhe von 60 Prozent des Umsatzes verantwortlich ist, dann es liegt auf der Hand, dass sie sich enorm auf andere Unternehmensbereiche auswirken werden.

Der Ansatz, den wir in *Profit from the Source* zeigen, sollte die Grundlage für jede große Unternehmenstransformation bilden. Das heißt jedoch nicht Malen nach Zahlen. Daher empfehlen wir eine strategische Priorisierung. Alle CEOs wollen, dass ihre CPOs samt Einkaufsteam tun, was sie schon immer getan haben: die Verantwortung für Kostenreduzierungen übernehmen. Zudem sollten sie von ihren CPOs und den Einkaufsteams verlangen, das Unternehmen dabei zu unterstützen, dauerhaft nachhaltig zu werden – das sollte eine verpflichtende Aufgabe aller leitenden Angestellten sein. Aber ob CEOs alle oder nur einige der Quellen des Wettbewerbsvorteils anzapfen wollen, hängt von den speziellen Bedürfnissen ihres Unternehmens ab.

Was auch immer CEOs tun wollen, sie müssen die Arbeitsweise ihres Unternehmens verändern, wenn sie den größtmöglichen Nutzen aus ihren Lieferanten ziehen wollen. Dazu müssen sie nicht nur neue dynamische Beziehungen zu den wichtigsten Lieferanten aufbauen, sondern auch die/den CPO samt Einkaufsteam ins Zentrum des Produktlebenszyklus‘ stellen sowie ein „bionisches" Einkaufsteam aufstellen, das die Tugenden der digitalen Technologien und der menschlichen Kreativität verbindet. Und vor allem müssen sie die Art, wie sie selbst arbeiten, verändern.

So viel lastet auf den Schultern der CEOs – den alleinigen Führungskräften. Es steht außer Frage, dass die Herausforderung enorm groß ist. Aber „enorm groß" ist auch die Belohnung. Wenn sie Erfolg damit haben, können sie mit einer Verdopplung der Einsparungen, der Innovationsquote, der Qualität der Produkte und Dienstleistungen, der Nachhaltigkeit des Unternehmens und der Markteinführungszeit rechnen, während sie gleichzeitig die Risiken halbieren.

Schlussendlich liegt es an ihnen, inwieweit sie sich diese Belohnung sichern. Sie haben die Wahl. Es ist durchaus legitim, dass sie dem Beispiel ihrer Vorgänger folgen und Lieferanten weiterhin so behandeln, als seien sie nur am Rande wichtig für das Unternehmen, und den Einkauf als kostenorientierte, verwaltende Einheit erachten. Das funktioniert womöglich ganz gut, zumindest für eine kurze Zeit. Es hat ja auch in der Vergangenheit funktioniert. Aber wie man im Investmentgeschäft so schön sagt: Die Ergebnisse der Vergangenheit sind keine Garantie für den Erfolg in der Zukunft. Und wir sind davon überzeugt, dass CEOs mit dem Erfolgsrezept, das wir in *Profit from the Source* vorgestellt haben, ihre Träume, die sie für ihr Unternehmen haben, Wirklichkeit werden lassen können.

Danksagung

Als Unternehmensberaterinnen und -berater, die ihr gesamtes Arbeitsleben mit Unternehmen und deren Lieferanten verbringen, wissen wir nur allzu gut, wie viele Menschen eine entscheidende Rolle bei der Entwicklung eines Smartphones, eines Autos oder von Sportschuhen, eigentlich jeglicher Produkte, spielen. Und bei einem Buch verhält es sich nicht anders. Als wir *Profit from the Source* geschrieben haben, erhielten wir die Unterstützung von vielen Menschen, die uns ihre Expertise zur Verfügung gestellt, uns Feedback gegeben und uns immer wieder ermutigt haben. Wir freuen uns, an dieser Stelle unseren Dank ausdrücken zu können.

Dr. Simon Targett, ehemaliger Mitherausgeber der *Financial Times* und ehemaliger Chefredakteur der Boston Consulting Group, hat uns angespornt, unser Denken strukturiert, uns dabei geholfen, das Manuskript zu schreiben, und uns durch seine Bücher, allen voran *New World, Inc.* inspiriert. Vielen Dank, Simon!

Wir konnten uns auch auf einen fantastischen Kreis von Kolleginnen und Kollegen stützen, die uns mit Recherchen, detaillierten Berichten und hervorragenden Case Studies versorgt haben. Ein großer Dank geht an Florian Burgdorf, Michael Jonas, Harald Jordan, Christian Niebuhr, Nino Mori, Yulia Oleynikova, Boris Sidopoulos und Dominik Steffani.

Jeff Kehoe, unser Redakteur bei *Harvard Business Review Press*, hat uns während unserer Arbeit an dem Buch immer wertvolles und konstruktives Feedback gegeben. Vielen Dank, Jeff. Wir danken auch für die Unterstützung von Melinda Merino, der leitenden Redakteurin von HBRP, und dem gesamten HBRP-Team.

Unser Literaturagent Todd Shuster von Aevitas Creative Management hat uns bei unserer Suche nach einem Verlag und bei Gesprächen mit Journalisten und den US-Medien mit Rat und Tat zur Seite gestanden. Vielen Dank, Todd.

Wir möchten der Führungsriege von BCG für ihre herzliche Unterstützung danken: Dem CEO von BCG Christoph Schweizer, der uns dazu ermutigte, unsere Vision dem größtmöglichen Publikum vorzustellen; dem Global Chair von BCG Rich Lesser, der insbesondere am Kapitel über Nachhaltigkeit interessiert war; und dem ehemaligen Global Chair Hans-Paul Bürkner, der sich seit Langem für das Buchveröffentlichungsprogramm von BCG einsetzt.

Viele unserer wunderbaren Kolleginnen und Kollegen haben uns großzügig ihre Zeit geschenkt und wertvolle Kommentare geliefert, Ideen vorgeschlagen, Einblicke und große Expertise gegeben, Teile des Manuskriptentwurfs gelesen, Feedback gegeben und uns mit Führungskräften aus der Wirtschaft in Kontakt gebracht. Wir möchten unseren Dank sagen an: Inigo Aranzabal, Johanna Benesty, Jens Burchardt, Frank Cordes, Alex Dolya, Stephen Easton, Miranda Hadfield, Patrick Herhold, Daniel Kaegi, Aman Modi, Elton Parker, Aaron Snyder, Elia Tziambazis, Elliot Vaughn und Eduard Viladesau.

Das Buch wäre ohne das Sponsoring der Operations Practice und die Unterstützung des Book Committees von BCG nicht möglich gewesen. Wir möchten Ravi Srivastava, dem derzeitigen Chef der Operations Practice; Christian Greiser, der für die Operations Practice verantwortlich war, als wir anfingen, das Buch zu schreiben; und dem gesamten weltweiten Führungsteam der Operations Practice danken. Auch richten wir unseren Dank an die Mitglieder des Book Committees: Brian Bannister, David Fine, Sharon Marcil, Paul Michelman, Martin Reeves und Amanda Wikman.

Wir danken Payal Sheth, der das Marketing des Buchs federführend geleitet hat, und Eric Gregoire sowie dem gesamten weltweiten Marketing-Team von BCG. Wir danken ebenso Christine Hall, Heather

Lockwood Hughes und John Kerr für ihre Unterstützung beim Lektorat, als das Manuskript fast fertig war.

Aber vor allem möchten wir unseren Familien danken, die uns unermüdlich unterstützt haben, selbst dann, wenn wir abends und an Wochenenden an dem Buch gearbeitet haben. Christian möchte seinem Sohn danken, einem angehenden Ökonomen, der nicht nur sehr großes Interesse an dem Buch gezeigt, sondern auch Schwerpunktthemen mit entwickelt hat. Wolfgang möchte seiner wunderbaren Ehefrau Nur und seinen Kindern Leyla und Levent danken. Alenka dankt ihrem Partner Blaz und ihrem Sohn Lars dafür, dass sie ihr die Zeit eingeräumt haben, an dem Buch zu arbeiten, und sich um das Baby Frida gekümmert haben. Daniel möchte seiner geliebten Frau Sonja und den beiden Söhnen Karl und Otto danken, die aus dem Homeoffice einen freudvollen und inspirierenden Ort gemacht haben.

Ohne euch hätten wir das nicht geschafft

Stichwortverzeichnis

Die Autorinnen und Autoren

Christian Schuh ist Managing Director und Senior Partner bei der Boston Consulting Group in Wien. Schwerpunktmäßig führt er Transformationsprojekte im Einkauf für Unternehmen der Automobil-, Baumaschinen-, Rüstungs-, High-Tech-, Verpackungs- und Stahlindustrie in China, Europa, Russland und den Vereinigten Staaten durch. Er ist Co-Autor von fünf Büchern zum Thema Einkauf, unter anderem von *Das Einkaufsschachbrett*. Er unterhält den YouTube-Kanal *Procurement in the Park*, in dem es um die Themen Lieferketten und Einkauf geht. Er hat Luftfahrttechnik studiert und an der Technischen Universität Graz in Betriebswirtschaftslehre promoviert.

Wolfgang Schnellbächer ist Managing Director und Partner bei der Boston Consulting Group in Stuttgart. Er leitet den Geschäftsbereich Einkauf und ist für die Regionen Mitteleuropa und Naher Osten zuständig. In dieser Funktion berät er weltweit führende Unternehmen in den Branchen Industriegüter, Öl und Gas sowie Konsumgüter. Er ist Autor und Co-Autor von mehreren Publikationen zum Thema Einkauf, unter anderem von *Jumpstart to Digital Procurement*. Er hat an der Guttenberg Universität Mainz studiert und an der Universität Stuttgart zum Thema Einkauf und Verhandlungen auf der Grundlage der Spieltheorie promoviert.

Alenka Triplat ist Managing Director und Partnerin bei der Boston Consulting Group in Wien. Den Großteil ihrer Zeit kümmert sie sich um Kunden der High-Tech-, Rüstungs-, Schwermaschinen- und

Prozessindustrie in Europa, Nordamerika und Asien. Sie ist Co-Autorin mehrerer Bücher zum Thema Einkauf, unter anderem von *Das Einkaufsschachbrett.* Sie hat Wirtschaftswissenschaften an der Universität Ljubljana in Slowenien und Betriebswirtschaft and der Wirtschaftsuniversität Wien studiert.

Daniel Weise ist Managing Director und Partner bei der Boston Consulting Group in Düsseldorf. Er verantwortet bei BCG das Thema Einkauf weltweit. In dieser Funktion berät er Unternehmen aus der Industrie- und Konsumgüterindustrie, der Energiewirtschaft und dem öffentlichen Sektor. Er ist zudem CEO von Inverto, einer Tochtergesellschaft von BCG und auf Einkauf und Supply-Chain-Management spezialisierten Unternehmensberatung. Er ist Autor und Co-Autor mehrerer Publikationen zum Thema Einkauf, unter anderem von *Jumpstart to Digital Procurement* sowie etlicher Berichte des Weltwirtschaftsforums über Nachhaltigkeit und Lieferketten. Er hat an der WHU – Otto Beisheim School of Management studiert und an der London Business School einen Master of Science in Finanzwirtschaft gemacht.

Anmerkungen

Einführung

1. Einführung Nicholas Thompson: Tim Cook's iPhone, in: New Yorker, 5. Oktober 2011, https://www.newyorker.com/news/news-desk/tim-cooks-iphone.

2. Magdalena Petrova: We Traced What It Takes to Make an iPhone, from Its Initial Design to the Components and Raw Materials Needed to Make It a Reality, CNBC, 14. Dezember 2018, https://www.cnbc.com/2018/12/13/inside-apple-iphone-where-parts-and-materials-come-from.html.

3. Lionel Sujay Vailshery: Apple iPhone Sales Worldwide 2007–2018, Statista, 22. Januar 2021, https://www.statista.com/statistics/276306/global-apple-iphone -sales-since-fiscal -year-2007/.

4. Patrick McGee: Apple Becomes First $3tn Company After Boost from Pandemic Demand, in: Financial Times, 3. Januar 2022, https://www.ft.com/content/57f57303-82b9-49db-89ee-54888e1c714d.

5. Michael E. Porter und Nitin Nohria: How CEOs Manage Time, in: Harvard Business Review, Juli–August 2018, https://hbr.org/2018/07/how-ceos-manage-time.

6. Mehr zu den sich langsam abzeichnenden Herausforderungen, denen CEOs gegenüberstehen, finden Sie in Martin Reeves et al.: The Challenge of Slow, Boston Consulting Group, 7. Juli 2020, https://www.bcg.com/publications/2020/challenge-of-slow.

7. The New Coronavirus Could Have a Lasting Impact on Global Supply Chains, in: The Economist, 15. Februar 2020, https://www.economist.com/international/2020/02/15/the-new-coronavirus-could-have-a-lasting-impact-on-global-supply-chains.

8. Daniel Yergin und Matteo Fini: For Auto Makers, the Chip Famine Will Persist, in: Wall Street Journal, 22. September 2021, https://www.wsj.com/articles/auto-car-makers-industry-semiconductor-chip-shortage-covid-19-taiwan-vietnam-11632329226.

9. Sameera Fazili und Peter Harrell: When the Chips Are Down: Preventing and Addressing Supply Chain Disruptions, White House Briefing Room, 3. September 2021, https://www.whitehouse.gov/briefing-room/blog/2021/09/23/when-the-chips-are-down-preventing-and-addressing-supply-chain-disruptions/.

10. Building Resilient Supply Chains, Revitalizing American Manufacturing, and Fostering Broad-Based Growth: 100-Day Reviews under Executive Order 14017, Bericht des Weißen Hauses vom Juni 2021, https://www.whitehouse.gov/wp-content/uploads/2021/06/100-day-supply-chain-review-report.pdf.

11. US-Präsident Biden beim Unterzeichnen einer Anordnung zur Sicherung kritischer Lieferketten, White House Briefing Room, 24. February 2021, https://www.whitehouse.gov/briefing-room/speeches-remarks/2021/02/24/remarks-by-president-biden-at-signing-of-an-executive-order-on-supply-chains/.

12. Amy Davidson Sorkin: The Supply-Chain Mystery, in: New Yorker, 26. September 2021, https://www.newyorker.com/magazine/2021/10/04/the-supply-chain-mystery.

13. Henry Ford: My Life and Work, New York: Garden City Publishing Co., Inc., 1922; Enhanced Media Publishing, 2017), 45. Kindle-Ausgabe.

14. Franklin D. Roosevelt: December 29, 1940: Fireside Chat 16: On the 'Arsenal of Democracy', Miller Center, University of Virginia, https://millercenter.org/the-presidency/presidential-speeches/december-29-1940-fireside-chat-16-arsenal-democracy.

15. Robert Lacey: Ford: The Men and the Machine, Boston: Little Brown & Co., 1986, 390n.

16. Peter F. Drucker: Concept of the Corporation, New York: John Day Company, 1946.

17. Lacey: Ford, S. 434.

18. Michael A. Cusumano: Manufacturing Innovation: Lessons from the Japanese Auto Industry, in: MIT Sloan Management Review, 15. Oktober 1988, https://sloanreview.mit.edu/article/manufacturing-innovation-lessons-from-the-japanese-auto-industry/.

19. John F. Krafcik: Triumph of the Lean Production System, in: MIT Sloan Management Review, Fall 1988, Reprint 3014, https://www.lean.org/downloads/MITSloan.pdf.

20. Michael Dell: Direct from Dell: Strategies That Revolutionized an Industry, New York: Harper Business, 1999, S. 172.

21. Thomas Friedman: The World Is Flat: A Brief History of the Twenty-First Century, New York: Farrar, Straus & Giroux, 2005.

22. Martin Reeves und Simon Levin: The Biology of Corporate Survival, Boston Consulting Group, 29. Februar 2016, https://www.bcg.com/publications/2016/strategy-business-unit-strategy-biology-of-corporate-survival.

23. Martin Reeves et al.: Advantage in Adversity: Winning the Next Downturn, Boston Consulting Group, 4. February 2019, https://www.bcg.com/publications/2019/advantage-in-adversity-winning-next-downturn.

Kapitel 1

1. A.G. Lafley: The Game-Changer: How Every Leader Can Drive Everyday Innovation, in: Chief Executive Officer, 15. Oktober 2008, https://www.the-chiefexecutive.com/features/feature43911/index.html.

2. Dieser Abschnitt basiert auf mehreren Quellen, darunter Micheline Maynard: Collision Course: Inside the Battle for General Motors, New York: Carol Publishing Group, 1995; Alex Taylor III und Joyce E. Davis: GM's $11,000,000,000 Turnaround CEO, CNN, 17. Oktober 1994, https://money.cnn.com/magazines/fortune/fortune_archive/1994/10/17/79852/index.htm; Judith H. Dobrzynski: Jack and John: Two for the Road at GM, in: New York Times, 9. Juli 1995, https://www.nytimes.com/1995/07/09/business/jack-and-john-2-for-the-road-at-gm.html; The Quiet Man, in: The Economist, 8. Mai 1999, https://www.economist.com/business/1999/05/06/the-quiet-man; Donald W. Nauss: Executive's Fall as Dramatic as His Rise, in: Los Angeles Times, 30. November 1996, https://www.latimes.com/archives/la-xpm-1996-11-30-fi-4213-story.html; Michael Hirsh: GM vs. VW, in: Newsweek, 12. August 1996, https://www.newsweek.com/gm-vs-vw-175298; und John Eisenhammer: Crusader at the Wheel, in: The Independent, 3. Juli 1993, https://www.independent.co.uk/news/business/crusader-at-the-wheel-ignacio-lopez-sees-himself-as-a-saviour-of-the-western-car-industry-writes-john-eisenhammer-but-his-move-from-gm-to-vw-led-to-its-biggest-upheaval-for-years-1482815.html.

3. Maynard: Collision Course, S. 91.

4. Maynard: Collision Course, S. 93. Auf dieser Seite finden sich die anderen Leistungskennzahlen, die in diesem Abschnitt erwähnt werden.

5. Larry Black: The Man Who Left GM Standing at the Altar, in: The Independent, 18. März 1993, https://www.independent.co.uk/news/business/the-man-who-left-gm-standing-at-the-altar-larry-black-profiles-the-volkswagen-chief-whose-defection-1498432.html.

6. Robin Meredith: VW Agrees to Pay G.M. $100 Million in Espionage Suit, in: New York Times, 10. Januar 1997, https://www.nytimes.com/1997/01/10/business/vw-agrees-to-pay-gm-100-million-in-espionage-suit.html.

Kapitel 2

1. Andrew Edgecliffe-Johnson und Patrick McGee: Companies' Supply Chains Vulnerable to Coronavirus Shocks, in: Financial Times, 9. März 2020, https://www.ft.com/content/be05b46a-5fa9-11ea-b0ab-339c2307bcd4.
2. Adam Smith: Der Wohlstand der Nationen, dtv digital bibliothek, 2018.
3. Eine hilfreiche Analyse des kommerziellen Programms von NASA finden Sie in Scott Manley: The Story of How NASA Went from Space Shuttles to SpaceX & Commercial Rockets, YouTube, 3. Juni 2020, https://www.youtube.com/watch?v=HGICHa1IZKo&t=172s.
4. Ensign John Minnehan: Non-Nuclear Submarines? Choose Fuel Cells, Proceedings of the US Naval Institute, Juni 2019, https://www.usni.org/magazines/proceedings/2019/june/non-nuclear-submarines-choose-fuel-cells.
5. Mehr zur Beteiligung von Boeing siehe: Space Shuttle Orbiter: Historical Snapshot, Boeing, https://www.boeing.com/history/products/space-shuttle-orbiter.page.
6. Space Act Agreement between National Aeronautics and Space Administration and Space Exploration Technologies Corp. for Commercial Orbital Transportation Services Demonstration (COTS), NASA, 30. Mai 2006, https://www.nasa.gov/centers/johnson/pdf/189228main_setc_nnj06ta26a.pdf.
7. Richard Waters: SpaceX on the Verge of Sending Astronauts into Orbit, in: Financial Times, 26. Mai 2020, https://www.ft.com/content/17a13157-9ab7-4d5e-820e34e48b4c2c40.
8. Jessica E. Lessin, Lorraine Luk und Juro Osawa: Apple Finds It Difficult to Divorce Samsung, in: Wall Street Journal, 1. Juli 2013, https://www.wsj.com/articles/SB10001424127887324682204578513882349940500.
9. Kif Leswing: Apple Is Spending More Than Ever on R&D to Fulfill the "Tim Cook Doctrine", CNBC, 3. August 2019, https://www.cnbc.com/2019/08/03/apple-rd-spend-increases-fulfilling-tim-cook-doctrine.html.
10. Dave Lee: Nokia: The Rise and Fall of a Mobile Giant, BBC, 3- September 2013, https://www.bbc.co.uk/news/technology-23947212.
11. Lorraine Luk: TSMC Starts Shipping Microprocessors to Apple, in: The Wall Street Journal, 10. Juli 2014, https://www.wsj.com/articles/tsmc-starts-shipping-microprocessors-to-apple-1404991514.
12. Linley Gwennap: Apple's 5 Nanometer Chip Is Another Signpost That Moore's Law Is Running Out, in: Forbes, 12. Oktober 2020, https://www.forbes.com/sites/linleygwennap/2020/10/12/apple-moores-law-is-running-out/?sh=847134f529ab.
13. Filipe Espósito: Former Intel Engineer Says Skylake Problems Were Turning Point for Apple's ARM Mac Transition, 9to5Mac, 24. Juni 2020, https://9to5mac.com/2020/06/24/former-intel-engineer-says-skylake-problems-were-turning-point-for-apples-arm-mac-transition/.
14. Tim Bradshaw: Apple's In-House Chip Design Unit Gives It Smartphone Edge, in: Financial Times, 18. Dezember 2015, https://www.ft.com/content/06815bee-a560-11e5-97e1-a754d5d9538c.
15. TSMC 5 nm Node Supply Fully Booked, Apple the Biggest Customer, Techpowerup, 18. September 2020, https://www.techpowerup.com/272303/tsmc-5-nm-node-supply-fully-booked-apple-the-biggest-customer.

16. Richard Waters: Apple Chips Away at a New Strategy for Computing, in: Financial Times, 12. November 2020, https://www.ft.com/content/2efc9861-3d07-4e33-8ca7-db1654373fcd.

Kapitel 3

1. Our History, Alexander Dennis, https://www.alexander-dennis.com/about-us/our-history/.
2. Who We Are, Alexander Dennis, https://www.alexander-dennis.com/about-us/who-we-are/.
3. Opportunities in Engineering and Operations, Alexander Dennis, https://www.alexander-dennis.com/media/84253/opportunities-in-engineering-and-operations.pdf.
4. Mehr dazu siehe: Hearings Before the Subcommittee on Economy in Government of the Joint Economic Committee, Congress of the United States, Ninety-First Congress, First Session, Part 1, December 29, 30, and 31, 1969 (Washington: US Government Printing Office, 1970), https://www.jec.senate.gov/reports/91st%20Congress/The%20Acquisition%20of%20Weapons%20Systems%20Part%20I%20(485).pdf; Eric M. Lofgren: Cost and Competition in U.S. Defense Acquisition, International Cost Estimating and Analysis Association, Juni 2018, http://www.iceaaonline.com/ready/wp-content/uploads/2018/07/AO05-Paper-Cost-and-Competition-in-U.S.-Defense-Acquisition-Lofgren-1.pdf.
5. Für weitere Information zum Thema Datenwachstum siehe Martin Reeves et al.: The Integrated Strategy Machine: Using AI to Create Advantage, Boston Consulting Group, 14. Mai 2020, https://www.bcg.com/publications/2016/strategy-technology-digital-integrated-strategy-machine-using-ai-create-advantage.
6. Das Video zur Sendung finden Sie als dreiteilige Serie auf YouTube: Killing a Toyota, Part 1, https://www.youtube.com/watch?v=xnWKz7Cthkk, Killing a Toyota, Part 2, https://www.youtube.com/watch?v=xTPnIpjodA8, und Killing a Toyota, Part 3, https://www.youtube.com/watch?v=kFnVZXQD5_k.
7. Tesla Overtakes Toyota to Become World's Most Valuable Carmaker, BBC, 1. Juli 2020, https://www.bbc.co.uk/news/business-53257933.
8. Einen Überblick über die Entscheidungen verschiedener Länder geben Isabella Burch und Jock Gilchrist in ihrem Artikel „Survey of Global Activity to Phase Out Internal Combustion Engine Vehicles“, The Climate Center, März 2020, https://theclimatecenter.org/wp-content/uploads/2020/03/Survey-on-Global-Activities-to-Phase-Out-ICE-Vehicles-update-3.18.20-1.pdf.
9. Jamie Powell: Tesla Is Asked to Recall 158,000 Cars in the US over Touchscreen Issues, in: Financial Times, 14. Januar 2021, https://www.ft.com/content/4a489993-f8b5-4bb8-87be-a7684eb8dccd.
10. Cost Reduction Engineer, LinkedIn, https://www.linkedin.com/jobs/view/cost-reduction-engineer-supercharger-service-at-tesla-2795374438/.
11. Supply Chain Manager—Singapore, LinkedIn, https://www.linkedin.com/jobs/view/supply-chain-manager-singapore-at-tesla-2720491853/?trackingId=OZ1eczBCmfAKnGll5%2BK96Q%3D%3D&refId=AjUPMhZMuQdcr1LHN88Nhg%3D%3D&pageNum=0&position=7&trk=public_jobs_jserp-result_search-card&originalSubdomain=sg.
12. Joe Miller: Daimler to Cut Out Suppliers to Fund Software Hiring Spree, in: Financial Times, 3. Dezember 2020, https://www.ft.com/content/6173af2c-2ea8-4e90-876a-5cc189e3342b.
13. Everything to Know about Apple's Big iPhone Profits and a Big Potential Acquisition, Counterpoint, 21. Dezember 2019, https://www.counterpointresearch.com/everything-know-apples-big-iphone-profits-big-potential-acquisition/ und Karn Chau-

han: Apple Continues to Lead Global Handset Industry Profit Share, Counterpoint, 19. Dezember 2019, https://www.counterpointresearch.com/apple-continues-lead-global-handset-industry-profit-share/.

14. Prospering in the Pandemic: 2020's Top 100 Companies, in: Financial Times, 1. Januar 2021, https://www.ft.com/content/f8251e5f-10a7-4f7a-9047-b438e4d7f83a.

Kapitel 4

1. The Bionic Company, Boston Consulting Group, https://www.bcg.com/capabilities/digital-technology-data/bionic-company.

2. Gil Golan: Automotive: GM, Invest in Israel, https://investinisrael.gov.il/InvestInIsrael/Pages/GM.aspx.

3. Procurement & Supply Chain Roles, Odgers Berndtson, https://www.odgersberndtson.com/en-gb/roles/procurement-supply-chain-roles.

4. Weitere Informationen zum „greentec steel"-Programm finden Sie in: voestalpine Holds Patent for Carbon-Neutral Pre-material Used in Green Steel Production, voestalpine, 15. Juni 2021, https://www.voestalpine.com/group/en/media/press-releases/2021-06-14-voestalpine-holds-patent-for-carbon-neutral-pre-material-used-in-green-steel-production/.

5. The World's Most Valuable Resource Is No Longer Oil, But Data, in: 6. Mai, 2017, https://www.economist.com/leaders/2017/05/06/the-worlds-most-valuable-resource-is-no-longer-oil-but-data.

6. Jeff Desjardins: How Much Data Is Generated Each Day?, World Economic Forum, 17. April 2019, https://www.weforum.org/agenda/2019/04/how-much-data-is-generated-each-day-cf4bddf29f/.

7. The State of Dark DataSplunk, 2019, https://www.splunk.com/pdfs/dark-data/the-state-of-dark-data-executive-summary.pdf

8. Christian Schuh et al.: Das Einkaufsschachbrett. Mit 64 Ansätzen Materialkosten senken und Wert schaffen, Gabler Verlag 2008.

Kapitel 5

1. James P. Womack, Daniel T. Jones, und Daniel Roos: The Machine That Changed the World: The Story of Lean Production (New York: Simon & Schuster, 1990), 149–153.

2. Tripp Mickle: Jobs, Cook, Ive—Blevins? The Rise of Apple's Cost Cutter, in: Wall Street Journal, 23. Januar 2020, https://www.wsj.com/articles/jobs-cook -iveblevins-the-rise-of-apples-cost-cutter-11579803981.

Kapitel 6

1. Martin Neil Baily und Nicholas Montalbano: Why Is U.S. Productivity Growth So Slow?, Arbeitspapier 22, Hutchins Center on Fiscal & Monetary Policy bei Brookings, Washington, DC, September 2016, https://www.brookings.edu/wp-content/uploads/2016/09/wp22_baily-montalbano_updated1.pdf.

2. Lawrence H. Summers: The Age of Secular Stagnation: What It Is and What to Do about It, in: Foreign Affairs, März/April 2016, https://www.foreignaffairs.com/articles/united-states/2016-02-15/age-secular-stagnation.

3. Robert J. Gordon: Is U.S. Economic Growth Over? Faltering Innovation Confronts the Six Headwinds," Arbeitspapier 18315, National Bureau of Economic Research, Cambridge, MA, August 2012, https://www.nber.org/papers/w18315.

4. Christopher Mims: Why There Are More Consumer Goods Than Ever, in: Wall Street Journal, 25. April 2016, https://www.wsj.com/articles/why-there-are-more-consumer-goods-than-ever-1461556860.

5. Jeff Desjardins: In the Race to 50 Million Users There's One Clear Winner—and It Might Surprise You, World Economic Forum, 26. Juni 2018, https://www.weforum.org/agenda/2018/06/how-long-does-it-take-to-hit-50-million-users.

6. Richard Waters: Microsoft Growth Accelerates as Pandemic Boosts Cloud Business, in: Financial Times, 30. April 2020, https://www.ft.com/content/ac054397-eb9a-4198-a050-18961f39feb9.

7. Mehr zu Bell Labs siehe Jon Gertner: The Idea Factory: Bell Labs and the Great Age of American Innovation (New York: Penguin Books, 2012).

8. Partnering for Mutual Value, Procter & Gamble, https://www.pgconnectdevelop.com.

9. Innovation, Procter & Gamble, https://www.pg.co.uk/innovation/.

10. Open Innovation in Action, Procter & Gamble, https://www.pgconnectdevelop.com/needs/

11. Zur Geschichte von Xerox Palo Alto Research Center siehe PARC History, PARC, https://www.parc.com/about-parc/parc-history/

12. Triumph of the Nerds, PBS, 1996, https://www.pbs.org/nerds/

13. What's Wrong with This Picture: Kodak's 30-Year Slide into Bankruptcy, Knowledge@Wharton, University of Pennsylvania, 1. Februar 2012, https://knowledge.wharton.upenn.edu/article/whats-wrong-with-this-picture-kodaks-30-year-slide-into-bankruptcy/.

14. Patrick Vlaskovits: Henry Ford, Innovation, and That 'Faster Horse' Quote," hbr.org, 29. August 2011, https://hbr.org/2011/08/henry-ford-never-said-the-fast.

15. "Genrikh Altshuller: Altshuller Institute for TRIZ Studies, https://www.aitriz.org/altshuller.

16. Kif Leswing: Apple Is Spending More Than Ever on R&D to Fulfill the 'Tim Cook doctrine,'" CNBC, 3. August 2019, https://www.cnbc.com/2019/08/03/apple-rd-spend-increases-fulfilling-tim-cook-doctrine.html

17. Joel M. Podolny und Morten T. Hansen: How Apple Is Organized for Innovation, in: Harvard Business Review, November–Dezember 2020, https://hbr.org/2020/11/how-apple-is-organized-for-innovation.

18. Method to Create an Enclosure for an Electronic Device, United States Patent 8.341.832, United States Patent and Trademark Office, 1 Januar 2013, https://patft.uspto.gov/netacgi/nphParser?Sect1=PTO1&Sect2=HITOFF&d=PALL&p=1&u=%2Fnetahtml%2FPTO%2Fsrchnum.htm&r=1&f=G&l=50&s1=8,341,832.PN.&OS=PN/8,341,832&RS=PN/8,341,832.

19. Apple MacBook Pro Aluminum Unibody Design Video, YouTube, 22. Juni 2009, https://www.youtube.com/watch?v=sxbiIpXZfG8.

20. Blade Services, Siemens Gamesa, https://www.siemensgamesa.com/en-int/products-and-services/service-wind/blade-services.

21. Artificial Intelligence Solution from Fujitsu Helps Siemens Gamesa Significantly Accelerate Quality Assurance Procedures, Pressemitteilung Fujitsu, 7. November 2017, https://www.fujitsu.com/uk/news/pr/2017/fs-20171107-4.html. Siehe auch: Your Vision, and Fujitsu. Together We Can Change the World, Fujitsu, 2017, https://www.fujitsu.com/global/Images/Fujitsu%20EBook%20EMEIA%202018.pdf. Ein Siemens Gamesa Video dauber, wie es funktioniert, siehe: Hermes AI: The Future of Blade Health Management, YouTube, 29. März 2019, https://www.youtube.com/watch?v=3VGAdgs5seQ.

22. "SuedOstLink," 50Hertz, https://www.50hertz.com/en/Grid/Griddevelopement/Onshoreprojects/SuedOstLink.

23. Naming the Coronavirus Disease (COVID-19) and the Virus That Causes It, World Health Organization, https://www.who.int/emergencies/diseases/novel-coronavirus-2019/technical-guidance/naming-the-coronavirus-disease-(covid-2019)-and-the-virus-that-causes-it.

24. Zur Ausrufung der Weltgesundheitsorganisation siehe https://www.youtube.com/watch?v=sbT6AANFOm4.

25. David Crow: Merck Chief Casts Doubt on Coronavirus Vaccine Timeframe, in: Financial Times, 26. Mai 2020, https://www.ft.com/content/7b72a568-9eed-460f-b100-7bf74e3f4cbf.

26. Sanofi and GSK to Join Forces in Unprecedented Vaccine Collaboration to Fight COVID-19, Pressemitteilung von GlaxoSmithKline, 14. April 2020, https://www.gsk.com/en-gb/media/press-releases/sanofi-and-gsk-to-join-forces-in-unprecedented-vaccine-collaboration-to-fight-covid-19/.

27. Pfizer and BioNTech to Co-Develop Potential Covid-19 Vaccine, Pressemitteilung von Pfizer, 17. March 2020, https://investors.pfizer.com/investor-news/press-release-details/2020/Pfizer-and-BioNTech-to-Co-Develop-Potential-COVID-19-Vaccine/default aspx.

28. AstraZeneca and Oxford University Announce Landmark Agreement for COVID-19 Vaccine, Pressemitteilung von AstraZeneca, 30. April 2021, https://www.astrazeneca.com/media-centre/press-releases/2020/astrazeneca-and-oxford-university-announce-landmark-agreement-for-covid-19 vaccine.html.

29. Louise Richardson: An Oxford Vaccine for the World, University of Oxford, 23. November 2020, https://staff.admin.ox.ac.uk/article/an-oxford-vaccine-for-the-world#/.

30. Sanofi and GSK Announce a Delay in Their Adjuvanted Recombinant Protein-Based COVID-19 Vaccine Programme to Improve Immune Response in the Elderly, Pressemitteilung von GlaxoSmithKline, 11. Dezember 2020, https://www.gsk.com/en-gb/media/press-releases/sanofi-and-gsk-announce-a-delay-in-their-adjuvanted-recombinant-protein-based-covid-19-vaccine-programme-to-improve-immune-response-in-the-elderly/.

31. Merck Discontinues Development of SARS-CoV-2/COVID-19 Vaccine Candidates; Continues Development of Two Investigational Therapeutic Candidates, Pressemitteilung von Merck, 25. January 2021, https://www.merck.com/news/merck-discontinues-development-of-sars-cov-2-covid-19-vaccine-candidates-continues-development-of-two-investigational-therapeutic-candidates/.

32. Zu Informationen über Henogen, Catalent, and Oxford Biomedica siehe: COVID-19 Vaccine AstraZeneca, 29. January 2021, https://www.ema.europa.eu/en/documents/product-information/covid-19-vaccine-astrazeneca-product-information-approved-chmp-29-january-2021-pending-endorsement_en.pdf. Zu Informatinen über das Serum Institute of India siehe: Serum Institute of India Obtains Emergency Use Authorisation in India for AstraZeneca's COVID-19 Vaccine, Pressemitteilung von AstraZeneca press release, 6. Januar 2021, https://www.astrazeneca.com/media-centre/press-releases/2021/serum-institute-of-india-obtains-emergency-use-authorisation-in-india-for-astrazenecas-covid-19-vaccine.html.

33. Zu Informationen über Wockhardt siehe: Victoria Rees: UK Government Reserves Wockhardt Production Line to Fill Finish COVID-19 Vaccines, in: European Pharmaceutical Review,4. August 2020, https://www.europeanpharmaceuticalreview.com/news/125137/uk-government-reserves-wockhardt-production-line-to-fill-finish-covid-19-vaccines/. Zu Informationen über europäische Vertragshersetller siehe: Ashutosh Pandey: AstraZeneca COVID Vaccine's Complex EU Supply Chain, Deutsche Welle, 2. Februar 2021, https://www.dw.com/en/astrazeneca-covid-vaccine-oxford/a-56427963.

34. Hannah Kuckler: Pfizer Expects $15bn in COVID Vaccine Revenue This Year, in Financial Times, 2. February 2021, https://www.ft.com/content/0f1ab138-401d-40ff-824f-f6879704f10e.

35. Zur Ankündiung von GSK CureVac siehe “GSK and CureVac to Develop Next Generation mRNA COVID-19 Vaccines,” Pressemitteilung von GlaxoSmithKline, 3. Februar 2021, https://www.gsk.com/en.

36. Zur Ankündigung von GSK Novavax siehe: GSK to Support Manufacture of Novavax’ COVID-19 Vaccine, Pressemitteilung von GlaxoSmithKline, 29. März 2021, https://www.gsk.com/en-gb/media/press-releases/gsk-to-support-manufacture-of-novavax-covid-19-vaccine/ ; zur Ankündiung von Merck siehe: Merck to Help Produce Johnson & Johnson’s COVID-19 Vaccine; BARDA to Provide Merck with Funding to Expand Merck’s Manufacturing Capacity for COVID-19 Vaccines and Medicines, Pressemitteilung von Merck, 2. März 2021, https://www.merck.com/news/merck-to-help-produce-johnson-barda-to-provide-merck-with-funding-to-expand-mercks-manufacturing-capacity-for-covid-19-vaccines-and-medicines/.

37. Zur Ankündiung von Sanofi siehe: Sanofi and Translate Bio Initiate Phase 1/2 Clinical Trial of mRNA COVID-19 Vaccine Candidate, Pressemitteilung von Sanofi, 12. März 2021, https://www.sanofi.com/en/media-room/press-releases/2021/2021-03-12-07-00-00-2191846 ; Sanofi to Provide Support to BioNTech in Manufacturing Their COVID-19 Vaccine to Help Address Public Health Needs, Pressemitteilung von Sanofi 27. Januar 2021, https://www.sanofi.com/en/media-room/press-releases/2021/2021-01-27-07-30-00 ; and Sanofi to Provide Manufacturing Support to Johnson & Johnson for Their COVID-19 Vaccine to Help Address Global Supply Demands, Pressemitteilung von Sanofi, 22 Februar 2021, https://www.sanofi.com/en/media-room/press-releases/2021/2021-02-22-11-40-00-2179318.

Kapitel 7

1. Nationale Kommission zur BP Deepwater-HorizonÖlkatastrophe und Offshore-Bohrungen, Deep Water: The Gulf Oil Disaster and the Future of Offshore Drilling: Report to the President, Januar 2011, https://www.govinfo.gov/content/pkg/GPO-OILCOMMISSION/pdf/GPO-OILCOMMISSION.pdf.

2. National Kommission, Deep Water, 2. Es wurde geschätzt, dass die Gesamtkosten, die BP entstanden sind (sieben Jahre nach der Katatrophe berechnet) 144,89 Milliarden US-Dollar betrugen. Siehe Yong-Gyo Lee, Xavier Garza-Gomez und Rose M. Lee: Ultimate Costs of the Disaster: Seven Years after the Deepwater Horizon Oil Spill, in: Journal of Corporate Accounting & Finance 29, Nr. 1 (2018): 69, https://www.researchgate.net/publication/322574747_Ultimate_Costs_of_the_Disaster_Seven_Years_After_the_Deepwater_Horizon_Oil_Spill.

3. Olivier D. Serrat: The Five Whys Technique, Asian Development Bank, Februar 2009, https://www.adb.org/publications/five-whys-technique. Siehe auch: Ask ‘Why’ Five Times about Every Matter, Toyota, https://www.toyota-europe.com/world-of-toyota/feel/quality.

4. Michael Dell: Direct from Dell: Strategies That Revolutionized an Industry (New York: Harper Business, 1999), 24.

5. Dell: Direct from Dell, 24

6. Thomas Friedman: The World Is Flat: A Brief History of the Twenty-First Century (New York: Farrar, Straus & Giroux, 2005), 214.

7. The Global Risks Report 2020, Weltwirtschaftsforum, 15. Januar 2020, https://www.weforum.org/reports/the-global-risks-report-2020.

8. Mark Haranas: Michael Dell's 5 Biggest Statements at Dell Technologies World, CRN, 29. April 2019, https://www.crn.com/slide-shows/storage/michael-dell-s-5-biggest-statements-at-dell-technologies-world/4.

9. A Partnership of Trust: Dell Supply Chain Security, Dell Technologies, 2020, https://i.dell.com/sites/csdocuments/CorpComm_Docs/en/supply-chain-assurance.pdf?newtab=true.

10. 2019 Public Supplier List, Dell Technologies, https://i.dell.com/sites/doccontent/corporate/corp-comm/en/Documents/dell-suppliers.pdf?newtab=true.

11. Ben Aylor et al.: Creating More Powerful Partnerships in Pharma Manufacturing, Boston Consulting Group, 10. September 2018, https://www.bcg.com/en-gb/publications/2018/how-to-make-pharma-manufacturing-partnerships-more-strategic.

12. Louis Garguilo: Biogen's 'Virtual' Plant Manager Goes to Switzerland, Outsourced Pharma, 25. Oktober 2019, https://www.outsourcedpharma.com/doc/biogen-s-virtual-plant-manager-goes-to-switzerland-0001.

13. Peter Campbell: Car Recalls Rise as Industry Becomes More High-Tech, in: Financial Times, 19. Mai 2018, https://www.ft.com/content/15e283a0-59eb-11e8-b8b2-d6ceb45fa9d0.

14. Zu mehr Informationen über GPSC: The Innovative Power Flagship of PTT Group. Corporate Presentation, GPSC, 1. Oktober 2019, https://investor.gpscgroup.com/misc/presentation/20190927-gpsc-singapore-corporate-presentation-02.pdf.

15. Mehr über Kohlesorten und den Kohleherstellungsprozess siehe: Coal Explained, US Energy Information Administration, https://www.eia.gov/energyexplained/coal/, und What Is Coal Used For? US Geological Survey, https://www.usgs.gov/faqs/what-coal-used?qt-news_science_products=0#qt-news_science_products.

Kapitel 8

1. Caroline Wheeler et al.: Boohoo: Fashion Giant Faces 'Slavery' Investigation, in Sunday Times, 5. Juli 2020, https://www.thetimes.co.uk/article/boohoo-fashion-giant-faces-slavery-investigation-57s3hxcth.

2. Alison Levitt: Independent Review into the Boohoo Group PLC's Leicester Supply Chain, Boohoo Group, 24. September 2020, https://www.boohooplc.com/sites/boohoo-corp/files/final-report-open-version-24.9.2020.pdf.

3. Patricia Nilsson: Boohoo Hires Leveson to Monitor Its Supply Chain, in: Financial Times, 26. November 26, https://www.ft.com/content/08e6a92f-1e5e-489e-bf5e-11877169bf5c.

4. Supply Chain Sustainability Progress: 2018 Annual Report, Dell Technologies, https://corporate.delltechnologies.com/content/dam/delltechnologies/assets/corporate/pdf/progress-made-rea-reports/scs-report-2018.pdf.

5. Helping Build a Better World: Making Life Electric: Integrated Sustainability and Financial Report 2021, Ford Motor Company, https://corporate.ford.com/microsites/integrated-sustainability-and-financial-report-2021/files/ir21.pdf.

6. Larry Fink: Larry Fink's 2020 Letter to CEOs: A Fundamental Reshaping of Finance, BlackRock, 2020, https://www.blackrock.com/corporate/investor-relations/2020-larry-fink-ceo-letter.

7. Larry Fink: Larry Fink's 2021 Letter to CEOs," BlackRock, 2021, https://www.blackrock.com/corporate/investor-relations/larry-fink-ceo-letter.

8. Jasmine Cameron-Chileshe: UK Companies Face Fines over 'Slave Labour' China Suppliers, in: Financial Times, 12. Januar 2021, https://www.ft.com/content/0249203b-ce34-406c-ae4d-1bd031ced55b.

9. Sustainable Impact Report 2020, HP, https://h20195.www2.hp.com/v2/getpdf.aspx/c07539064.pdf.

10. Intergovernmental Panel on Climate Change, Global Warming of 1.5°C (IPCC, 2019), https://www.ipcc.ch/site/assets/uploads/sites/2/2019/06/SR15_Full_Report_High_Res.pdf.

11. Matthew Vincent: The Problem with Zero Carbon Pledges, in: Financial Times, 30. November 2020, https://www.ft.com/content/83edfedd-77e7-4877-a016-b00b6b6d0307.

12. Climate Paths 2.0: A Program for Climate and Germany's Future Development, Boston Consulting Group, Oktober 2021, https://web-assets.bcg.com/02/a6/91958a6f4287a0490e24ef56d2b5/climate-paths2-summary-offindings-en.pdf.

13. Net-Zero Challenge: The Supply Chain Opportunity, Weltwirtschaftsforum in Zusammenarbeit mit der Boston Consulting Group, 21. January 2021, https://www.weforum.org/reports/net-zero-challenge-the-supply-chain-opportunity.

14. Briefing: What Are Scope 3 Emissions?, Carbon Trust, https://www.carbontrust.com/resources/briefing-what-are-scope-3-emissions ; Standards, Greenhouse Gas Protocol, https://ghgprotocol.org/standards.

15. Net-Zero Challenge, Weltwirtschaftforum.

16. Jens Burchardt: How We Can Curb Climate Change by Spending Two Percent More on Everything, TED, 22. April 2021, https://www.youtube.com/watch?v=lR_WNPGVENU.

17. Our Suppliers, Dell Technologies, https://corporate.delltechnologies.com/en-gb/social-impact/advancing-sustainability/sustainable-supply-chain/our-suppliers.htm.

18. Blockchain Pilot Project Provides Transparency on CO_2 Emissions, Daimler, https://www.daimler.com/sustainability/resources/blockchain-pilot-project-supply-chain.html.

19. Sustainable Impact Report 2019, HP, https://h20195.www2.hp.com/v2/getpdf.aspx/c06601778.pdf.

20. Case Study—Tesco, Science Based Targets, https://sciencebasedtargets.org/companies-taking-action/case-studies/tesco; und Britain's Tesco Extends Net Zero Pledge, Reuters, 23. September 2021, https://www.reuters.com/business/sustainable-business/britains-tesco-extends-net-zero-pledge-2021-09-23/.

21. Companies Taking Action, Science Based Targets, https://sciencebasedtargets.org/companies-taking-action.

22. Brad Smith: Microsoft Will Be Carbon Negative by 2030, Official Microsoft Blog, 16. January 2020, https://blogs.microsoft.com/blog/2020/01/16/microsoft-will-be-carbon-negative-by-2030/.

23. GSK Sets New Environmental Goals of Net Zero Impact on Climate and Net Positive Impact on Nature by 2030, Pressemitteilung von GlaxoSmithKline, 3. November 2020, https://www.gsk.com/en-gb/media/press-releases/gsk-sets-new-environmental-goals-of-net-zero-impact-on-climate-and-net-positive-impact-on-nature-by-2030/ ; und Protecting and Restoring the Planet's Health to Protect and Improve People's Health, GlaxoSmithKline, https://www.gsk.com/en-gb/responsibility/environment/.

24. How We Turn Plastic Bottles into Shoes: Our Partnership with Parley for the Oceans, Adidas, März 2021, https://www.adidas.co.uk/blog/639412-how-we-turn-plastic-bottles-into-shoes-our-partnership-with-parley-for-the-oceans.

25. Helping Build a Better World, Ford, https://corporate.ford.com/microsites/integrated-sustainability-and-financial-report-2021/files/ir21.pdf; und A Better World for Generations to Come, Ford, https://corporate.ford.com/microsites/integrated-sustainability-and-financial-report-2021/environment/index.html.

26. Waste as a Resource: Finding Raw Materials in the Most Unlikely Places, Dell Technologies, https://corporate.delltechnologies.com/en-gb/social-impact/advancing-sustainability/sustainable-products-and-services/materials-use/waste-as-a-resource.htm.

27. We Are a Seventh-Generation Family Business, Rügenwalder Mühle, https://www.ruegenwalder.de/en/our-familiy-history.

28. Germany: Rügenwalder Mühle Sees 50% Increase in Meat-Free Sales, in: Vegconomist, 28. August 2020, https://vegconomist.com/companies-and-portraits/germany-rugenwalder-muhle-sees-50-increase-in-meat-free-sales/.

29. US Department of Agriculture and Global Agricultural Information Network: Germany: Germany Is Leading a Vegalution—Vegan Revolution—in Europe, 16. Januar 2020, https://www.fas.usda.gov/data/germany-germany-leading-vegalution-vegan-revolution-europe.

30. Veggie-Based Diets Could Save 8 Million Lives by 2050 and Cut Global Warming, University of Oxford, 22. März 2016, https://www.ox.ac.uk/news/2016-03-22-veggie-based-diets-could-save-8-million-lives-2050-and-cut-global-warming.

31. Satu Dahl: Welcoming an Age of Sustainable Flight, Neste, 16. Dezember 2019, https://www.neste.com/corporate-info/news-inspiration/articles/welcoming-an-age-of-sustainable-flight#f189b2ff.

32. Unilever's Chief Procurement Officer Talks 400 Brands, Trust and Palm Oil, in: Observe Magazine, Odgers Berndtson, 8. Oktober 2019, https://www.odgersberndtson.com/en-gb/insights/unilevers-chief-procurement-officer-talks-400-brands-trust-and-palm-oil.

33. Kevin Brown: Supply Chain Responsibility Is a Core Part of Our Business, Dell Technologies, 2020, https://corporate.delltechnologies.com/en-gb/social-impact/reporting/2020-supply-chain-sustainability-progress-report.htm; About the RBA, Responsible Business Alliance, http://www.responsiblebusiness.org/about/rba/.

34. Conflict Minerals Report 2020, Apple, https://www.apple.com/supplier-responsibility/pdf/Apple-Conflict-Minerals-Report.pdf.

35. Tiffany Hsu: You Know Your Diamond's Cut and Carat. But Does It Have Ethical Origins?, in: New York Times, 8. Januar 2019, https://www.nytimes.com/2019/01/08/business/diamonds-origin-tiffany-consumers.html?searchResultPosition=2.

36. Pandora Launches Lab-Created Diamond Collection," Pressemitteilung von Pandora, 4. Mai 2021, https://pandoragroup.com/investor/news-and-reports/newsdetail?id=24186.

37. Tim Barsoe: Carbon Copy? Pandora Takes a Shine to Lab-Made Diamonds, Reuters, 3. Mai 2021, https://www.reuters.com/business/carbon-copy-pandora-takes-shine-lab-made-diamonds-2021-05-04/.

Kapitel 9

1. Kara Swisher (@karaswisher) Twitter, 2. Februar 2021, https://twitter.com/karaswisher/status/1356848079132065793.

2. Jeff Bezos: Email from Jeff Bezos to Employees, Amazon, 2. Februar 2021, https://www.aboutamazon.com/news/companynews/email-from-jeff-bezos-to-employees.

3. Isobel Asher Hamilton: As Jeff Bezos Steps Down, a Single Line from His First Amazon Job Ad Posted 27 Years Ago Tells You Everything about His Obsession with Speed, in: Business Insider, 3. Februar 2021, aktualisiert 5. Juli 2021, https://www.businessinsider.com/jeff-bezos-first-amazon-job-ad-reveals-obsession-with-speed-2019-7?r=US&IR=T.

4. George Stalk Jr.: Time—the Next Source of Competitive Advantage, in: Harvard Business Review, Juli 1988, https://hbr.org/1988/07/time-the-next-source-of-competitive-advantage. Mehr zu zeitbasiertem Wettbewerb siehe: https://www.bcg.com/en-gb/about/overview/our-history/time-based-competition.

5. Steve Lohr: IBM's Design-Centered Strategy to Set Free the Squares, in: New York Times, 14. November 2015, https://www.nytimes.com/2015/11/15/business/ibms-design-centered-strategy-to-set-free-the-squares.html. Siehe auch: The Creed of Speed, in: Economist, 5. Dezember 2015, https://www.economist.com/briefing/2015/12/05/the-creed-of-speed.

6. Bill Gates, Business @ the Speed of Thought: Using a Digital Nervous System (New York: Penguin, Kindle Edition, 2000), 155.

7. Anne-Marie Schiro: Fashion: Two New Stores That Cruise Fashion's Fast Lane, in: New York Times, 31. Dezember 1989, https://www.nytimes.com/1989/12/31/style/fashion-two-new-stores-that-cruise-fashion-s-fast-lane.html.

8. Mehr zu Zara und Inditex siehe: Suzy Hansen: How Zara Grew into the World's Largest Fashion Retailer, in: New York Times, 9. November 2012, https://www.nytimes.com/2012/11/11/magazine/how-zara-grew-into-the-worlds-largest-fashion-retailer.html.

9. Tobias Buck: Fashion: A Better Business Model, in: Financial Times, 18. Juni 2014, https://www.ft.com/content/a7008958-f2f3-11e3-a3f8-00144feabdc0.

10. Our Suppliers, Inditex, https://www.inditex.com/our-commitment-to-people/our-suppliers.

11. Hau L. Lee: How Extreme Agility Put Zara Ahead in Fast Fashion, in: Financial Times, 10. Dezember 2019, https://www.ft.com/content/3f581046-cd7c-11e9-b018-ca4456540ea6

12. TSMC Says Has Begun Construction at Its Arizona Chip Factory Site, Reuters, 1. Juni 2021, https://www.reuters.com/technology/tsmc-says-construction-has-started-arizona-chip-factory-2021-06-01/.

13. Seth T. Blakeman, Anthony R. Gibbs, und Jeyanthan Jeyasingam: Study of the Mine Resistant Ambush Protected (MRAP) Vehicle Program as a Model for Rapid Defense Acquisitions (MBA professional report, Naval Postgraduate School, 2008), https://calhoun.nps.edu/handle10945/10285.

14. Daniel Slotta: Smartphone Market in China—Statistics & Facts, Statista, 6. Mai 2021, https://www.statista.com/topics/1416/smartphone-market-in-china/.

15. Fumie Yaku: Huawei Shown to Have Switched to Chinese Parts after US Blacklisting, in: Financial Times, 26. Mai 2020, https://www.ft.com/content/449f6962-a705-437e-8679-f6a7057594c4. Das US-amerikanische Handelsministerium hat Huawai im Mai 2019 auf seine Entity List gesetzt. https://www.bis.doc.gov/index.php/all-articles/17-regulations/1555-addition-of-certain-entities-to-the-entity-list-final-rule-effective-may-16-2019. Siehe auch: Bureau of Industry and Security, Huawei Entity List Frequently Asked Questions (FAQs), 3. Dezember 2020, https://www.bis.doc.gov/index.php/documents/pdfs/2447-huawei-entity-listing-faqs/file.

16. Tesla Gigafactory, Tesla, https://www.tesla.com/en_GB/gigafactory.

17. How Our Engineers Fitted a Factory into a 40-Foot Container, Unilever, 17. Januar 2021, https://www.unilever.com/news/news-and-features/Feature-article/2021/how-our-engineers-fitted-a-factory-into-a-40-foot-container.html.

Kapitel 10

1. Nassim Nicholas Taleb: The Black Swan: The Impact of the Highly Improbable (New York: Random House, 2007).

2. Rumsfeld/Knowns: CNN, 2. December 2002, https://www.youtube.com/watch?v=REWeBzGuzCc.

3. Asa Fitch: Texas Winter Storm Strikes Chip Makers, Compounding Supply Woes, in: Wall Street Journal, 17. February 2021, https://www.wsj.com/articles/texas-winter-storm-strikes-chip-makers-compounding-supply-woes-11613588617; Christopher M. Matthews, Austen Hufford, und Collin Eaton: Texas Freeze Triggers Global Plastics Shortage, in Wall Street Journal, 17. März 2021, https://www.wsj.com/articles/one-week-texas-freeze-seen-triggering-monthslong-plastics-shortage-11615973401.

4. Mary-Ann Russon: The Cost of the Suez Canal Blockage, BBC, 29. March 2021, https://www.bbc.co.uk/news/business-56559073.

5. David E. Sanger, Clifford Kraus, und Nicole Perlroth: Cyberattack Forces a Shutdown of a Top U.S. Pipeline, in: New York Times, 13. Mai 2013, https://www.nytimes.com/2021/05/08/us/politics/cyberattack-colonial-pipeline.html.

6. Jocko Willink und Leif Babin: Extreme Ownership; How U.S. Navy SEALs Lead and Win (New York: St. Martin's Press, 2015), 27. Jocko Willink: Extreme Ownership, TEDx Talks, 2. Februar, 2017, https://www.youtube.com/watch?v=ljqra3BcqWM.

7. Michele Wucker: The Gray Rhino: How to Recognize and Act on the Obvious Dangers We Ignore (New York: St. Martin's Press, 2016); und Michele Wucker: Was the Pandemic a Grey Rhino or a Black Swan?, in: The Economist, 17. November 2020, https://www.economist.com/the-world-ahead/2020/11/17/was-the-pandemic-a-grey-rhino-or-a-black-swan.

8. Rebecca Lindsey: Understanding the Arctic Polar Vortex, Climate.gov, 5. März2021, https://www.climate.gov/news-features/understanding-climate/understanding-arctic-polar-vortex.

9. Tom Dart und Jessica Glenza: Harvey Shines a Spotlight on a High-Risk Area of Chemical Plants in Texas, in: The Guardian, 1. September 2017, https://www.theguardian.com/us-news/2017/sep/01/harvey-shines-a-spotlight-on-a-high-risk-area-of-chemical-plants-in-texas.

10. Yelena Dzhanova: The Suez Canal Has a Contentious History and Has Been Blocked and Closed Several Times Since Opening, in: Business Insider, 28. März 2021, https://www.businessinsider.com/the-suez-canal-blocked-and-closed-several-times-since-opening-2021-3?r=US&IR=T.

11. Here Are the Other Times When All or Part of the Colonial Pipeline System Was Shut, CNBC, 9. Mai 2021, https://www.cnbc.com/2021/05/09/colonial-pipeline-cyberattack-heres-when-it-was-previously-shut-down.html.

12. Bill Gates: The Next Outbreak? We're Not Ready, TED, March 2015, https://www.ted.com/talks/bill_gates_the_next_outbreak_we_re_not_ready/

13. Global Preparedness Monitoring Board, A World at Risk: Annual Report on Global Preparedness for Health Emergencies (Weltgesundheitsorganisation, 2019), 6, https://www.gpmb.org/docs/librariesprovider17/default-document-library/annual-reports/gpmb-2019-annualreport-en.pdf?sfvrsn=d1c9143c_30.

14. Martin Reeves, David Rhodes, Christian Ketels, und Kevin Whitaker: Advantage in Adversity: Winning the Next Downturn, Boston Consulting Group, 4. Februar 2019, https://www.bcg.com/publications/2019/advantage-in-adversity-winning-next-downturn.

15. Hady Farag, Gerry Hansell, Veronica Chau, und Douglas Beal: ESG Commitments Are Here to Stay, Boston Consulting Group, 23. Juni 2020, https://www.bcg.com/en-gb/publications/2020/esg-commitments-are-here-to-stay.

16. Eoin McSweeney: Europe's Carmakers Keep Faith in 'Just-in-Time' Supply, in: Financial Times, 24. März 2021, https://www.ft.com/content/a6cf50c5-b6bf-4c7c-8752-8d21025ea52f.

17. Isobel Asher Hamilton: As Jeff Bezos Steps Down, a Single Line from His First Amazon Job Ad Posted 27 Years Ago Tells You Everything about His Obsession with Speed, in: Business Insider, 3. Februar 2021, aktualisiert am 5. Juli 2021, https://www.businessinsider.com/jeff-bezos-first-amazon-job-ad-reveals-obsession-with-speed-2019-7?r=US&IR=T.

18. Jeff Bezos: Email from Jeff Bezos to Employees, aboutamazon.com, 2. Februar 2021, https://www.aboutamazon.com/news/company-news/email-from-jeff-bezos-to-employees.

19. Christopher Mims: Why There Are More Consumer Goods Than Ever, in: Wall Street Journal, 25. April 2016, https://www.wsj.com/articles/why-there-are-more-consumer-goods-than-ever-1461556860.

20. Bruce Henderson: The Product Portfolio, Boston Consulting Group, 1. Januar 1970, https://www.bcg.com/publications/1970/strategy-the-product-portfolio; What Is the Growth Share Matrix? Boston Consulting Group, https://www.bcg.com/en-gb/about/overview/our-history/growth-share-matrix; Martin Reeves, Sandy Moose, und Thijs Venema: BCG Classics Revisited: The Growth Share Matrix, Boston Consulting Group, 4. Juni 2014, https://www.bcg.com/en-gb/publications/2014/growth-share-matrix-bcg-classics-revisited; Growth Share Matrix, in: The Economist, 11. September 2009, https://www.economist.com/news/2009/09/11/growth-share-matrix.

21. Bernd Elser et al.: Mastering Complexity: Capture the Hidden Opportunity, Boston Consulting Group, 8. July 2010, https://www.bcg.com/publications/2010/mastering-complexity#replaceMeMigration-tcm8-52282.

22. Love Edquist: Less Can Be More for Product Portfolios: Attacking Complexity While Enhancing the Value of Diversity, Boston Consulting Group, 25. August 2014, https://www.bcg.com/publications/2014/lean-manufacturing-consumers-products-less-can-be-more-for-product-portfolio-attacking-complexity-while-enhancing-the-value-of-diversity.

23. Ben Aylor et al.: Designing Resilience into Global Supply Chains, Boston Consulting Group, 3. August 2020, https://www.bcg.com/publications/2020/resilience-in-global-supply-chains.

24. Prospering in the Pandemic: 2020's Top 100 Companies, in: Financial Times, 1. January 2021, https://www.ft.com/content/f8251e5f-10a7-4f7a-9047-b438e4d7f83a.